塔里木河流域
干流水资源配置原理与实践

王光焰　孙怀卫　陈长清　严冬　张小清　魏光辉　著

WUHAN UNIVERSITY PRESS
武汉大学出版社

图书在版编目(CIP)数据

塔里木河流域干流水资源配置原理与实践/王光焰等著 . —武汉：武汉
大学出版社,2019.6
　　ISBN 978-7-307-20898-8

　　Ⅰ.塔⋯　Ⅱ.王⋯　Ⅲ.塔里木河—流域—水资源管理—研究
Ⅳ.TV213.4

中国版本图书馆 CIP 数据核字(2019)第 090171 号

责任编辑:杨晓露　　　责任校对:汪欣怡　　　版式设计:马　佳

出版发行:**武汉大学出版社**　(430072　武昌　珞珈山)

　　(电子邮箱:cbs22@whu.edu.cn　网址:www.wdp.com.cn)

印刷:北京虎彩文化传播有限公司

开本:787×1092　　1/16　　印张:14.75　　字数:347 千字　　　插页:1

版次:2019 年 6 月第 1 版　　2019 年 6 月第 1 次印刷

ISBN 978-7-307-20898-8　　　定价:45.00 元

内 容 提 要

　　本书以塔里木河干流水资源为研究对象，在最严格水资源管理的"三条红线"和塔里木河为生态河流的背景下，本书研究团队总结和归纳国内外塔里木河水资源相关的研究进展，基于水资源系统分析基础理论，开展了流域内降水特性、蒸散发时空变化分析、流域丰枯遭遇、虚拟水平衡等流域基础信息的分析工作，在此基础上深入研究了"三条红线"约束下的水资源分配与优化配置，并最终得到能够指导实践应用的水量分配最优结果。本书作者在研究过程中所用到的一些分析方法和优化算法，都采用了计算机编程的形式予以实现，并将相关代码以附录的形式予以给出。本书能为水资源优化配置和塔里木河多学科的研究提供参考，也可作为水利水电工程、农业水利工程、水环境等相关专业本科生、研究生及相关技术人员的参考用书。

前　言

随着我国经济的高速发展，各方面生产和生活对水资源的需求迅速增加。由于我国水资源总量有限，且时空分布不均匀，水资源短缺已经成为制约我国经济发展的重大障碍性资源环境问题，经济的高速发展和需求又加剧了水环境、生态环境的恶化。在农业用水方面，我国90%的农业用水用于灌溉。中华人民共和国成立以来，全国用水量随着灌溉面积的增加而增长迅速，从1949年的1031亿立方米增加到2004年的5548亿立方米。为保障新的水资源管理体系的建立，国家提出了要以水资源配置、节约和保护为重点，全面落实"三条红线"的指导思想，坚持以人为本、人水和谐、统筹兼顾、改革创新、因地制宜的基本原则，同时结合水利发展的实际状况，制定出了全国2015年、2020年和2030年的主要红线控制指标。

塔里木河是我国最长的内陆河，从最长的源流叶尔羌河算起，全长2486千米。其流域水资源总量为401.8亿立方米（其中地表水379.8亿立方米，不重复地下水22.0亿立方米），流域总面积为102万平方千米。塔里木河干流全长1321千米，灌溉面积134.5万亩，多年平均径流量为46.5亿立方米。按照"三条红线"要求，塔里木河干流2030年"三条红线"地表水用水总量控制指标为10.81亿立方米（占总量的23.5%），其余水量全用于生态并养育着塔里木河干流两岸延绵不断的胡杨林，形成了一条阻隔绿洲和沙漠的天然绿色屏障。因此，塔里木河流域综合治理和实施生态环境保护，是我国生态环境治理的重点和难点，对新疆经济社会发展、生态环境保护及社会大局稳定具有重要的战略意义。

塔里木河干流本身不产流，水量流全赖各源河流的汇入，是一条典型的受人类活动影响的河流。长期以来，塔里木河干流水资源的利用与分配问题是新疆水利发展中备受关注的重大问题和难点。从20世纪80年代中国科学院新疆地理所等单位开展塔里木河流域综合考察，到90年代塔里木河流域管理局开展流域综合治理规划的相关工作，国务院于2001年批复实施《塔里木河流域近期综合治理项目》，随后陆续有中国科学院、清华大学、中国水利水电科学研究院等国内众多单位都参与并开展了水资源特性与优化配置的相关研究。对塔里木河流域水资源配置的研究和实践过程，充分体现了研究学者和水利工作者对基本原理和自然变化不断深入认识、为适应生态环境需求和社会经济发展而逐渐调整目标的过程。合理利用、节约、保护、管理塔里木河流域水资源，维护生态平衡，确保塔里木河流域综合治理目标的实施和流域国民经济与社会的可持续发展，是涉水人长期思考的关键难题。基于我国最严格水资源管理的"三条红线"要求，为了更好地回答这一难题，我们对本团队在研究和工作中所持续积累的一些成果进行了归纳和凝练，希望能够以此揭开一些新的治水思路。

　　本书的研究工作得到了塔管局 2018 年度科研项目计划、国家自然科学基金项目（项目编号：51879110、41601595、51309106、U1603343）、湖北省自然科学基金（项目编号：2017CFB724）和中国科学院特色所项目等课题的支持。全书由所有作者共同完成。塔里木河流域管理局周海鹰教授、中国科学院生态与地理研究所桂东伟研究员、薛杰博士和华中科技大学张勇传院士、周建中教授、王金文教授、覃晖副教授等教师多年来为研究工作的持续开展提供了很多指导意见和帮助。在书稿整理过程中，新疆大学的刘毅和华中科技大学的蔡国庆、毛玉鑫、陈书军、贾志伟、查显能、黄宴煊、郑浩、马腾等研究生也做了很多工作，此外，武汉大学出版社给予了大力支持并多次组织专家评审和提出宝贵意见。在此，一并表示衷心的感谢！

　　结合现实社会发展需求和地域特点，塔里木河流域干流水资源配置的研究过程实际是面向我国重大现实需求，不断探索，集理论突破和技术创新相结合的探寻之路。在塔里木河流域的这片土地上，研究涉及面广，综合性强，由于时间和条件的限制，虽然我们所有作者独立探索并形成了如本书所著的初步研究成果，但深感不足，难免存在偏颇、纰漏和错误，真诚地希望得到广大读者的批评和指正！

作　者

2018 年 12 月

目　　录

第1章 绪 论

1.1 研 究 意 义

塔里木河地处我国西北干旱区新疆,是我国最长的内陆河,也是世界著名的内陆河之一,具有自然资源丰富和生态环境脆弱双重性特点,以其鲜明的地域特色和突出的水资源与生态问题著称于世。塔里木河由田河、叶尔羌河、阿克苏河、开都-孔雀河、喀什噶尔河、渭干-库车河、迪那河、车尔臣河、克里雅河九源以及塔里木河干流组成。

1. 塔里木河流域概况

塔里木河是我国最大的内陆河,自然资源的相对丰富和生态环境的极端脆弱交织在一起,水资源开发过程中的生态与经济的矛盾十分突出,是国家西部大开发生态整治的重点地区。塔里木河流域具有资源丰富和环境脆弱的双重性特性,自然资源丰富,具有国家和国际级战略意义。塔里木河流域水资源量约为 398 亿立方米(包括境外来水 63 亿立方米),占新疆地表水资源量(694 亿立方米)的 57.35%;有好的和比较好的宜农荒地 97.1 万公顷,是我国未来重要的水土资源开发区;塔里木河流域的天然胡杨林分别占世界和中国胡杨林总面积的 54% 和 89%,是世界上数量最多、分布面积最广、最集中的地区,也是世界上保存最完整的胡杨林基因库;塔里木盆地石油、天然气储量丰富,与松辽盆地和渤海湾盆地一起并列为中国油气资源大于 100 亿吨的三大区域之一,被称为中国石油工业发展最有希望的战略接替区;随着国家"西气东输"工程的实施,塔里木油气资源的开发利用将以我国东西能源交流的新形式长期存在下去,塔里木河流域的战略地位也由此更上一个台阶。作为支撑中国 21 世纪经济发展的后备资源库,塔里木河流域的发展前景被国内、国际社会所关注。因此,开展内陆河流域生态保护治理是国家西部大开发战略的需要,对确保我国西北地区社会经济可持续发展、进一步拓宽中华民族的有效生存空间有着十分重要的战略意义。

塔里木河流域特殊的人口构成,使得这一地区的发展具有重要的政治意义。塔里木河地区居住着维吾尔族、汉族、哈萨克族、回族、柯尔克孜族、蒙古族、锡伯族、俄罗斯族、塔吉克族、乌孜别克族、塔塔尔族、满族、达斡尔族等多个民族,由于历史、社会及自然等原因,这一地区的经济发展相对滞后。生态环境的恶化,将会使得依托自然生态系统的社会、经济失稳,造成社会经济萎缩,进一步导致贫困地区和贫困人口增多。恢复和重建受损生态系统,从根本上创建良好的社会生存环境,加速经济发展和社会的全面进步,改善和提高各族人民的生活水平,才能保证我国西北地区的社会稳定和国家的长治久安。

研究表明，塔里木河流域是全球气候变化响应最敏感地区之一。全球气候变化加剧了流域水资源利用风险，水文波动和水资源的不确定性增加。塔里木河流域的水资源主要由山区冰川（雪）融水和降水补给，受自然因素和气候变化的影响，塔里木河各源流年际变化较大，全球气候变化，将进一步加剧水资源的波动性和不确定性。从短期来看，随着全球气候变暖，冰雪融水增加，近期内河流地表径流可能呈增加或减少波动状态，甚至表现为增加趋势，然而，长期而言，随着气候变暖，雪线上移，山区冰川消融加快，冰川储量减少，在有些地区可能会出现冰川消融拐点，河流来水量骤然减少，加之流域内草场退化，涵水能力降低，塔里木河各源流水文情势可能会发生很大变化，年际流量在气候变化的影响下可能会出现重大波动，强烈的蒸发作用还将加剧土壤水分的散失，天然植被受干旱胁迫的影响加重，本身就很脆弱的生态系统将面临更严峻的挑战。

2. 塔里木河水资源管理概况

1997 年新疆维吾尔自治区颁布实施我国第一部地方性流域水资源管理法规《新疆维吾尔自治区塔里木河流域水资源管理条例》，并于 2005 年、2014 年进行了两次修订，通过立法进一步强化了塔里木河（以下简称塔河）流域水资源统一管理体制，明确了塔管局的法定地位和依法管水治水职能。

塔河水资源管理成效显著。塔河流域从 2002 年开始实施限额用水，通过精心组织，科学调度，用水总量得到有效控制。据统计，塔河治理前，流域"四源一干"2000 年用水量为 194.8 亿立方米，超出"三条红线"用水总量控制指标 42 亿立方米。通过实施限额用水和水量统一调度，2002—2011 年流域年均用水量 174.4 亿立方米，比 2000 年减少 20.4 亿立方米。2012—2017 年年均用水下降到 156.3 亿立方米，比 2000 年减少 38.5 亿立方米，近三年平均用水为 152.7 亿立方米，率先全疆十年提前达到 2030 年"三条红线"地表水用水总量控制指标。

在塔河开展的生态输水影响深远。塔管局自 2000 年起组织实施了 19 次向塔里木河下游生态输水，水头 14 次到达尾闾台特玛湖，结束了下游河道连续干涸近 30 年的历史，累积下泄生态水 77 亿立方米。自 2016 年开始，在全流域组织实施胡杨林保护区生态补水，累计输水 55 亿立方米。近 3 年连续开展向孔雀河中下游生态输水，累计输水 10 亿立方米，结束了孔雀河下游断流 15 年的历史。生态输水有效缓解了流域生态严重退化的局面，中科院生地所监测数据显示，下游植被恢复和改善面积达 2285 平方千米，其中新增植被覆盖面积达到 362 平方千米，沙地面积减少 854 平方千米，植物物种由 17 种增加到 46 种。曾经干涸的台特玛湖已形成 500 余平方千米的水面和湿地。

3. 重要的塔河干流水资源配置问题

塔河干流本身不产流，水量流全赖各源河流的汇入，是一条典型的受人类活动影响的河流。长期以来，塔里木河干流水资源的利用与分配问题是新疆水利发展中备受关注的重大问题和难点。从 20 世纪 80 年代中国科学院新疆地理所等单位开展塔里木河流域综合考察，到 90 年代塔里木河流域管理局开展流域综合治理规划的相关工作，国务院于 2001 年批复实施《塔里木河流域近期综合治理项目》，随后陆续有中国科学院、清华大学、中国水利水电科学研究院等国内众多单位都参与并开展了水资源特性与优化配置的相关研究。对塔里木河流域水资源配置的研究和实践过程，充分体现了研究学者和水利工作者对基本原理和自然变化不断深入认识、为适应生态环境需求和社会经济发展而逐渐调整目标的过程。合理利用、节约、保护、管理塔里木河流域水资源，维护生态平衡，确保塔里木河流域综合治理目标的实施和流域国民经济与社会的可持续发展，是涉水人长期思考的关键难题。

1.2 研究历史和现状

1.2.1 降水指标与流域降水特性研究进展

基于降水数据对旱涝灾害特性进行分析，有利于在考察气候要素变化特征的基础上进一步深入剖析旱涝灾害特点，对旱涝变化趋势预估、水资源管理和防汛抗旱实际工作等提供科学参考。国内外学者围绕旱涝灾害的科学问题开展了系列研究，吴志伟等对长江中下游地区夏季长周期旱涝急转现象进行了研究，定义了一个长周期旱涝急转指数，分析了异常年的同期和前期的大尺度大气环流异常特征（吴志伟等，2006）。任国玉等采用国家基准气候站和基本气象站的地面资料，系统地分析了中国大陆地区50年近地表主要气候要素演化的时间和空间特征（任国玉，2005）；陈隆勋等对我国近80年的气候变化特征及其形成机制进行了分析，研究表明，近年来中国气候整体呈变暖趋势（陈隆勋等，2005）；胡毅鸿研究了洞庭湖旱涝演变及旱涝急转特征分析（胡毅鸿等，2017）；张天宇研究了华北地区降水集中度和降水集中期的时空特征，提出降水与集中度和集中期有一定相关关系（张天宇等，2007）；闪丽洁等人研究了长江中下游旱涝演变时空特征分析，得出了该地区旱转涝有一定增加的趋势（闪丽洁，2015）。Guhathakurta 等使用地区和全印度标准化降水指数对 1901—2015 年间印度 5 个气象分区的西南季风季节和东北季风季节的气象干旱进行了检验分析（Guhathakurta P, et al., 2017）。Okpara 等调查了标准降水指数作为气象干旱的标准衡量标准，其特征描述了西非预警系统和天气指数保险中的应用潜力（Okpara J N, et al., 2017）。上述研究为深入了解旱涝灾害特性提供了有力支撑，但在旱涝指标分析基础上如何理清研究区域内旱涝灾害的严重性、区域性和季节性还缺乏系统的研究，对利用降水数据探讨区域旱涝灾害变化特征的研究则少见报道。

1.2.2 流域耗水确定方法及其研究进展

水是基础性资源，水资源的合理运用是社会可持续健康发展的保障。我国是一个严重缺水的国家，而且水资源的分布极其不均。改革开放以来，随着我国社会生产力的提高，我国社会的各方面对于水资源的需求和消耗在不断地提高，由此引发的水资源短缺问题日益突出，如何有效地利用和管理有限的水资源成为相关研究人员迫切需要解决的问题。对于干旱区而言，水资源的高效管理更加重要。有效地推进干旱地区水资源的科学管理和可持续利用，就需要对区域内的水分收支状况以及水资源的耗散规律有科学、定量的了解；

蒸散发是水文循环的一个重要过程（姚国刚，2013），对蒸散发规律的研究对于水文循环机理的了解具有重大的科学意义；蒸散发还是区域水资源耗散和转移的最重要的途径（许云锋，2013），对蒸散发的研究是了解区域内的水资源耗散和转移规律的根本途径；在干旱地区，高达 90% 的水分通过蒸散发的作用回到大气当中，因此可以说蒸散发是干旱区水文循环最活跃的因素，对干旱地区蒸散规律的研究有助于深入了解干旱区的水资源耗散规律（吴志伟等，2006），对于推进干旱地区水资源管理意义重大。

新疆维吾尔自治区地处我国西北边陲，属于典型的干旱地区，由于社会经济的不发达，长期以来新疆地区水资源的管理效率低下，造成水环境日益恶化，荒漠化现象严重。要系统地解决这些问题就需要深入地探究新疆地区蒸散状况及变化规律（任国玉，2005），为合理地制定新疆地区水资源的管理方案提供科学的指导和理论支持。另一方面，新疆是以农业和畜牧业为主，而蒸散发是农田灌溉水分散失的主要部分，区域农田灌溉规划的制定需要对农田蒸散状况进行了解，对新疆地区蒸散发的研究能够为新疆农业的发展提供数据支持和理论上的指导，具有重大的经济效益和现实意义。此外，在一些生态系统的研究中，比如对区域进行生态系统模拟时就要以不同下垫面的水分蒸散作为关键参数，因此对于区域的生态系统的研究也需要以区域内的蒸散发研究作为基础。对于新疆维吾尔地区蒸散发的研究将有效地推进新疆地区的水资源管理效率的提升，从而改善新疆地区出现的各种水资源问题，对于新疆维吾尔自治区的社会经济、生态环境等方面都有着重要的意义。

蒸散发的研究有 200 多年的历史，至今已经总结出很多计算和测定蒸散发的方法（陈隆勋等，2005），但是以往的传统方法一般都是通过基于点面的地面观测手段来测定蒸散发，这种方法虽然简便但存在的问题是仅能适用于小尺度区域例如林地、农田等。同时因为大区域存在着陆面异质性特点，尤其当该区域存在着多种不同的下垫面条件，传统的方法需要测算各个不同地点的蒸散，工作量和测算的难度都大大增加。而近年来遥感技术的发展为大范围区域的蒸散发估算提供了新的途径，因其覆盖面大、易于获取等特点，近年来，利用遥感卫星监测大范围地区地表能量和水分状况从而估算大范围区域的蒸散发，已成为目前蒸散发研究中的热点课题。

1. 国外蒸散发研究进展

对于蒸散发的研究最开始是基于水文学和气象学相关研究的需要，由于蒸散发研究具有交叉学科背景，它的发展与气象学、化学、物理学、生物学等基础学科的发展息息相关，在这些基础学科取得一定的成就时，蒸散发机理的研究也就获得了相应的发展。1802年，Dalton 系统地研究了对蒸散发影响很大的空气温度、湿度和风等气象因子的作用，最后综合了它们对于蒸散发的影响，提出了著名的 Dalton 定律，对近代蒸发研究影响巨大，它的理论成了后人进行相关蒸散研究的理论基础，在这之后，蒸散发模型的研究成果便如雨后春笋一般涌现。1926 年，波文提出一种在常规观测中精度较高的方法即波文比-能量平衡方程（BREB 法），因其具有许多优点，长期以来得到了之后的研究人员相当广泛的应用（Bowen I S, 1926）。但这一方法也存在其局限性，首先是这一方法不适用于下垫面很潮湿的情况，其主要原因是该情况计算的热量交换与相应的水汽湍流交换系数不能很好地匹配，两者之间存在着一定的差异，由此导致计算结果出现较大的偏差，使得该条件下的误差过大，计算精度不符合要求。1939 年，桑斯威特与霍尔兹曼提出了著名的紊流扩散法，该方法基于较为严格的近地面边界层相似理论，并充分地从空气动力学的原理出发，假定热量、动量和水汽这三者在同一边界层内的传输系数是相等的，达到一种理想的计算模型，而实际上该假设需要建立在均匀下垫面条件这一比较严格的条件下，当下垫面均匀时，利用该方法确实能够得到较为理想的结果，但是在当下垫面非均匀情况下时，由于与它的假定有一定的出入，因此计算结果往往会有很大的误差，这主要是因为粗糙下垫面对湍流场的复杂影响（Thornthwaite C W, et al., 1939）。1948 年，彭曼提出了用于计算潜在蒸发量的彭曼公式，该方法主要创新点在于其具有坚实的理论基础以及明确的物理意义，这得益于它基于两大基本原理，其一即为能量平衡原理，其二便是空气动力学原理，因此该方法至今仍有很多的应用，因其特性主要用于在有关密闭植物蒸散的计算方面，另外彭曼公式对温润下垫面蒸散的研究同样也有着很大的影响（Penman H L, 1948）。1963 年，蒙特斯基于彭曼等人的研究基础，在创造性地全面考虑了植被的生理特性的同时加上其对于影响蒸散的大气物理特性的系统性研究成果，成功地将表面阻力的概念引入，从而推导出了用来计算 ET 的彭曼-蒙特思 Penman-Monteith 公式（P-M 模式），因该模式能够较为清楚地了解蒸散发的影响机制和变化的过程，从而也为非饱和下垫面 ET 的研究开辟了新的思路（Monteith J L, et al., 2008）。然而，另一方面，该方法却不太适合用于在粗糙作物群体中应用，这主要是因为该方法比较依赖于表面阻力的准确计算，然而粗糙下垫面的表面阻力由于其多元、复杂的影响因素导致表面阻力难以准确地估计（莫兴国等，2000）。虽然以上每种方法都有着独特的特点以及适用性特点，但对于蒸散的研究还需要进一步地深入（郭玉川，2007），对相关理论的补充和完善仍然是研究人员需要解决的问题。

2. 国内蒸散发研究进展

国内对于蒸散发的研究起步较晚，初期主要是对国外的一些研究进展进行借鉴和学习，然后逐渐地改进和优化并用于国内一些地区的研究，不得不承认国内的相关研究与国外的研究进展具有一定的差距，但差距已经在日渐缩小。

傅抱璞（傅抱璞，1981）通过引用和修正国外蒸散模型进行研究，总结先进经验，在国内首创了基于山区陆地气象资料的蒸散模型，开启了之后研究学者向国外学习的风气。钟强（钟强，1984）、魏丽（魏丽等，1989）、吴艾笙（吴艾笙等，1993）等学者采用了当时的遥感数据研究了地表能量通量，并进一步反演了地表参数，他们的研究成果为后续的研究奠定了一定的基础；刘三超等（2007）在典型湿润区的小流域地表 ET 研究中，采用水文模型并结合 GIS 技术的方法，取得了较为理想的实验效果；张仁华（张仁华等，2001）等人利用微气象方法估算了流域的能量平衡，也取得了大量的研究成果；张殿君在对黄土高原典型流域的 ET 研究中，利用多时段的 TM 影像数据资料并结合 SEBAL 模型，得到了该地区蒸散量与土地覆盖变化的关系（张殿君，2011）；李发鹏等人以黄河三角洲为研究区域，通过下载的 MODIS 蒸散数据即 MOD16 数据集进行研究，通过 SEBS 模型估算该区域内的蒸散发量，此外还采用自然正交分解的研究方法系统地分析了其时空分布特征（李发鹏等，2009）；王瑶等人以黑河为研究区域对其中游的作物需水量进行了较为细致的研究，重点对 SEBS 模型的输入参数的敏感性做了细致的分析，同时也简要地分析了该区域内作物需水量的时空分布格局（王瑶等，2012）；王书功等人利用三种方法估算了黑河山区草地蒸散发，发现彭曼-蒙特斯方程、泰勒方程以及 SHAW 模型这三种方法计算的精度是相近的，但值得注意的是，SHAW 模型的输入变量数量明显要比前两种多一些（王书功等，2003）。众多模型的广泛应用，对丰富我国的蒸散发研究发挥了巨大的作用。

　　从现阶段研究的总体现状来看，国内学者对于大面积流域地表蒸散发的估算参照的模型主要为 SEBAL（Bastiaanssen W G M, et al., 1998）和 SEBS（Su Z, et al., 2002）这两种最为经典、应用最为广泛的模型。SEBAL 模型主要是基于莫宁-奥布霍夫相似假设理论（Timmermans W J, et al., 2007），该模型首先需要确定研究区域内的"极冷点"和"极热点"，然后基于这些点对相应的气温差与空气动力学温度的回归系数进行计算（Bastiaanssen W G M, et al., 1998），这种方法的优点之一是不涉及气温、湿度等气象观测数据，从而可以规避掉气象要素插值所带来的一些误差；同时因为在感热通量的计算中直接应用遥感辐射温度，从而达到降低因对剩余阻抗进行必要的经验性调整所带来的较大误差（W G M Bastiaanssen, et al., 1998），另一方面 SEBAL 在实际的应用中也有三点主要的缺陷：①因为问题的复杂程度，感热通量的反演存在不确定性，比如在计算感热通量时，可能因为误差过大有时甚至会高于能量的收入而这显然是不合理的，因此在反演潜热通量时是存在着一些问题和难点的；②在不同的下垫面条件下或者是复杂的地形情况下，地表的粗糙长度往往具有较大的不确定性，此时只能依据经验定义该长度，但这也存在着相同的问题，就是经验值可能与实际值存在较大的误差；③该方法的计算是围绕着极冷和极热地表面这个基础展开的，而极冷和极热点的选择在实际中是存在很大的困难和诸多问题的，由此也将导致最后的计算结果不够理想（曾丽红等，2011）。

　　SEBS 模型主要包含 4 个模块：第 1 个模块是地表参数的反演；第 2 个模块是植被不完全覆盖条件下的 kB^{-1} 系数计算；第 3 个模块通过迭代计算得到显热通量；第 4 个模块确定蒸发比，最终得到潜热通量（杨永民等，2008）。

3. 新疆蒸散研究现状

　　目前对于新疆地区蒸散的研究主要集中在利用气象数据估算新疆地区的蒸散量（P-M 公式），然后分析其多年变化的趋势以及期间存在的突变情况，或者通过对某一气象站点的气象因子与蒸散量的相关性分析来研究气象因素对于蒸散发变化的影响。

　　董煜等人基于彭曼-蒙特斯公式（P-M 模式），采用新疆境内总计 55 个气象站的气象资料数据计算了自 1961 到 2013 年期间共计 52 年的年潜在蒸散量，通过趋势性分析结果表明新疆地区潜在蒸散量总体呈下降趋势；通过重标极差分析法（即 R/S 法）结果表明未来一段时间潜在蒸散量的变化规律将仍保持与过去相一致的变化趋势（董煜等，2015）；利用 Mann-Kendall 突变检测法计算得出新疆地区年潜在蒸散量 1961 年至 2013 年期间发生了一次显著的减小性突变，时间节点为 1983 年；经验正交函数分解法（EOF）的计算结果表明，新疆地区的 ET 存在着显著的地区差异性，其空间变化特征大致为南高北低，东高西低；最后通过对新疆地区的 ET 与各项气象数据的相关性分析，得出结论为风速是影响新疆地区潜在蒸散量的主要气象因素。

普宗朝等人将新疆划分为天山山区和南疆、北疆 3 大区域，每个区域取有代表性的 8 个气象站点，对 3 个区域的数据进行平均值和趋势分析，结果表明 3 个地区年潜在蒸散量总体都呈现递减的趋势，此外天山区域的平均值和递减率都比另外两个区域小，同时天山的年代年际变化是 3 个区域中最为稳定的；通过最大熵谱分析得出结论，北疆和天山地区存在 45 年的显著周期（普宗朝等，2009）；通过突变检测分析，结果表明南北疆以及天山山区发生显著突变的时间节点分别为 1994 年、1996 年和 1991 年；最后通过自然正交分解法的分析，结果表明 3 个地区主要的空间分布特征都为同向变化，而反向性变化的顺序从小到大依次为北疆、天山山区、南疆。王新菊等利用乌鲁木齐站和喀什站两站自 1954 至 2008 年总计 54 年的气象资料，运用彭曼-蒙特斯方程计算了各站点的潜在蒸散发量，运用 Mann-Kendall 检验方法分析了两站气象要素的变化趋势，结果表明，在 54 年间呈现出显著上升趋势的气象因素为两站的气温以及喀什站的相对湿度，呈现出显著下降趋势的是两站的风速以及乌鲁木齐站的日照时数（王新菊等，2012）；另外与相应的潜在蒸散量具有正相关关系的分别为两站的气温、风速、日照时数，与相应的潜在蒸散量存在负相关关系的是两站的相对湿度；对各气象因子相关系数进行分析，得到的结论为乌鲁木齐潜在蒸散量的主要影响因子为气温和相对湿度，而喀什站潜在蒸散发量的主要影响因素则是气温和风速。

综合目前的研究成果来看，主要有以下结论：一是过去的几十年间新疆地区潜在蒸散发量总体上呈现下降趋势，并且未来一段时间内，新疆地区潜在蒸散发量也延续这种下降的趋势；二是总体上新疆地区潜在蒸散发量在 1983 年发生显著的减小性突变，而实际上若把新疆以天山为界分为三大块区域，那么突变的时间点三个区域各不相同但是相差不大，总的而言，八九十年代是发生突变的时间区间；三是新疆地区的蒸散发量存在着显著的地区性差异，大致为由南北向东西递减，且空间分布特征基本都为同向变化；四是与新疆地区蒸散发量相关的气象因子可能因不同的区域而略有差异，但总体上来说风速、气温、相对湿度对于蒸散发的影响是比较大的。

1.2.3 国内外水资源优化配置分析方法

起初，水资源优化配置的研究思想来源于水库群优化调度。20 世纪 40 年代 Masse 等（1962）国外学者开始对水库群优化调度展开系统性的研究，使得水资源研究进入人们的视野。William 等（1985）人对未来用水需求进行了预测，并且探讨了如何满足未来用水需求的方式与途径，对水资源优化配置的思想也有所展现。随着系统分析思想的应用，哈佛水资源规划组（Harvard Water Program）（A. MAASS, et al., 1962）最早将水资源和环境系统综合分析的思路运用到水资源规划，从而展开水资源配置模型的研究，因此水资源配置模型在欧美受到极大的重视（李慈君，1990）。70 到 80 年代到了最优化配置理论发展的稳定期，优化配置理论得到了广泛运用，研究的深度及经验与之前比有了较大的进步。Norman J. Dudley（1972）将作物生成模型和动态规划模型结合，估算了季节之间灌溉水量的优化分配。D. H. Marks（2004）提出的水资源系统线性规划和决策理论规则为如何把水资源系统转化到数学模型提供了重要理论依据。Haimes（1977）研究了基于层次分析法和大系统分解理论的流域水资源管理模型，通过计算每个子系统的优化解进而得到整个流域的最优解。Louie 等（1984）针对多目标的水资源规划问题，运用约束线性编程技术建立了一个同时考虑水量分配、水质控制和防止地下水透支的仿真模型。90 年代以后，随着水质等生态问题的不断涌现，国外开始对水资源配置中的水质目标与环境效益加以重视。Fleming 等（1995）提出了一种水质、水量管理模型，其可以控制污染物的扩散。Wong 等（1997）建立了抑制地下水恶化的不同用水部分的水资源管理模型。Rodrigo 等（2007）针对 Ribeiras do Algarve 流域应用决策支持系统的两阶段措施解决缺水和水质问题。

随着计算机技术的飞速发展，在进行水资源配置研究的同时，智能优化算法及地理信息系统也被广地运用其中，为解决各效益目标和用户之间复杂的水资源问题提供了新的方向。Morshed 和 Kaluarachchi（2000）对地下水优化配置问题进行了研究，使用改进的 GA 遗传算法 FRM、SBSM、ORAG 可以较好地解决这些问题。McKinney（2002）通过 GIS 的扩展开发与水资源优化管理的连接建立了流域水量分配的模型。Pukey 等（2007）将 3S 技术与气候因素和工程因素结合，提高了决策支持系统的适应性。

通过学习西方先进国家的水资源系统分析技术，水库优化调度研究开始由最初简单的经验寻优常规调度方法逐渐发展成为水库群优化调度方法，解决了多目标、多约束、复杂系统的调度问题，中国学者也陆续展开相关方面的研究。张玉新（1986）针对水资源规划和管理的特性，通过建立基于高维决策的多目标动态规划模型，所得结果比单一动态规划的结果更有优势。茹履绥（1987）以大系统理论为基础将一个灌区的时间和空间进行重叠分解，建立了水资源系统的调节计算模型和逐层优化模型，进而得到了调节水量、子区供水量和对应工程方案的最优值。刘晨光（1990）通过模糊集中模糊优属度的概念，建立了模糊优属度的多目标优化水资源分配模型。

90 年代后期，人们开始关注水资源的经济特性。水资源配置开始朝向以经济效益最大化为目标发展。水资源配置由于以上因素使得生态开始恶化。尤其是我国西北地区开展"西北地区水资源合理开发利用与生态环境保护研究"项目，该项目研究以生态系统需水量为理论基础，其研究成果为资源合理配置和水资源承载能力分析提供了依据。

21 世纪初，我国水资源优化配置开始加强自然、生态、环境、社会和经济的相互关系，逐步走向生态和谐。贺北方（2002）基于可持续发展理论，以社会、经济、环境的综合效益最大为目标，建立区域水资源优化配置模型。利用大系统分解协调技术，将模型分解为二级递阶结构，同时对多目标遗传算法在区域水资源二级递阶优化模型中的应用进行了探讨。袁洪州（2005）在大系统分解协调理论的基础上，运用 BP 神经网络和灰色预测理论预测需水量，并实现了对非线性水资源配置模型的分级寻优。

随着 2011 年中央出台了"最严格水资源管理制度"的一号文件，水资源优化配置体系开始以"三条红线"为约束条件，即以用水总量控制制度、用水效率控制制度及水功能区限制纳污制度展开新的符合中国国情的水资源优化配置系统研究。"三条红线"下的水资源优化配置研究更加注重水资源的环境属性和生态属性，各学者正对新时期最严格水资源管理制度开展了相关研究。卢震林（2008）对典型干旱区且末县的农业水资源供需预测及优化配置进行了系统的分析与研究，并充分考虑灌区生态环境及生态需水。张昕（2010）针对山西省汾河灌区水资源供需矛盾加剧，利用系统动力学方法，基于汾河灌区供水—用水—污水—回用和渠系灌溉—入渗回补地下水等多反馈信息构建系统动力学模型。畅建霞（2012）以渭河流域关中段为研究对象，从保障河道非汛期生态基流出发，以渭河干支流现状年及规划水平年水利工程联合调控为手段，建立基于"三条红线"的渭河流域关中段水资源优化配置模型，采用自适应调控方法优选并提出渭河关中段水资源配置方案，为有效改善渭河水质、逐步恢复渭河河流生态系统服务功能，并最终实现渭河河流健康提供理论支持。吴丹（2012）基于用水总量控制、用水效率控制、水功能区限制纳污"三条红线"控制约束条件，构建流域初始二维水权耦合配置的双层优化模型，实现流域初始取水权与排污权在不同区域及不同部门之间的合理配置。梁士奎（2013）在约束条件为区域取用水总量、用水效率和纳污能力"三条红线"控制指标的基础上，开展了水资源配置研究，为实施区域最严格水资源管理提供依据。王伟荣（2014）从最严格水资源管理制度的角度出发，以南四湖为例，对南四湖水资源配置模型的建立和求解，对一般模式和最严格水资源管理制度下的配置结果进行比较得出，最严格水资源管理制度下的水资源配置整体缺水率明显降低，更能符合流域社会经济发展的需要。葛莹莹（2014）以河南省安阳市为研究对象，建立"三条红线"下的区域水资源多目标优化配置模型，并采用粒子群算法对模型进行求解，为实现最严格的水资源管理制度提供理论支持。徐永军（2015）提出实施最严格水资源管理制度是实现水资源可持续利用，保障经济社会可持续发展的必然要求。孙栋元（2015）针对内陆河流域水资源供需矛盾突出、水资源配置结构不合理、生态环境仍恶化等方面存在的问题，分析和探讨了基于"三条红线"、生态环境综合治理、地表水与地下水联合调度和流域水资源集成管理的内陆河流域水资源管理模式。任兴华（2015）以山西阳泉平定县水资源为研究对象，由于供水、生态等问题，探索出基于"三条红线"理论且具有实际应用价值的新的水资源优化配置模式——SE-DEA模型，对不同配置方案进行综合评价，探求最佳水资源配置方案，指明了该地区水资源管理的方向。易凯（2016）以钦州市为研究对象，构建了"三条红线"约束下的钦州市多目标水资源优化配置模型，为钦州市水资源分配提供了理论支持。杨献献（2016）以黑河中游为例，构建面向生态的单目标（模型一）和多目标（模型二）水资源优化配置模型，并进行对比分析，从不同角度出发进行水资源优化配置，为当地的生态保护提供了有力的决策支持。李晨洋（2017）以建三江地区为研究对象，通过概率分布函数和离散区间数的结合，构建区间二阶段随机规划模型，以解决农业水资源优化配置过程中农作物水量配置、生态需水、水质污染治理补偿、来水不确定、经济效益等问题，为农业水资源合理配置提供了科学的依据。张星荣（2017）以四川省为实例基于最严格水资源管理制度构建了水资源优化配置模型，得出最严格水资源管理制度条件能够更好地实现水资源的优化配置，在满足国民经济发展的基础上最大限度节约水资源。钟鸣（2018）以玉环市为例，在粒子群优化（PSO）算法的惯性权重项中引入服从正态分布的随机因子的基础上建立了"三条红线"约束下的水资源优化配置模型，研究成果为"三条红线"约束下的水资源配置研究提供了新思路。刘启松（2018）在满足最严格的水资源管理制度"三条红线"的基础上，用水量平衡模型和多方案调控进行水资源配置深入研究，研究成果为"四长廊""四屏障"生态工程的水资源论证提供了科学依据，具有重要的实际指导意义和应用价值。

1.3　主要研究内容

本书的研究紧密围绕流域最重要的农业和生态用水两方面，遵循流域水资源背景分析、水资源利用特征、水资源分配方法、系统集成实现的脉络，组织开展相关研究活动，各步骤研究方法和成果都是下一步研究的基础，既保证了研究始终围绕主线开展，同时实现了研究的层层深入。在研究中，针对项目需求开展设计，针对不同研究切入点，分别引入了遥感分析、贝叶斯网络、区域均衡分析、不确定性分析、多目标优化等模型和方法，保证了项目研究方法的适用性和先进性。希望通过本书的研究，在塔里木河干流流域蒸散发、来水特征、流域虚拟水贸易、水资源分配的随机规划和确定性规划等多个方面取得较丰富的理论和应用成果。本书主要研究内容包括：

（1）塔里木河流域降水特性分析；

（2）新疆地区蒸散发时空变化与相关性分析；

（3）塔里木河干流来水变化与丰枯遭遇分析；

（4）塔里木河流域区域间的农业虚拟水贸易平衡研究；

（5）"三条红线"约束下的水资源分配与配置；

（6）"三条红线"约束下的水资源优化配置模型研究；

（7）"三条红线"约束下的水资源优化配置结果；

（8）塔里木河流域水资源配置系统与实践；

（9）最严格水资源管理要求下的水资源配置思考。

第2章 水资源系统及系统分析基础

2.1 系统与水资源系统

2.1.1 系统

随着生产和科学技术的发展,"系统"一词早已为人们所熟知,它广泛地存在于自然界、人类社会和人类思维描述的领域中。从非生命系统到生命系统,从生产建设系统到组织管理系统,从复杂的大系统到微不足道的小系统,应有尽有。

系统泛指由一群有关联的个体组成,根据预先编排好的规则工作,能完成个别元件不能单独完成的工作的群体。系统分为自然系统与人为系统两大类。一群有相互关联的个体组成的集合称为系统。那么究竟什么是系统呢?由于学科不同,使用方法不同,要解决的问题不同,对"系统"一词有许多不同的解释(陈思录,1993)。

我国学者钱学森认为,系统是由相互作用相互依赖的若干组成部分结合而成的,具有特定功能的有机整体,而且这个有机整体又是它从属的更大系统的组成部分。一般系统论创始人贝塔朗菲定义:"系统是相互联系相互作用的诸元素的综合体。"这个定义强调元素间的相互作用以及系统对元素的整合作用。可以表述为:如果对象集 S 满足下列两个条件,则称 S 为一个系统, S 的元素为系统的组分:

(1) S 中至少包含两个不同元素;

(2) S 中的元素按一定方式相互联系。

系统的分类方法较多,从不同的角度出发有不同的分类方法。按其形态划分,一般有以下几种类型(陈思录,1993):

1. 自然系统和人工系统

自然系统的组成部分是自然物质,其特点是自然形成的,如天体系统、海洋系统等。
人工系统是为满足人类的某种需要,人为建立起来的系统。如工程系统是由人造出的仪表、机械装置等构成的系统;而各种管理系统和社会系统是通过人为地规定制度、组织、秩序等构成的系统;而科学体系和技术体系是人们通过对自然现象和社会现象的认识而建立起来的系统。

自然系统是自然形成的,只有功能不存在目的。而人们建造任何一个人工系统都有一定的目的。因此,人工系统除有功能外,还具有明确的目的。实际上,大多数系统都是自然系统和人工系统相结合而形成的复合系统。如环境保护系统、矿藏开发系统等。

系统工程研究有明确目的的人工系统和复合系统，还可对没有明确目的的自然系统进行改造。

2. 实体系统和概念系统

由物质实体组成的系统称为实体系统。实体系统以研究硬件为主，故属于硬科学。如机械系统、电力系统、人机控制系统等都是实体系统。而概念系统是由概念、原理、原则、制度、方法、程序等非物质实体为主构成的系统，它以研究软件为主，故属于软科学。如教育系统、管理系统、计划系统等。

实际上，很多系统都是实体系统与概念系统相互依存构成的复合系统。其中，实体系统是概念系统的物质基础，而概念系统为实体系统提供指导和服务。如果只有物质实体系统，没有概念系统的指导，实体系统是不可能提高和完善的。

3. 动态系统和静态系统

状态随时间的推移不断发生变化的系统称为动态系统；状态不随时间推移而变化的系统称为静态系统。静态系统是相对而言的（事实上，绝对的静态系统是不存在的），它可以看作是动态系统的极限状态。一般系统工程以研究动态系统为主。

4. 开放系统和封闭系统

与环境发生物质、能量、信息交换的系统叫开放系统；反之，不与环境发生物质、能量信息交换的系统叫封闭系统。系统工程研究的绝大多数都属于开放系统。只有不断地与外界环境发生交换，不断地输入和输出，系统才具有生命力。

除了上述各种系统外，还有目的系统和行为系统，因果系统和控制系统等。当然，系统的上述分类并不是绝对的，各类系统之间往往有相互交叉和渗透。

2.1.2　水资源系统

水是世界上最常见但又最不平凡的物质，它不仅仅具有良好的溶解性和渗透性，同时具有高热容量和高蒸发潜热，它通过蒸发和凝结作用调节着地球上的能量分布，通过搬运和沉积作用改变着悬移物质的分布，通过溶解和结晶作用调整着可溶物质的分布，通过参与光合和呼吸作用维持着大气的组成和生命活动。水不仅是构成身体的主要成分，而且还有许多生理功能。在地球上，人类可直接或间接利用的水，是自然资源的一个重要组成部分。天然水资源包括河川径流、地下水、积雪和冰川、湖泊水、沼泽水、海水。水按水质划分为淡水和咸水。随着科学技术的发展，被人类所利用的水增多，例如海水淡化、人工催化降水、南极大陆冰的利用等。由于气候条件变化，各种水资源的时空分布不均，天然水资源量不等于可利用水量，往往采用修筑水库和地下水库来调蓄水源，或采用回收和处理的办法利用工业和生活污水，扩大水资源的利用。与其他自然资源不同，水资源是可再生的资源，可以重复多次使用，并出现年内和年际量的变化，具有一定的周期和规律。水的储存形式和运动过程受自然地理因素和人类活动所影响。

根据世界气象组织（WMO）和联合国教科文组织（UNESCO）的 *INTERNATIONAL*

GLOSSARY OF HYDROLOGY（《国际水文学名词术语》，第三版，2012 年）中有关水资源的定义，水资源是指可资利用或有可能被利用的水源，这个水源应具有足够的数量和合适的质量，并满足某一地方在一段时间内具体利用的需求。根据全国科学技术名词审定委员会公布的水利科技名词（科学出版社，1997）中有关水资源的定义，水资源是指地球上具有一定数量和可用质量能从自然界获得补充并可资利用的水。

水资源具有以下特征（刘宁等，2010）：

（1）周期性。必然性和偶然性，水资源的基本规律是指水资源（包括大气水、地表水和地下水）在某一时段内的状况，它的形成具有其客观原因，都是一定条件下的必然现象。但是，从人们的认识能力来讲，和许多自然现象一样，由于影响因素复杂，人们对水文与水资源发生多种变化的前因后果的认识并非十分清楚，故常把这些变化中能够作出解释或预测的部分称之为必然性。例如，河流每年的洪水期和枯水期，年际间的丰水年和枯水年；地下水位的变化也具有类似的现象。由于这种必然性在时间上具有年的、月的甚至日的变化，故又称之为周期性，相应地分别称之为多年期间、月的或季节性周期等。而将那些还不能作出解释或难以预测的部分，称之为水文现象或水资源的偶然性的反应。任一河流不同年份的流量过程不会完全一致；地下水位在不同年份的变化也不尽相同，泉水流量的变化有一定差异，这种反应也可称为随机性，其规律要由大量的统计资料或长系列观测数据分析。相似性，主要指气候及地理条件相似的流域，其水文与水资源现象具有一定的相似性，湿润地区河流径流的年内分布较均匀，干旱地区则差异较大；表现在水资源形成、分布特征上也具有这种规律。特殊性，是指不同下垫面条件产生不同的水文和水资源的变化规律。如同一气候区，山区河流与平原河流的洪水变化特点不同；同为半干旱条件下河谷阶地和黄土原区地下水赋存规律不同（Liu et al.，2019）。

（2）利用的多样性。水资源是被人类在生产和生活活动中广泛利用的资源，不仅广泛应用于农业、工业和生活，还应用于发电、水运、水产、旅游和环境改造等。在各种不同的用途中，有的是消耗用水，有的则是非消耗性或消耗很小的用水，而且对水质的要求各不相同。这是使水资源一水多用、充分发展其综合效益的有利条件。此外，水资源与其他矿产资源相比，另一个最大区别是：水资源具有既可造福于人类，又可危害人类生存的两重性。水资源质、量适宜，且时空分布均匀，将为区域经济发展、自然环境的良性循环和人类社会进步做出巨大贡献。水资源开发利用不当，又可制约国民经济发展，破坏人类的生存环境。如水利工程设计不当、管理不善，可造成垮坝事故，也可引起土壤次生盐碱化。水量过多或过少的季节和地区往往又产生各种各样的自然灾害。水量过多容易造成洪水泛滥，内涝渍水；水量过少容易形成干旱、盐渍化等自然灾害。适量开采地下水，可为国民经济各部门和居民生活提供水源，满足生产、生活的需求。无节制、不合理地抽取地下水，往往引起水位持续下降、水质恶化、水量减少、地面沉降，不仅影响生产发展，而且严重威胁人类生存。正是由于水资源利害的双重性质，在水资源的开发利用过程中尤其强调合理利用、有序开发，以达到兴利除害的目的。

（3）有限资源。海水是咸水，不能直接饮用，所以通常所说的水资源主要是指陆地上的淡水资源，如河流水、淡水、湖泊水、地下水和冰川等。陆地上的淡水资源只占地球上水体总量的 2.53% 左右，其中近 70% 是固体冰川，即分布在两极地区和中、低纬度地区的高山冰川,还很难加以利用。人类比较容易利用的淡水资源,主要是河流水、淡水湖泊水,以及浅层地下水,储量约占全球淡水总储量的 0.3%,只占全球总储水量的十万分之七。据研究,从水循环的观点来看,全世界真正有效利用的淡水资源每年约有 9000 立方千米。地球上水的体积大约有 $1.36×10^8$ 立方千米,海洋占了 $1.32×10^8$ 立方千米(约97.2%);冰川和冰盖占了 $2.5×10^7$ 立方千米(约 1.8%);地下水占了 $1.3×10^7$ 立方千米(约 0.9%);湖泊、内陆海和河里的淡水占了 $2.5×10^5$ 立方千米(约 0.02%);大气中的水蒸气占了 $1.3×10^4$ 立方千米(约 0.001%),也就是说,真正可以被利用的水源不到0.1%。

水资源系统是在一定区域内由可为人类利用的各种形态的水所构成的统一体。统一体中的各类水具有相互联系并依一定规律相互转化,体现出明显的整体功能、层次结构和特定行为。统一体内部具有协同性和有序性,与外部进行物质和能量的交换(刘宁等,2010)。

水资源系统内的主要水源为大气水、地表水、土壤水和地下水,以及经处理后的污水和从系统外调入的水。各类水源间具有联系,并在一定条件下相互转化。如降雨入渗和灌溉可以补充土壤水,土壤水饱和后继续下渗形成地下水;而地下水由于土壤毛细管作用形成潜水蒸发补充大气水,还可通过侧渗流入河流、湖泊而补充地表水。同样,地表水一方面通过蒸发补充大气水,而另一方面通过河湖入渗补充土壤水和地下水。因此,不同的水资源利用方式会影响到水资源系统内各类水源的构成比例、地域分布和转化特性(Sun et al.,2019)。

水资源系统在空间上为一分布系统。根据水资源形成和转化的规律,一个水资源系统可以包含一个或若干个流域、水系、河流或河段。地下水资源的分区通常和地表水资源分区是一致的。显然,按上述分区原则,一个水资源系统内还可进一步划分成若干子系统,同时,其本身又是更大的水资源系统的子系统。所以,水资源系统具有明显的层次结构。

水资源系统具有若干整体功能。水本身不仅为人类的生存所必需,而且一定质与量的供水,又是国民经济发展的重要物质基础。利用大坝和水轮机可以把天然径流中蕴藏的巨大势能积累起来并转化为电能;通过水库一方面可以拦蓄洪水减轻灾害,另一方面又可以发展灌溉;河流又兴舟楫之利,湖泊可以发展水产养殖和旅游业。在生态环境方面,水可以调节气候,保持森林、草原的生态稳定以及湿地的生物多样性。

研究水资源系统的内在特点、整体功能及其与外部环境的联系,是水资源可持续利用的基本条件。

2.2 系统分析与评价

"系统分析"(systems analysis)一词最早是在 20 世纪 30 年代提出的,当时是以管理问题为主要应用对象,是管理信息系统的一个主要和关键阶段,负责这个阶段的关键人物是系统分析员,完成这个阶段任务的关键问题是开发人员与用户之间的沟通。到了 40 年代,由于它的应用获得成功,得到了进一步的发展。以后的几十年,无论是研究大系统的问题,还是建立复杂的系统,都广泛应用了系统分析的方法。

2.2.1 系统分析的概念

对系统分析,至今还没有一个比较完整和严密的科学定义。一般认为,系统分析就是对一个系统内的基本问题,用系统观点思维推理,在确定和不确定的条件下,探索可能采用的方案,通过分析对比,为达到预期目标选出最优方案的一种辅助决策方法。

系统分析没有特定的一组分析技术,针对不同的对象有不同的分析方法。通常是分析人员运用逻辑思维推理,对分析的问题不断发问,直到问题取得圆满答复,如表2.1所示(陈思录,1993)。

表2.1   系统分析表

对象	提问一	提问二	提问三
目的	是什么?	为什么做这个?	目的是否明确?
地点	在何处?	为什么要在这里做?	有无更合适地点?
时间	在何时?	为什么在这时候做?	有无更合适时间?
人物	由谁做?	为什么由此人做?	有无更合适人选?
方法	用哪种方法?	为什么用此方法?	有无更好方法?

在分析时,往往有许多前提条件需要做出假设,又有许多因素是随机的,因此,在分析过程中必然夹杂着分析人员的价值观,以及对变化不定的未来作主观臆断和推理判断。为此,在进行系统分析时,特别是对复杂系统进行分析时,应遵循某些原则。系统分析原则是在进行系统分析时,考虑内部要素(子系统)之间,系统与环境之间的相互制约、相互依存的错综复杂的矛盾与联系时必须遵循的准则。主要有以下几点:

(1)外部条件与内部条件相结合的原则。一个系统不仅受本身各种因素的制约,而且还受外部条件的影响和约束,例如一个企业,作为一个系统,它不仅受企业的生产类型、生产环节、物流、人流、信息流所制约,而且还受到外部自然环境、社会环境、协作系统、运输系统、市场状况等条件的影响。做系统分析时,应将系统内、外部各种有关因素结合起来,综合分析,选择最佳方案。

(2)当前利益与长远利益相结合的原则。系统的动态性决定系统状态随外界条件变化而变化,随时间进展而变化。在系统方案的选择中,若方案对系统目前有利,对系统长远也有利,则这种方案是理想的。若方案可能对目前并不有利,但从长远发展看是有利的,则这种方案往往也是可取的。对于那些一时有利而长期处于不利状态的方案,即使是过渡性的,最好也不选用。在处理这些矛盾时,应以长远利益为主,兼顾眼前利益,在服从长远利益的前提下,使当前利益的损失减到最低限度。

(3)局部效益与整体效益相结合的原则。一个系统往往可以分解为许多子系统、而子系统还可分解为更小的子系统。每个子系统都代表着局部利益,局部效益最优而且能构成整体效益最优,当然是最理想的。但实际情况往往并非如此,当局部效益较差而从全局分析能构成整体最优时,应保证整体最优。反之,局部效益较优(或最优)而整体效益很差，这种方案并不可取。在系统分析时，必须做到整体效益优化和最优化，局部必须服从整体要求。

（4）定性分析与定量分析相结合的原则。进行系统分析时，除了可以把数量、模型、公式、货币等作为定量分析的因素之外，还有许多不能用数量表示的因素，如政治、政策、法律、心理状况、环境污染等，它们往往只能根据经验统计和主观判断来进行考虑，这就是定性分析。系统分析解决的大多是影响全局的事件，在某些情况下定性因素甚至起着决定性作用。因此，系统分析强调把定量分析与定性分析很好地结合起来综合分析，这种分析通常可按照"定性—定量—定性"循环往复的过程进行。

2.2.2　系统分析的过程

在系统的分析过程中，分析人员一般会遵循如下 5 条方法论：①要明确系统希望达到的目标；②确定要达到希望目的和目标所需要的设备和技术条件；③根据分析，找出各因素间的相互关系，建立各种可行方案和相应的数学模型；④分析、计算各种可行方案所需要的费用和能够获得的经济效益；⑤确定评价原则，寻找最优方案（陈思录，1993）。

这就是后来被人们归纳为系统分析的 5 个要素，即目标、可行方案、模型、费用和效果、评价准则，下面将对每个要素分别进行介绍。

1. 目标

目标是系统工程中最重要的概念之一，它既是建立系统的根据，又是系统分析的出发点。对系统分析人员来说，开始做系统分析时最重要的任务就是充分了解和认识建立系统的目的和要求（目标），只有正确全面地理解和掌握系统的目的和要求，才能进一步分析系统的预定目的和要求是否确切、完整、合理，才能为后面的分析奠定基础。

系统分析人员必须认识到确定目标的重要性。如果没有目标，系统无法确定；如果目标不明确，系统分析无从下手；如果目标是错误的，无论怎样分析也不会取得正确的分析结果。

2. 可行方案

一般情况下，实现某一目标，可采取多种手段和措施，这些手段和措施在系统分析中称为可行方案或代替方案。可行方案是系统分析的基础，是优选的前提。如果只有一个可行方案，就无法对比，也就难以确定其优劣。所以说，没有足够数量的可行方案就谈不上选择最优方案。

3. 模型

模型是描述对象或过程某一方面的本质属性的，是现实系统的抽象描述。一般说来，模型在我们所研究的问题范围内更普遍、更集中、更深刻地反映了现实系统的特征和变化规律。

模型是认识、评价、选定一个好系统的基础，是系统分析的核心部分。一个好的模型，不仅有助于目标的实现，还将带来更大的经济效益。

4. 费用和效果

费用是广义的，它是实施系统方案所需的实际支出（含失去的机会和所做的牺牲）。一般费用可以用货币表示。但在考虑对社会有广泛影响的大系统时，还要注意到非货币支出的费用，因为其中有些因素是不能用货币尺度来衡量的。例如，对生态的影响因素，对环境的影响因素等。

效果是达到系统目标所取得的成果。效果有效益和有效度两种表示法。效益是可以用货币尺度来衡量的效果；有效度则是用非货币尺度来衡量的效果。

效益有直接效益和间接效益两种。直接效益包括使用者所付的报酬或由于提供某种服务所得到的收入。间接效益指直接效益以外的那些能增加社会生产潜力的效益。在系统分析中这两种效益都应考虑到。

5. 评价准则

确定各可行方案优劣顺序的标准就是评价基准。通过评价基准对各可行方案进行综合评价，确定出各方案的优劣顺序。评价基准一般根据系统的具体情况而定，但它应具有明确性、可计量性和敏感性。明确性是指基准的概念明确、具体，可计量性是基准尽可能做到定量分析，敏感性是基准在多目标评价时，应能找出对系统行为或输出较敏感的输入，以便控制该输入来达到系统最佳的行为或最佳的输出效果。可以认为，由概念形成问题，由问题产生目标，根据目标建立模型，再通过模型寻找最优方案。这就是系统分析的主要过程，其具体步骤如下：

1）目标的确定

系统分析是针对所提出的具体目标而展开的，因此系统目标的确定在于为后面的分析打下良好的基础，为系统模型化取得必要的信息。

在对一个系统进行分析时，首先要确定所要分析系统的目的和目标、要求的技术条件、分析和定义系统所必需的功能，在此基础上建立概略模型进行仿真，据此来探讨成功的可能性，借以得到模型化所需的概略技术条件。

2）模型化

系统模型化是指为对象系统建立所需要的各种系统模型。根据问题的性质、目标的要求和约束条件建立系统模型，是系统分析过程中的一个重要步骤。系统模型不能过于简单，太简单的模型不能揭示系统的本质和规律，其价值不大；系统模型也不要过于详细，过于详细的模型一方面难于求解，另一方面会增加系统分析的时间和费用。因而要求模型繁简适宜，经济适用。

3）最优化

为了达到系统最优化，首先要分析对比各替代方案的数量指标和质量指标，再运用最优化的理论和方法，对若干代替方案的模型进行仿真和优化计算并求出相应的解答。

4）解的评价

根据系统最优化得到的有关解答，在考虑前提条件、假定条件和约束条件的基础上，结合系统分析人员的经验和知识确定出最优解，供决策者使用。如果决策者对此最优解满意，则系统分析结束。否则进行反馈，修改模型，直到得出决策者满意的最优解为止。

2.2.3　系统评价

系统评价是对新开发的或改建的系统，根据预定的系统目标，用系统分析的方法，从技术、经济、社会、生态等方面对系统设计的各种方案进行评审和选择，以确定最优或次优或满意的系统方案。

在对系统进行评价时，要对众多的评价因素综合考虑，而评价因素中往往有许多因素是无法定量分析的，因此，怎样把一些定性的因素和定量的因素统一在同一个评价尺度上，是系统评价成功的关键。通常利用"价值"概念来统一评价尺度。这里所说的"价值"含义很广泛，不仅可以度量，也可以理解为"有用性""重要性"等。

系统总是在一定环境条件下存在的，价值也只有在一定环境条件下才有意义。随着环境条件的不同，其价值也不一样。在系统评价时，决定事物的相对价值的主要环境条件有任务环境条件、作用环境条件、自然地理环境条件、技术环境条件和社会环境条件等。系统评价一般包括：

（1）明确系统方案的目标体系和约束条件；

（2）确定评价项目和指标体系；

（3）制定评价方法并收集有关资料；

（4）可行性研究；

（5）技术经济评价；

（6）综合评价。

根据系统所处阶段来划分，系统评价又分为事前评价、中间评价、事后评价和跟踪评价。

（1）事前评价：在计划阶段进行的评价，这时由于没有实际的系统，一般只能参考已有资料或者用仿真的方法进行预测评价，有时也用投票表决的方法，综合人们的直观判断而进行评价。

（2）中间评价：在计划实施阶段进行的评价，着重检验是否按照计划实施，例如用计划协调技术对工程进度进行评价。

（3）事后评价：在系统实施即工程完成之后进行的评价，评价系统是否达到了预期目标。因为可以测定实际系统的性能，所以作出评价较为容易。对于系统有关社会因素的定性评价，也可通过调查接触该系统的人们的意见来进行。

（4）跟踪评价：系统投入运行后对其他方面造成的影响的评价。如大型水利工程完成后对生态造成的影响。

系统评价方法有以下四类：

1. 专家评估

由专家根据本人的知识和经验直接判断来进行评价。常用的有特尔斐法、评分法、表决法和检查表法等。

2. 技术经济评估

以价值的各种表现形式来计算系统的效益而达到评价的目的。如净现值法（NPV法）、利润指数法（PI法）、内部报酬率法（IRR法）和索别尔曼法等。

3. 模型评估

用数学模型在计算机上仿真来进行评价。如可采用系统动力学模型、投入产出模型、计量经济模型和经济控制论模型等数学模型。

4. 系统分析

对系统各个方面进行定量和定性的分析来进行评估。如成本效益分析、决策分析、风险分析、灵敏度分析、可行性分析和可靠性分析等。

2.3 系统模型与系统优化的发展方向

2.3.1 系统模型

为了详细观察和了解系统的行为特征，我们研究系统时必须建立系统模型。因此，系统模型是研究系统工程的出发点。

系统模型一般不是系统对象本身，而是现实系统的描述、模仿和抽象。系统模型是由反映系统本质或特征的主要因素构成的。系统模型集中体现了这些主要因素之间的关系。一方面，根据不同的研究目的，对同一系统可建立不同的系统模型；另一方面，同一系统模型也可代表不同的系统。因此，模型是描述系统的本质属性的，是通过系统要素及相互关系表达的。可见，系统的模型具有以下特征：

（1）它是现实系统的抽象或模仿；

（2）它是由反映系统本质或特征的主要因素构成的；

（3）它集中体现了这些主要因素之间的关系。

为了适应各类决策分析的需要，我们将各类模型加以归类。一般来说，常用的系统模型通常可分为物理模型、文字模型和数学模型三类，在所有模型中，通常普遍采用数学模型来分析系统工程问题，其原因在于：①它是定量分析的基础；②它是系统预测和决策的工具；③它可变性好，适应性强，分析问题速度快，省时省钱，且便于使用计算机。

2.3.2 系统模型的建立

建立模型是系统工程中最困难而且是最重要的一环。模型的好坏，直接取决于建模技术。要建立一个恰当而又准确的模型，主要取决于系统分析人员的知识水平和实际经验。下面几点就具体说明了建模过程中的一些情况（陈思录，1993）。

1. 建立系统模型的原则

（1）建立功能方块图，以简化对系统内部相同作用的说明。

（2）为简化分析，只考虑系统中与研究目的有关的那些信息。

（3）要考虑所收集的信息的准确性。

（4）要考虑个别实体的结集性，即它组成更大实体的程度。

2. 建模的一般步骤

（1）明确目的和要求，使模型和实际问题相吻合；

（2）对系统进行一般语言描述，它是进一步确定模型结构的基础；

（3）弄清楚系统中的主要因素及其相互关系；

（4）确定模型的结构；

（5）估计模型参数，用数量表示系统中的因果关系；

（6）对模型进行实验或计算机仿真研究；

（7）根据实验或仿真结果，对模型做必要的修改。

3. 建模方法

在系统工程中，建模方法不只是一种模式，要根据研究目的以及所研究的实在系统，适当地选择某种建模方法。下面介绍几种常用方法以供参考：

（1）直接分析法：当问题十分简单而又十分明朗时，可按问题性质和范畴，利用物理规律、社会经济规律等直接分析来建立模型。

（2）系统模拟法（类比法）：根据相似原理，用"同态"结构去模拟复杂系统的行为。

（3）统计分析法：对结构不清楚的系统，需要分析其功能数据来弄清系统的结构。

（4）系统分析法：通过系统的局部性实验，弄清影响系统指标最大的因素，然后跟踪这些指标，实时考察系统的行为，并做出预估和决策。

2.3.3　系统优化

优化是追求更好的结果或目标的科学。正因为优化的宗旨是追求目标更优，这就决定了它应用的广泛性。可以说，在国民经济各部门和科学技术的各个领域中普遍存在着优化问题，其中最优化问题的解决就意味着在相同条件下获得最好的社会效果或最好的经济效益。

优化的理论和方法是随着电子计算机的普遍应用和社会实践的需要而发展起来的。目前它已在工程设计、计划管理、生产控制和科学实验等许多方面广泛应用。

系统最优化是指系统在一定约束条件下，使目标函数实现最大（或最小）化，它分为静态最优化和动态最优化两类。它是在系统目标分析、环境分析和系统预测的基础上，通过建立数学模型、求解数学模型而实现系统的定量化，并为系统运行在最优状态下提供科学决策依据的过程和方法的总称。系统静态最优化是研究系统在相对静止、平衡状态下的最优化问题；系统动态最优化是研究系统在运动、变化状态下的最优化问题。

系统总是处在一定的环境条件之中，研究系统的目的，无非是使处在一定环境条件限制下的系统在按某些目标评价时达到最优状态，因此最优化过程是指得到系统在一定限制条件下达到评价目标极大值（极小值）方案的过程。该过程一般包括：

（1）从系统思想出发对系统评价目标的定性和定量分析；

（2）对系统约束条件的定性和定量分析；

（3）建立系统模型；

（4）系统模型求解；

（5）对求解结果进行分析和系统因素变化时对求解结果影响的分析。

在系统最优化的过程中，以定性分析为指导，把系统目标约束条件用数学形式进行描述，建立数学模型并求解的方法叫最优化方法，应用最优化方法所建立的模型叫最优化模型。其中，最优化方法是最优化过程的关键和核心，其中应用最广泛的最优化方法就是数学规划。

数学规划是研究系统在一定约束条件下达到某一评价目标最大（或最小）的一种决策方法。其关键是从系统思想出发，在定性分析的指导下建立数学规划模型。数学规划就是在一定的约束条件下，寻找目标函数极值问题。

建立系统最优化模型的过程实质上是通过定性分析，把环境对系统的限制和系统的评价目标用促使系统状态变化的因素（即变量）来描述的过程。根据对系统目标函数和约束条件的描述形式的差别，静态数学规划模型可分为线性规划模型和非线性规划模型等。

2.4 水资源系统

2.4.1 水资源系统管理的难点

几个世纪以来，水资源系统给人民生活及经济带来了很多益处。这些系统提供的服务是多种多样的。然而，在世界上许多地区，有些人口甚至无法享受基本的饮用水条件和基础的卫生设施需求，相当数量的水资源系统也不足以维持生态系统的弹性及生物多样性。典型的原因主要有基础设施不完善，包括基础设施的不充分和退化，河流流量过多，工业和农业活动造成的污染，养分负荷造成的富营养化，灌溉回流造成的盐渍化，外来植物和动物的侵袭，过度捕捞鱼类，洪泛区和开发活动的栖息地改变，以及水和沉积物流动状况的变化。水资源系统无法满足对水的多样化需求，这往往反映了规划、管理和决策方面的失败。只有在我们认识到并采取措施解决因果社会经济因素，如教育不足、腐败、人口压力、贫穷等，我们才能更好地规划、开发和管理水资源以确保充足、廉价和可持续的供水，并且在我们必需的水质得到改善的同时，也有利于自然生态系统的可持续发展。

在过去的几个世纪，地表水和地下水一直是农业、市政和工业消费者的供水来源。河流提供了水力发电，也成了廉价的散装货物运输方式，河流还为人们提供了水上娱乐机会，并成为野生动物及其栖息地的水源。它们还可以作为一种途径来运输和转化排放到其中的废弃物。溪流和河流的数量和质量是控制河岸和水生生态系统的类型、健康和生物多样性的主要因素。洪泛区为农业作物生产提供了肥沃的土地，为公路和铁路以及商业和工业的选址提供了相对平坦的土地。除了可以从河流及其洪泛区获得经济效益之外，大多数天然河流的美学美感使得与它们毗邻的土地成为具有吸引力的住宅和休闲发展区域。河流及其洪泛区如果管理得当，可以继续为居民带来巨大的文化、经济、环境和社会效益。

为获得更大的利益而增加在河流及其洪泛区的人类活动，可能会增加成本和损害，例如当河流经历干旱、洪水和重度污染时。这些成本和损害包括物质上的、经济上的、环境上的和社会上的，这往往是由于人类需求或者期望程度超过了大自然自身的承载能力。人类活动总是倾向于基于"通常或正常"的河流流量条件，但是随着全球气候变化加剧，这些正常范围之外的稀少或"极端"流动条件将继续发生，并且可能随着人类活动频率的增加而增加，如果依赖河流的人类活动无法适应这些极端河流流量条件，那么将会造成巨大的损失。

涉及河流及其洪泛平原的人类活动的规划必须考虑某些水文事实。其中一个事实是地表水流量和含水层储存量随空间和时间而变化。它们也是有限的，即可从中取出的水量有限，同时可以排放到其中的污染物的量也是有限的。一旦超过这些限制，水域中的污染物浓度升高，可能会降低甚至抵消人类从河流中获得的所有利益。

水资源专业人员从如何规划、设计、建造和运营这些基础设施结构，将这些结构与非结构性措施相结合，增加了人们从含水层、湖泊、河流和河口所含水资源中的收益。但是，可以从这些资源中获得的服务也存在限制，在过度开发和过度使用的压力下，河流、河口和沿海地区无法可靠地满足赖以生存及发展的人们的期望。如何最好地管理和使用这些资源？如何在不确定和不同供应的环境以及不确定和不断增加的需求环境中实现这一目标，从而增加对管理和使用不同利益的个人之间的冲突？水资源规划、管理和分析活动的核心目的就是解决上述问题，这些问题具有科学、技术、政治（制度）和社会层面。因此，水资源规划的过程和产品是必须的。

河流流域、河口和沿海地区管理人员，即负责管理这些地区资源的人员，希望高效地管理这些资源以满足所有用户的需求或期望，并能够协调不同的需求。这是一项艰巨的任务，特别是随着需求的增加，水文和水力过程的变化更加明显，且随着利益相关者对系统性能的期望增加，复杂性也随之增加。水资源系统的重点或目标不再仅仅是为了最大限度地提高经济净收益，确保这些收益分配的公平性显得尤为重要，同时还需要考虑环境和生态目标的可持续发展。管理问题很少是一维的，例如我们如何能够以可接受的成本向市政当局、工业或流域的灌溉区提供更多优质水，又同时需要考虑，这些提取将会如何影响下游的水文水量和质量体系，进而影响河岸和水生生态系统。

出现的问题和机会随着时间而变化，正如管理和使用水资源的目标随着时间的推移而变化，规划过程也是如此，需要不断调整以满足这些不断变化的目标。规划流程的演变不仅要满足新的需求、期望和目标，还要响应如何更有效地规划和管理的新认识。

2.4.2　水资源系统模型

如今，水资源系统的规划、设计和管理不可避免地涉及影响预测。通过使用模型可以辅助影响预测。虽然建模在水资源规划和管理中有着日益重要的作用，但我们也承认模型的固有局限性是任何实际系统都具有的。模型结构、输入数据、目标和其他假设与实际系统的相关程度可能存在争议或不确定性。未来的事件总是未知的，任何关于它们的假设都可能影响模型输出。尽管预测有用，但任何定量分析的结果始终只是参与整体规划和管理决策过程的人员应该考虑的信息的一部分。

建模提供了一种预测系统基础设施设计或管理策略的行为或性能的方法。在过去的50年里，我们的建模能力在许多方面取得了重大进展，例如大型的复杂多用途水资源系统的工程、经济、生态、水文，有时甚至是政治方面。模型在实际系统中的应用提高了我们对这些系统的理解，因此通常有助于改进系统设计、管理和操作。但是我们的建模技能仍然有限，在做出设计和管理决策时，依旧要基于决策者做出决定所依据的结果。这些预测基于人们头脑中的定性信息，也可能是由数学或基于计算机的模型提供的定量信息。定量数学模型通常被认为是进行环境影响评估的必要条件，交互式计算机程序中包含的数学模拟和优化模型为规划者和管理者提供了一种在预测任何模拟水资源系统设计或管理政策的行为的通用方法（Loucks et al.，2017）。

水资源系统通常比我们所分析的建模和模拟情况要复杂得多。一方面主要是由于计算限制，而另一方面则是因为我们不能充分理解管理水资源系统行为的多个相互依赖过程，如物理、生物化学、生态、社会、法律和政治（人）过程。设计管理人员及其机构影响这些系统的性能，这些系统的性能也会影响人们。系统性能受我们可以测量的事物和我们可以预测的过程的不确定性的影响，也受个人和机构不可预测的行为的影响，其中一些影响与水有关，另一些则与水没有直接关系。

模型的开发和应用，即建模的实践，首先应该先认识到使用模型可以和不可以实现什么。实际系统的模型总是简化这些系统来表示。实际系统的哪些特征需要在模型中表示，哪些特征不需要，将部分取决于建模者认为对于所讨论的问题或所提问题的重要性。如何做到这一点将取决于建模者的技能、可用的时间和金钱，最重要的是取决于建模者对真实系统及决策过程的理解。

开发模型需要了解所要建模的系统、客户的目标和信息需求，以及一些分析和编程技能。模型总是基于许多假设或近似，虽然其中一些可能具有争议性。将这些现实近似应用于决策的方式不仅需要建模技能，还需要有与利益相关者和决策者进行沟通和有效合作的能力。

2.5 水资源系统分析理论与方法

2.5.1 线性规划

如果优化模型的目标函数和约束条件都是线性的，则现有的很多计算机编程方法都可以很容易找到其最优解。我们发现，许多水资源系统问题都恰好符合这些线性条件。这些线性优化程序功能强大，与许多其他优化方法相比，它们可以成功应用于包含多变量和多约束的复杂优化问题。许多水资源问题过于庞大和复杂，使用非线性或动态编程方法不能很好地解决。庞大的变量数量繁复地在多时间段内定义水量平衡和容量限制导致了约束条件可能变得如此之多，妨碍了大多数其他优化方法的实际使用。而用于求解线性优化模型的线性编程程序或算法通常是解决这些问题的最有效方案。因此，将大型优化模型转换为线性形式就变得有重要意义（Loucks et al.，2017）。

由于具有解决线性编程问题的计算机程序的可用性优势，线性编程可以说是如今最流行和最常用的优化算法。它广泛用于农业、商业、教育、工程、金融、政府民事和军事部门以及许多其他领域的政策制定和管理。

尽管其功能强大和普及程度广，但是对于大多数现实中的水资源规划和管理问题（如本章已讨论的其他优化方法），线性规划方法最好还是用于初步筛选工作。它的价值更多地体现在减少变量的数量以避免多余的详细模拟，而不是直接地用于找到最佳决策。这不仅仅因为将非线性函数转换为线性函数只是一种近似的方法，更为主要的是，它很难整合所有系统的复杂性，以及将所有利益相关者重要的目标纳入线性模型也不易实现。然而，和其他优化方法一样，线性规划方法可以提供模型在模拟这些设计和操作策略之前所需的初始设计和相关的操作策略信息。

下述公式定义了所有约束优化问题的一般结构。$F(X)$ 代表目标函数，如果向量 X（决策变量 x_j 构成的集合族）和所有的约束 $g_i(X)$ 都是线性的，那么模型就变成了一个线性规划模型。线性规划模型的一般结构如下：

目标函数：$\max(\min) \sum_{j=1}^{n} P_j x_j$

约束条件为：$\sum_{j=1}^{n} a_{ij} x_j \leq b_i (i = 1, 2, 3, \cdots, m)$

$x_j \geq 0 (j = 1, 2, 3, \cdots, n)$

其他类型的问题，例如极小化问题，不同形式的约束问题和有负变量的问题，都可以改写成其等价问题的标准型。如果任何模型都符合这种一般形式（其中约束可以是等式（=）和不等式（≥或≤）的任意组合），那么就可以使用多种线性编程的计算机程序在所有的未知决策变量 x_j 中找到"最优"值。线性编程算法的潜在用户需要知道如何构建线性模型以及如何使用对应的计算机程序，但是他们不必理解线性编程代码中包含的解决方案过程中的所有数学细节，但线性编程计算机程序的用户应该了解解决方案过程的作用以及计算机程序输出的含义。

水资源系统线性规划最重要的特点就是目标函数和约束条件的方程必须是线性的，如果其中任何一个方程不是线性的，则该模型就不是线性规划模型。线性规划的理论已经十分成熟，具有统一简单的求解方法，使线性规划模型易于推广和使用。但线性规划模型只能解决较为清晰简单的目标问题，如果实际水资源问题过于复杂，存在多目标甚至目标间的相互矛盾，则运用线性规划模型存在一定的局限。

2.5.2　动态规划

动态规划是用以求解多阶段决策过程最优化策略问题的方法。其基本思路是将一个复杂的系统分析问题分解为一个多阶段的决策过程，并按一定顺序或时序从第一阶段开始，逐次求出每阶段的最优决策，经历各阶段而求得整个系统的最优策略。动态规划模型越来越多地应用在水资源规划中，能够将高维问题化为相对简单的低维问题，拥有对目标函数和约束条件的函数形式限制较宽、处理比较方便等优点。以经济、社会、环境综合效益最大为目标，通过分析水资源现状，建立动态规划模型，能够有效地了解水资源供需矛盾。

点和链接的网络可以表示每个离散的动态编程问题。动态编程方法可以很好地找到到达或离开该网络中任何节点的最佳方式。节点表示可以存在的系统的可能离散状态，链接表示可以从一个状态（节点）到另一个状态（节点）的决策。因此，动态编程模型涉及状态、阶段和决定。

动态规划模型可以应用于设计问题，例如容量扩展问题或操作问题，例如水分配和水库储量操作问题，但很少同时应用于具有未知设计和操作策略决策变量的问题。虽然有一些技巧可以允许动态编程用于找到水资源规划、管理和运营政策研究中设计及操作问题的最佳解决方案，但其他优化方法（在适当的情况下与动态规划相结合）通常是更为有效的。

2.5.3 随机规划

随机规划所研究的对象是含有随机因素的数学规划问题。例如，我们熟悉的线性规划问题：

$$\min f(X) = CX$$
$$AX = B$$
$$X \geqslant 0$$

如果其中的 A，B，C 元素中部分或全部是随机变量，则称其为随机线性规划问题。

在数学规划中引入随机性是很自然的事情。在模型中的 A，B，C 元素常常代表价格、成本、需求量、资源数量、经济指标等参数。由于各种不确定性因素的影响，这些参数经常出现波动。例如，市场上对某种商品的需求量一般无法精确的预知，只能做出大致的预测，某种产品的生产成本往往受原材料价格、劳动生产率等各种因素的影响而经常变化，这些变化与波动，在许多场合可以用一定的概率分布去描述。因此，在数学规划中引入随机变量，能够使模型更加符合实际情况，从而使决策更加合理。

随机规划问题可以大致分为两种类型：被动型和主动型。被动型即所谓"等待且看到（wait and see）"模型，即决策者等待着观察问题中随机变量的实现，然后适当地利用这些实现的信息作出决策，分布问题即属于此种类型。主动型即所谓"这里且现在（here and now）"模型，决策者必须在没有随机变量实现信息的情况下就作出决策，二阶段问题和机会约束规划均属于这种类型。

随机规划是把随机变量包含在数学规划模型中的理论和方法，它是数学规划的一个分支，可以根据数学模型求得问题的最优解，但这个最优解一般不是一个确定值而是一个期望值。在随机规划中，需对随机变量进行描述，分析其概率分布，往往还要考虑各随机变量的自相关和互相关，因而在理论上和求解方法上都比确定性规划复杂得多。

实际上，求解随机规划问题时，总是设法把它转化成确定性数学规划问题，再进行求解。如果随机变量的非确定性或者量的变化很小，对系统的性能不产生严重影响，可以用其数学期望代替这个非确定值，并用确定性方法求解；然后通过敏感性分析来估价非确定性因素对方案的影响程度。如果随机变量变化很大，用期望值可能使方案性能的评价受到很大影响，这时就要用随机规划方法求解。

由于数学规划问题的类型有多种，在其中考虑到随机因素的影响，便可得到多种随机规划问题，如随机整数规划、多目标随机规划等。把随机规划中的随机变量一般化为随机过程，借助鞅论、时间序列分析、马尔科夫链等理论又将极大地丰富随机规划的内容。

目前求解随机规划的方法很多。一种方法是在随机变量经过随机模拟之后，把随机规划转化为确定性的规划，应用确定性的非线性规划理论来求解。另一种是采用遗传算法、模拟退火算法、神经网络算法等智能优化算法。

样本均值方法 SAA（sample average approximation scheme）也是一种近年来新兴的求解随机规划的方法，J. M. Mulvey 和 A. Ruszynski 运用一种新的样本脚本分解的方法来解决大规模的随机优化问题。

在随机规划问题中，当参变量变化时，依赖于参变量的决策变量是如何变化的，决策者虽不能得到它们之间的一个明显表达式，但总存在着一个用期望值表示的期望效用函数。所以在规划问题中的最优值是指期望最优值，例如目标函数表示利润或成本时，规划问题中找到的是最大利润期望值或最小成本的期望值。

在随机规划问题中，决策者往往不知道决策变量对随机参变量的效用函数，更不了解随机变量的概率分布，决策者往往是从目标函数的最优值存在的条件中，寻找决策变量的最优解集合。由于决策变量与目标函数都作用于随机变量上，所以随机规划问题几乎都是非线性规划问题。在规划问题中，求解随机规划问题是规划论中最为困难的一个问题。

当随机变量是某个区域上的连续变量时，这就是连续型的随机规划问题。除此之外，就是非连续型的随机规划问题。对于连续型的随机规划问题，存在着多个决策者在同一时间内的多个决策观点，但他们之间的观点相互独立，互不影响，我们可认定一个决策者在进行决策。后一个决策者的观点不受前一个决策者的观点左右，前一个决策者在作出决策之前，就可能观察到某些参变量的值。

在随机规划应用以及随机决策系统建模方面，有丰富的研究成果。随机规划模型已成功用于下列方面：

对水库规划及运行进行研究；解决炼油厂的随机供给原材料和生产产品的销路问题；饲料混合问题，即选择四种原料进行混合得到一种混合饲料，在满足蛋白质和脂肪含量约束下，使总的费用达到最小；资产预算问题；开放存储网络问题，并结合网络中的最短路问题，最小费用最大流问题，对于网络上的订购量、运输量或放水量进行随机配流等。

2.5.4　非线性规划

非线性规划是 20 世纪 50 年代才开始形成的一门新兴学科。1951 年库恩和塔克发表的关于最优性条件（后来称为库恩-塔克条件）的论文是非线性规划正式诞生的一个重要标志。在 50 年代还得出了可分离规划和二次规划的 n 种解法，它们大多是以丹齐克提出的解线性规划的单纯形法为基础的。50 年代末到 60 年代末出现了许多解非线性规划问题的有效的算法。20 世纪 80 年代以来，随着计算机技术的快速发展，非线性规划方法取得了长足进步，在信赖域法、稀疏拟牛顿法、并行计算、内点法和有限存储法等领域取得了丰硕的成果。

1. 非线性规划常见问题

对于一个实际问题，在把它归结成非线性规划问题时，一般要注意如下几点：

（1）确定供选方案：首先要收集同问题有关的资料和数据，在全面熟悉问题的基础上，确认什么是问题的可供选择的方案，并用一组变量来表示它们。

（2）提出追求目标：经过资料分析，根据实际需要和可能，提出要追求极小化或极大化的目标。并且运用各种科学和技术原理，把它表示成数学关系式。

（3）给出价值标准：在提出要追求的目标之后，要确立所考虑目标的"好"或"坏"的价值标准，并用某种数量形式来描述它。

（4）寻求限制条件：由于所追求的目标一般都要在一定的条件下取得极小化或极大化效果，因此还需要寻找出问题的所有限制条件，这些条件通常用变量之间的一些不等式或等式来表示。

2. 数学模型

对实际规划问题做定量分析，必须建立数学模型。建立数学模型首先要选定适当的目标变量和决策变量，并建立起目标变量与决策变量之间的函数关系，称之为目标函数。然后将各种限制条件加以抽象，得出决策变量应满足的一些等式或不等式，称之为约束条件。非线性规划问题的一般数学模型可表述为求未知量 x_1, x_2, $\cdots$, x_n，使其满足约束条件：

$$g_i(x_1, \cdots, x_n) \geqslant 0 \quad i = 1, \cdots, m$$
$$h_j(x_1, \cdots, x_n) = 0 \quad j = 1, \cdots, p$$

并使目标函数 $f(x_1, \cdots, x_n)$ 达到最小值(或最大值)。其中 f, 诸 g_i 和诸 h_j 都是定义在 n 维向量空间 R_n 的某子集 D(定义域)上的实值函数，且至少有一个是非线性函数。

上述模型可简记为

$$\min f(x)$$
$$\text{s. t. } g_i(x) \geqslant 0 \quad i = 1, \cdots, m$$
$$h_j(x) = 0 \quad j = 1, \cdots, p$$

其中，$x = (x_1, \cdots, x_n)$ 属于定义域 D，min 表示"求最小值"，s. t. 表示"受约束于"。

定义域 D 中满足约束条件的点称为问题的可行解。全体可行解所组成的集合称为问题的可行集。对于一个可行解 x^*，如果存在 x^* 的一个邻域，使目标函数在 x^* 处的值 $f(x^*)$ 优于(指不大于或不小于)该邻域中任何其他可行解处的函数值，则称 x^* 为问题的局部最优解(简称局部解)。如果 $f(x^*)$ 优于一切可行解处的目标函数值，则称 x^* 为问题的整体最优解(简称整体解)。实用非线性规划问题要求整体解，而现有解法大多只是求出局部解。

3. 最优方法

指寻求一元函数在某区间上的最优值点的方法。这类方法不仅有实用价值，而且大量多维最优化方法都依赖于一系列的一维最优化。常用的一维最优化方法有黄金分割法、切线法和插值法。

（1）黄金分割法又称 0.618 法。它适用于单峰函数。其基本思想是：在初始寻查区间中设计一列点，通过逐次比较其函数值，逐步缩小寻查区间，以得出近似最优值点。

（2）切线法又称牛顿法。它也是针对单峰函数的。其基本思想是：在一个猜测点附近将目标函数的导函数线性化，用此线性函数的零点作为新的猜测点，逐步迭代去逼近最优点。

（3）插值法又称多项式逼近法。其基本思想是用多项式（通常用二次或三次多项式）去拟合目标函数。

此外，还有斐波那契法、割线法、有理插值法、分批搜索法等。

4. 无约束法

指寻求 n 元实函数 f 在整个 n 维向量空间 R_n 上的最优值点的方法。这类方法的意义在于：虽然实用规划问题大多是有约束的，但许多约束最优化方法可将有约束问题转化为若干无约束问题来求解。

无约束最优化方法大多是逐次一维搜索的迭代算法。这类迭代算法可分为两类。一类需要用目标函数的导函数，称为解析法。另一类不涉及导数，只用到函数值，称为直接法。这些迭代算法的基本思想是：在一个近似点处选定一个有利搜索方向，沿这个方向进行一维寻查，得出新的近似点。然后对新点施行同样手续，如此反复迭代，直到满足预定的精度要求为止。根据搜索方向的取法不同，可以有各种算法。属于解析型的算法有：①梯度法，又称最速下降法。这是早期的解析法，收敛速度较慢。②牛顿法，收敛速度快，但不稳定，计算也较困难。③共轭梯度法，收敛较快，效果较好。④变尺度法，这是一类效率较高的方法。其中，达维登-弗莱彻-鲍威尔变尺度法，简称 DFP 法，是最常用的方法。属于直接型的算法有交替方向法（又称坐标轮换法）、模式搜索法、旋转方向法、鲍威尔共轭方向法和单纯形加速法等。

5. 约束法

指前述一般非线性规划模型的求解方法。常用的约束最优化方法有 4 种。

（1）拉格朗日乘子法：它是将原问题转化为求拉格朗日函数的驻点。

（2）制约函数法：又称系列无约束最小化方法，简称 SUMT 法。它又分两类，一类叫作惩罚函数法，或称外点法；另一类叫作障碍函数法，或称内点法。它们都是将原问题转化为一系列无约束问题来求解。

（3）可行方向法：这是一类通过逐次选取可行下降方向去逼近最优点的迭代算法。如佐坦迪克法、弗兰克-沃尔夫法、投影梯度法和简约梯度法都属于此类算法。

（4）近似型算法：这类算法包括序贯线性规划法和序贯二次规划法。前者将原问题化为一系列线性规划问题求解，后者将原问题化为一系列二次规划问题求解。

6. 凸规划

这是一类特殊的非线性规划。在前述非线性规划数学模型中，若 f 是凸函数，诸 g_i 都是凹函数，诸 h_j 都是一次函数，则称之为凸规划。所谓 f 是凸函数，是指 f 有如下性质：它的定义域是凸集，且对于定义域中任意两点 x 和 y 及任一小于 1 的正数 α，下式都成立：

$$f((1-\alpha)x + \alpha y)\alpha \leq (1-\alpha)f(x) + \alpha f(y)$$

将上述不等式中的不等号反向，即得凹函数的定义。所谓凸集，是指具有如下性质的集合：连接集合中任意两点的直线段上的点全部都属于该集合。

对于一般的非线性规划问题，局部解不一定是整体解。但凸规划的局部解必为整体解，而且凸规划的可行集和最优解集都是凸集。

7. 二次规划

二次规划是一类特殊的非线性规划。它的目标函数是二次函数，约束条件是线性的。求解二次规划的方法很多。较简便易行的是沃尔夫法。它是依据库恩-塔克条件，在线性规划单纯形法的基础上加以修正而成的。此外还有莱姆基法、毕尔法、凯勒法等。

8. 几何规划

几何规划是一类特殊的非线性规划。它的目标函数和约束函数都是正定多项式（或称正项式）。几何规划本身一般不是凸规划，但经适当变量替换，即可变为凸规划。几何规划的局部最优解必为整体最优解。求解几何规划的方法有两类，一类是通过对偶规划去求解；另一类是直接求解原规划，这类算法大多建立在根据几何不等式将多项式转化为单项式的思想上。

在经营管理、工程设计、科学研究、军事指挥等方面普遍地存在着最优化问题。例如，如何在现有人力、物力、财力条件下合理安排产品生产，以取得最高的利润；如何设计某种产品，在满足规格、性能要求的前提下，达到最低的成本；如何确定一个自动控制系统的某些参数，使系统的工作状态最佳；如何分配一个动力系统中各电站的负荷，在保证一定指标要求的前提下，使总耗费最小；如何安排库存储量，既能保证供应，又使储存费用最低；如何组织货源，既能满足顾客需要，又使资金周转最快等。对于静态的最优化问题，当目标函数或约束条件出现未知量的非线性函数，且不便于线性化，或勉强线性化后会招致较大误差时，就可应用非线性规划的方法去处理。

2.5.5 进化计算

进化计算是基于自然选择和自然遗传等生物进化机制的一种搜索算法，代表了广泛用于模拟启发式方法谱的"适应性"生物进化方法。与普通的搜索方法一样，进化计算也是一种迭代算法，不同的是进化计算在最优解的搜索过程中，一般是从原问题的一组解出发改进到另一组较好的解，再从这组改进的解出发进一步改进。在进化问题中，要求当原问题的优化模型建立后，还必须对原问题的解进行编码。进化计算在搜索过程中利用结构化和随机性的信息，使最满足目标的决策获得最大的生存可能，是一种概率型的算法。

一般来说，进化计算的求解包括以下几个步骤：给定一组初始解；评价当前这组解的性能；从当前这组解中选择一定数量的解作为迭代后的解的基础；再对其进行操作，得到迭代后的解；若这些解满足要求则停止，否则将这些迭代得到的解作为当前解重新操作。以遗传算法为例，其工作步骤可概括为：①对工作对象——字符串用二进制的0/1或其他进制字符编码。②根据字符串的长度 L，随即产生 L 个字符组成初始个体。③计算适应度。适应度是衡量个体优劣的标志，通常是所研究问题的目标函数。④通过复制，将优良个体插入下一代新群体中，体现"优胜劣汰"的原则。⑤交换字符，产生新个体。交换点的位置是随机决定的。⑥对某个字符进行补运算，将字符1变为0，或将0变为1，这是产生新个体的另一种方法，突变字符的位置也是随机决定的。⑦遗传算法是一个反复迭代的过程，每次迭代期间，要执行适应度计算、复制、交换、突变等操作，直至满足终止条件。进化计算是一种具有鲁棒性的方法，能适应不同的环境不同的问题，而且在大多数情况下都能得到比较满意的有效解。它对问题的整个参数空间给出一种编码方案，而不是直接对问题的具体参数进行处理，不是从某个单一的初始点开始搜索，而是从一组初始点搜索。搜索中用到的是目标函数值的信息，可以不必用到目标函数的导数信息或与具体问题有关的特殊知识。因而进化计算具有广泛的应用性，高度的非线性，易修改性和可并行性。

进化计算包括遗传算法、遗传规划、进化策略和进化规划4种典型方法。第一类方法比较成熟，现已广泛应用，进化策略和进化规划在科研和实际问题中的应用也越来越广泛。

2.5.6　遗传算法

遗传算法是模拟达尔文生物进化论的自然选择和遗传学机理的生物进化过程的计算模型，是一种通过模拟自然进化过程搜索最优解的方法。遗传算法的主要基因操作是选种、交配和突变，而在进化规则、进化策略中，进化机制源于选种和突变。就适应度的角度来说遗传算法用于选择优秀的父代（优秀的父代产生优秀的子代），而进化规则和进化策略则用于选择子代（优秀的子代才能存在）。遗传算法与遗传规划强调的是父代对子代的遗传链，而进化规则和进化策略则着重于子代本身的行为特性，即行为链。进化规则和进化策略一般都不采用编码，省去了运作过程中的编码—解码手续，它们更适用于连续优化问题，但因此也不能进行非数值优化。进化策略可以确定机制产生出用于繁殖的父代，而遗传算法和进化规则强调对个体适应度和概率的依赖。

遗传算法是随机化的通用搜索技术，用于寻找现有模型的参数或决策变量的最优值。但它不是像遗传编程那样的模型构建工具。遗传算法及其变异基于自然选择的机制，与基于梯度的传统优化搜索方法不同，遗传算法处理那些属于潜在解决方案的群体，试图找到参数和决策变量的函数最大值或最小值（即所求的目标函数）。一些解决方案群体可能会改善目标函数的值，而另一些解决方案可能不会。这个过程一直持续到模型输出至没有明显改善为止。

遗传算法模型的每个单独解集包含要寻求的所有参数或变量的最优值。这些解集方案表示为值的字符串。例如，如果要获得三个变量 x，y 和 z 的值，则将这些变量排列成字

符串 xyz。假设每个变量用三个数字表示，则字符串 056004876 表示 $x = 56$，$y = 4$，$z = 876$。这些字符串称为染色体。染色体是一组数字，染色体的数量称为基因。来自两个父母的成对染色体连在一起并产生后代，而后代又继承了父母的一些基因。改变的基因可以改善目标函数的值。且这些基因往往会代代相传，而那些较差的基因往往会死亡以致不会再出现在未来的人群中。染色体作为遗传物质的主要载体，即多个基因的集合，其内部表现（即基因型）是某种基因组合，它决定了个体的形状的外部表现，如黑头发的特征是由染色体中控制这一特征的某种基因组合决定的。因此，在一开始就需要实现从表现型到基因型的映射即编码工作。由于仿照基因编码的工作很复杂，我们往往进行简化，如二进制编码。初代种群产生之后，按照适者生存和优胜劣汰的原理，逐代演化产生出越来越好的近似解，在每一代，根据问题域中个体的适应度大小选择个体，并借助于自然遗传学的遗传算子进行组合交叉和变异，产生出代表新的解集的种群。这个过程将导致种群像自然进化一样的后生代种群一样比前代更加适应于环境，末代种群中的最优个体经过解码，可以作为问题近似最优解。

遗传算法主要按照如下主要步骤执行：①个体编码。遗传算法的运算对象是表示个体的符号串，所以必须把变量编码为一种符号串。②初始群体的产生。遗传算法是对群体进行的进化操作，需要给其准备一些表示起始搜索点的初始群体数据。③适应度计算。遗传算法中以个体适应的大小来评定各个个体的优劣程度，从而决定其遗传大小。④选择运算。选择运算（或称为复制运算）把当前群体中适应度较高的个体按某种规则或模型遗传到下一代群体中。一般要求适应度较高的个体将有更多的机会遗传到下一代群体中。⑤交叉运算。交叉运算是遗传算法中产生新个体的主要操作过程，它以某一概率相互交换某两个个体之间的部分染色体。⑥变异运算。变异运算是对个体的某一个或某一些基因座上的基因值按某一较小的概率进行改变，它也是产生新个体的一种操作方法：首先先确定出各个个体的基因变异位置，然后依照某一概率将变异点的原有基因值取反，对群体 $P(t)$ 进行一轮选择、交叉、变异运算之后可得到新一代的群体 $P(t + 1)$。最终，群体经过一代进化之后，其适应度的最大值、平均值都将会得到明显的改进。遗传算法是一种反复迭代的搜索算法，它通过多次进化逐渐逼近最优解，因此需要确定停机条件。最常用的停机条件是规定遗传的代数，即迭代次数。当遗传算法是用来产生新的规则时，停机条件不能简单地用遗传代数确定。一次学习过程的结束是当前工作规则已收敛，停机条件应该定义为：子代种群的规则与其父代完全相同，并且各规则的适应值已连续 M 次保持不变。也就是说，当前工作种群已不再进化了。其中，M 是根据不同的应用情况事先设置的一个参数。

一般来说，遗传算法具有如下的特点：①遗传算法从问题解的中集开始搜索，而不是从单个解开始，这是遗传算法与传统优化算法的极大区别。传统优化算法是从单个初始值迭代求最优解的，容易误入局部最优解。遗传算法从串集开始搜索，覆盖面大，利于全局择优。②遗传算法求解时使用特定问题的信息极少，容易形成通用算法程序。由于遗传算法使用适应值这一信息进行搜索，并不需要问题导数等与问题直接相关的信息。遗传算法只需适应值和串编码等通用信息，故几乎可处理任何问题。③遗传算法有极强的容错能力。遗传算法的初始串集本身就带有大量与最优解甚远的信息；通过选择、交叉、变异操作能迅速排除与最优解相差极大的串；这是一个强烈的滤波过程；并且是一个并行滤波机制。故而，遗传算法有很高的容错能力。④遗传算法中的选择、交叉和变异都是随机操作，而不是确定的精确规则。这说明遗传算法是采用随机方法进行最优解搜索，选择体现了向最优解迫近，交叉体现了最优解的产生，变异体现了全局最优解的覆盖。⑤遗传算法具有隐含的并行性，遗传算法的基础理论是图式定理。遗传算法这种处理能力称为隐含并行性，它说明遗传算法其内在具有并行处理的特质。在具体的水资源系统分析运用中，应注意以下三个关键问题：①串的编码方式。这本质是问题编码。一般把问题的各种参数用二进制编码，构成子串，然后把子串拼接构成"染色体"串。串长度及编码形式对算法收敛影响极大。②适应函数的确定。适应函数也称对象函数，这是问题求解品质的测量函数；往往也称为问题的"环境"。一般可以把问题的模型函数作为对象函数，但有时需要另行构造。③遗传算法自身参数设定。遗传算法自身参数有 3 个，即群体大小 n、交叉概率 P_c 和变异概率 P_m。群体大小 n 太小时难以求出最优解，太大则增长收敛时间，一般 $n = 30 \sim 160$。交叉概率 P_c 太小时难以向前搜索，太大则容易破坏高适应值的结构，一般取 $P_c = 0.25 \sim 0.75$。变异概率 P_m 太小时难以产生新的基因结构，太大使遗传算法成了单纯的随机搜索，一般取 $P_m = 0.01 \sim 0.2$。然而，单一的遗传算法编码不能全面地将优化问题的约束表示出来，考虑约束的一个方法就是对不可行解采用阈值，这样，计算的时间必然增加；且遗传算法容易过早收敛，对算法的精度、可行度、计算复杂性等方面，还没有有效的定量分析方法，以上不足之处导致了遗传算法的效率往往比其他传统的优化方法低。

第3章 塔里木河流域降水特性分析

3.1 引 言

全球变暖及其对人类社会的影响是人们普遍关注的问题，并受到公众越来越多的关注。降雨量的强度、数量和模式预计将发生变化，而诸如干旱和洪水等极端天气事件可能发生得更频繁。在世界上许多地方，如中国和美国，已经确定了显著减少的降雨天数和显著增加的降水强度值。随着全球气候的不断变化，旱涝灾害成为自然灾害的主要占比之一，因此具有研究的重要性和必要性。自20世纪90年代以来，我国7个大流域发生了频繁的洪涝灾害，洪水和地质灾害的增多，是由于降水事件的增加和其集中程度的增加造成的。我国洪涝灾害频繁发生的主要原因是中国的空间和时间集中程度的变化和降水的变化。

降水集中性高，不仅代表几天的降水量在每年中占有很高的比例，而且在一年内年降水量集中程度很高，有可能引起洪水和干旱，预计这将对水资源造成相当大的压力。由1980年Oliver修改的降水集中指数（PCI），每月集中的降水特征，范围从均匀分布的降雨少于10到100年极端月雨量分布。Li et al.（2011）利用PCI分析中国区域1961—2010年降水集中指数（PCI）的变化及月分配特征。张林梅等（2009）利用阿勒泰地区降水集中度（PCD）和降水集中期（PCP）讨论全区和各站汛期降水集中度和集中期在时间和空间上的分布特征和变化规律。降水集中度（PCD）与降水集中期（PCP）为表征降水量月分配特征参数，其中降水集中度（PCD）与降水集中期（PCP）以年为单位计算得到每年的变化规律。王文静等（2016）利用降水集中程度（PCD）和降水集中期（PCP）分析中国东南沿海地区的降水特征，结果表明，中国东南沿海地区降水集中程度增强，1960—2013年降水量大于内陆地区。翟禄新等（2011）基于标准化降水指数（SPI）对西北地区气候变化进行分析。结果表明，西北地区干旱频率总体呈下降趋势。为了量化和筛选旱涝灾害应急事件，学者们定义了不同时间尺度下的旱涝灾害应急指数，其中最具代表性的是Wu et al.（2006）定义的夏季旱涝灾害长周期指数（LDFAI）。长周期是指旱涝规模在2个月左右，即5月和6月干旱、7月和8月洪水或5月和6月干旱。

新疆位于陆地干旱区，自然环境以干旱缺水为主要特征，生态环境调节能力和抵御自然灾害能力极差。全球水循环格局不断地在发生着变化，极端天气气候灾害扩大了旱涝灾害的发生区域，加剧了旱涝灾害发生的频率和强度。频繁出现了百年或几十年一遇的极端干旱或异常降雨事件。陈隆勋等（2004）详细研究了我国近80年的气候变化特征及其形成机制，得出中国1920—2000年气候整体呈变暖趋势；姜逢清等（2002）基于新疆

1950—1997 年的洪旱灾害统计资料，分析了新疆此期间洪旱灾害特征，呈现急剧扩大的态势；王文静（2016）等探索新疆气象旱涝的南北差异性，得出新疆呈现出由旱转涝趋势且在雨涝严重程度上，南北疆差异大，北疆的严重程度大于南疆的结论；胡毅鸿等（2017）研究了洞庭湖旱涝演变及典型年份旱涝急转特征。上述研究为深入了解新疆旱涝灾害特征提供了基础，但是基于多个指标共同分析区域降水和洪涝灾害的研究较少，多指标分析更加全面细致、更有优势。本书将以新疆 1960—2016 年较为均匀分布的 53 个站点的降水数据为依据，利用降水集中指数（PCI）、降水异常指数（RAI）、降水集中度（PCD）、降水集中期（PCP）去研究新疆降雨和标准化降水指数（SPI）、夏季长周期旱涝急转指数（LDFAI）洪涝特征时空变化规律分析。

新疆地处东经 73°40′~96°18′，北纬 34°25′~48°10′，是中国陆地面积第一大的省级行政区，新疆总面积占中国陆地面积的六分之一（166 万平方千米）。新疆远离海洋，深居内陆，四周有高山阻隔，海洋气流不易到达，形成明显的温带大陆性气候。气温温差较大，日照时间充足，降水量少，气候干燥，南疆的气温高于北疆，北疆的降水量高于南疆。由于新疆生态环境抵御自然灾害能力较弱，这使得新疆成为自然灾害频发地带。一旦发生旱涝灾害等自然灾害，不仅危害着新疆人民生命财产的安全，而且严重制约着新疆绿洲经济的健康、可持续发展。因此，在自然灾害频发的影响下和全球气候变暖的背景下去研究新疆降雨和洪涝特征时空变化规律，可以认识新疆区域气候变化特点及旱涝灾害规律，从而抵御、防治旱涝灾害，也能为新疆绿洲经济的健康、可持续发展作出巨大贡献。

3.2　研究方法和数据

3.2.1　研究区域和数据

新疆面积 166 万平方千米，是全国省级行政区中面积最大的省份。新疆境内有塔里木盆地塔克拉玛干沙漠和准噶尔盆地格尔班通格特沙漠两大沙漠。沙漠被 3 个高山（阿尔金山、天山和昆仑山）包围着，它们横跨研究区域的北部、中部和南部。天山把新疆分为南疆和北疆两部分。新疆地处欧亚大陆腹地，远离海洋，四面环山，属温带大陆性气候，降水量低。年降水量分布不均，平均为 130 毫米，年降水天数平均为 55 天。从西北到东南，从迎风坡（面向西北）到背风坡（面向东南），从阿尔金、天山、昆仑山地区到盆地（塔里木盆地、准噶尔盆地）的降水量大致呈下降趋势。降水的纬向垂直分布也很明显。北方年降水量范围小于南方。新疆 53 个站点 1960—2016 年降水数据来源于国家气象科学数据共享服务平台（http：//data. cma. cn/）。本书中逐日气象数据来源于中国气象科学数据共享服务网（http：//cdc. cma. gov. cn/home. do），为了保证各站点日降水数据的准确性、可靠性，对所选逐日降水数据进行质量控制和均一性检验，选取了建站较早、气象数据记录相对完整且较为均匀分布的 53 个站点（见图 3.1），考虑到新疆地区降雨量少的特性并对个别站点少数数据残缺月作为 0 值处理，最终得到了本书的数据支撑。

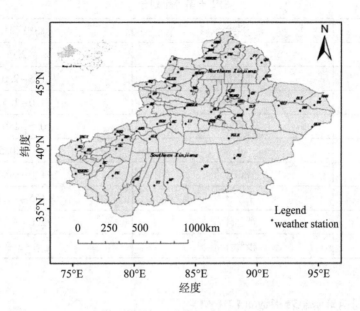

图 3.1　新疆研究区 53 个雨量站点分布图

3.2.2　研究方法

研究新疆地区旱涝发生规律和年代际变化，分别计算表征降水特性和旱涝急转特征指标：降水集中指数（PCI）、降水异常指数（RAI）、降水集中度（PCD）、降水集中期（PCP）、标准化降水指数（SPI）、夏季长周期旱涝急转指数（LDFAI）。利用 MK 趋势检测方法去检测各指标的趋势变化以及各站点的趋势变化，并绘制出趋势空间分布图；Pettitt 突变点检测适用于检测各指标的突变点发生时间点和各站点的突变情况，并绘制各站点的突变点分布图。

1. 标准化降水指数（SPI）

标准化降水指数 SPI 是计算标准化处理过的某一时段降水量的 Γ 分布概率，再用标准化降水累计频率分布划分干旱等级，分成极度洪涝、严重洪涝、中等洪涝、轻微洪涝、正常、轻微干旱、中等干旱、严重干旱和极端干旱九个等级。如表 3.1 所示，具体旱涝程度划分方法参见史建国对气象干旱指数计算方法研究概述（史建国等，2006）。标准化指数具体计算方式依据《气象干旱等级》（GB/T 20481—2017）国家标准。再运用 SPI 标准化降水指数时，以 12 个月为周期的 SPI 作为当年的旱涝指数，以 1 个月为周期对全年的降水数据进行标准化降水指数计算，根据其数值结果判断旱涝等级。并根据中华人民共和国国家质量监督检验检疫总局的相关标准，运用标准化降水指数法对旱涝灾害进行分析，得到新疆 1960—2016 年旱涝变化的基本规律及洪涝特征时空变化规律及趋势。

表 3.1 　　　　　　　　　　　　**SPI 干旱等级划分**

等级	类型	SPI 值
1	极度洪涝	$\geqslant 2.0$
2	严重洪涝	$1.5 \sim 2.0$
3	中等洪涝	$1.0 \sim 1.5$
4	轻微洪涝	$0.5 \sim 1.0$
5	正常	$-0.5 \sim 0.5$
6	轻微干旱	$-1.0 \sim -0.5$
7	中等干旱	$-1.5 \sim -1.0$
8	严重干旱	$-2.0 \sim -1.5$
9	极端干旱	$\leqslant -2.0$

2. 夏季长周期旱涝急转指数（LDFAI)

旱涝急转是指在某一段时间内某一地区或某一流域发生较长时间干旱（洪涝）时，突遇集中强降雨（干旱），旱涝交替出现的情况，国内外不少学者对旱涝急转指数进行了包括 2 个月、1 个月、10 天等不同时间尺度的定义，其中最具有代表性的是吴志伟等（2006）定义的夏季长周期旱涝急转指数（long-cycle drought-flood abrupt alternation index，LDFAI），长周期是指旱和涝的时间尺度均在 2 个月左右，即 5、6 月份旱（涝），7、8 月份涝（旱），主要计算公式为：

$$\text{LDFAI} = (R_{78} - R_{56}) \times (\mid R_{78} \mid + \mid R_{56} \mid) \times 1.8^{-\mid R_{78} + R_{56} \mid} \tag{3-1}$$

式中，R_{78}、R_{56} 是 $7 \sim 8$ 月、$5 \sim 6$ 月标准化降水量；$(R_{78} - R_{56})$ 为旱涝急转强度项；$(\mid R_{56} \mid + \mid R_{78} \mid)$ 为旱涝强度项；$1.8^{-\mid R_{78} + R_{56} \mid}$ 是权重系数，其作用是增加长周期旱涝急转事件所占权重，降低全旱或全涝事件权重。

夏季长周期旱涝急转指数（LDFAI）对新疆旱涝灾害变化规律进行阐明，以获得新疆 1960—2016 年区域范围内水旱灾害特点。

3. 降水集中指数（PCI）和降水异常指数（RAI)

降水集中指数（PCI）：降雨集中指数用来表征年内降雨分配集中程度和季节性。本书采用的 PCI 计算公式为 Oliver（1980）所定义 PCI 的改进：

$$\text{PCI} = \frac{\sum\limits_{i=1}^{12} p_i^2}{\left(\sum\limits_{i=1}^{12} p_i\right)^2} \times 100 \tag{3-2}$$

式中，P_i 为年内第 i 月的降水量。研究中以年为单位计算各年 PCI 的变化规律。

降水异常指数（RAI）：是用来描述每年降雨量的变化程度，正异常值就表示洪涝，负异常值就表示干旱，其计算公式为：

$$RAI = \begin{cases} 3 \times \dfrac{RF - M_{RF}}{M_{H_{10}} - M_{RF}} \\ -3 \times \dfrac{RF - M_{RF}}{M_{L_{10}} - M_{RF}} \end{cases} \quad (3\text{-}3)$$

式中，RAI 表示每年雨量的异常指标，RF 表示给定年的雨量，M_{RF} 表示所有雨量的平均值，$M_{H_{10}}$ 表示前十个最大值的平均值，$M_{L_{10}}$ 表示后十个最小值的平均值。研究中以月为单位计算得出每年各月的数据变化规律。

4. 降水集中度（PCD）和降水集中期（PCP）

降水集中度（PCD）与降水集中期（PCP）为表征降水量月分配特征参数，其中降水集中度（PCD）与降水集中期（PCP）以年为单位计算得到每年的变化规律。如果年度总降水量完全集中在某一个月，则可获得每年一次的最大年度降水量。如果在一年内每个月的总降水量是均匀分布的，每年的 PCD 可以达到最小值，每年的 PCP 反映了每月最大的降水出现在哪个月[17]。计算公式如下：

$$PCD_i = \dfrac{\sqrt{\left(\sum_{j=1}^{N} r_{ij} \times \sin\theta\right)^2 + \left(\sum_{j=1}^{N} r_{ij} \times \cos\theta\right)^2}}{R_i} \quad (3\text{-}4)$$

$$PCP_i = \arctan\left(\sum_{j=1}^{N} r_{ij} \times \dfrac{\sin\theta_j}{\sum_{j=1}^{N} r_{ij}} \times \cos\theta_j\right) \quad (3\text{-}5)$$

式中，PCD_i，PCP_i 表示第 i 年的降水集中度和集中期；i 表示年份；j 表示旬序；N 表示总年份；R_i 表示某测站第 i 年内总降水量（mm）；r_{ij} 表示第 i 年，第 j 旬内的降水量（mm）；θ_j 表示研究时段内各旬所对应的矢量角度，$\theta_j = 360° \times (j-1) / 36$。

5. Mann-Kendall 趋势检测

Mann-Kendall（MK）趋势检测，是非参数的，因此强烈建议世界气象组织广泛使用。该检测广泛应用于水文系列和气象系列趋势的检测。本书将该方法应用于分析 PCI 等指标的发展趋势。

首先，对时间序列 $(X_1, X_2, X_3, \cdots, X_n)$ 依次比较，结果记为 $sgn(\theta)$：

$$sgn(\theta)\begin{cases} 1, & \theta > 0 \\ 0, & \theta = 0 \\ -1, & \theta < 0 \end{cases} \quad (3\text{-}6)$$

接着便可用如下公式计算出 Mann-Kendall 统计值：

$$S = \sum_{i=1}^{n-1}\sum_{k=i+1}^{n} sgn(x_k - x_i) \quad (3\text{-}7)$$

式中，x_k，x_i 为要进行检验的随机变量，n 为所选数据序列的长度。

则与此相关的检验统计量为：

$$Z_c = \begin{cases} \dfrac{s-1}{\sqrt{\operatorname{var}(s)}}, & s > 0 \\ 0, & s = 0 \\ \dfrac{s+1}{\sqrt{\operatorname{var}(s)}}, & s < 0 \end{cases} \tag{3-8}$$

随着 n 的逐渐增加，Z_c 很快收敛于标准化正态分布，当 $-Z_{1-\frac{a}{2}} \leqslant Z_c \leqslant Z_{1-\frac{a}{2}}$ 时，接受原假设，表明样本没有明显变化趋势，其中，$\pm Z_{1-\frac{a}{2}}$ 是标准正态分布中值为 $1-\dfrac{a}{2}$ 时对应的显著性水平 a 下的统计值。当统计量 Z_c 为正值时，说明序列有上升趋势；Z_c 为负值时，则表示有下降趋势。

$Z > 0$，是增加趋势；$Z < 0$，减少趋势。Z 的绝对值大于 1.28、1.64、2.32 时，分别表示通过了置信度 90%，95% 和 99% 的显著性检验。$P > 0.05$ 称 "不显著"；$P \leqslant 0.05$ 称 "显著"；$P \leqslant 0.01$ 称 "非常显著"。

6. Pettitt 突变点检测

Pettitt 检测基于 Mann-Whitney 双样本检测（基于秩的），允许检测未知时间 t 下的单个移位。另一种假设是 X_1 到 X_t 随机变量的分布函数 $F_1(x)$ 与 X_{t+1} 到 X_t 随机变量的分布函数 $F_2(x)$ 不同。

$$D_{ij} = \operatorname{sgn}(X_i - X_j) = \begin{cases} -1, & X_i - X_j < 0 \\ 0, & X_i - X_j = 0 \\ 1, & X_i - X_j > 0 \end{cases} \tag{3-9}$$

式中，X_i 和 X_j 是随机变量 X_i 紧跟 X_j。检验统计量 $U_{t,T}$ 依赖于 D_{ij} 为

$$U_{t,T} = \sum_{i=1}^{t} \sum_{j=t+1}^{T} D_{ij} \tag{3-10}$$

当两个样本 $X_1, \cdots, X_t$ 和 $X_{t+1}, \cdots, X_t, X_t$ 来自同一个集合时，$U_{t,T}$ 与 Mann-Whitney 统计量相同。对从 1 到 T 的所有随机变量进行检验统计量 $U_{t,T}$；然后选取最显著的改变点，其中 $|U_{t,T}|$ 值最大：

$$K_T = \max X_1 \leqslant t < T \mid U_{t,T} \mid \tag{3-11}$$

当统计量 K_T 在给定水平上与零显著不同时，在 t 时刻发生变化点。近似有效水平由：

$$p = 2 \cdot \exp\left(\frac{-6 K_T^2}{T^2 + T^3}\right) \tag{3-12}$$

一旦假定值小于预先分配显著性水平 α，我们可以拒绝零假设，将数据划分为两个亚系列（之前和之后的位置变化点）与两种不同的分布函数。

Pettitt 测试突变点是一种非参数测试，也被广泛应用于水气候数据的变化点检测。降水突变分析采用的是 Pettitt 分析法，该方法的原理是在时间序列中寻找突变点，判断该点前后的累计分布函数是否存在显著的差异。具体方法见 Tan and Gan（2015），Villarini et al. （2011）, Wijngaard et al. （2003）。

3.3 研究结果与结果分析

3.3.1 新疆降水集中性演变

1. 降水集中指数 PCI 的时空演变

若年降水量都集中在一个月内, 则 PCI 的值为 100, 达到最高; 若年降水量均匀地分配在 12 个月, 则 PCI 值达到最小, 约为 0. 08。在实际应用中, 国际上多定义当 PCI≤10 时, 表示其年降水量的月分配较为均匀; 当 11≤PCI <20 时, 表示其年降水量具有季节性, 即年内降水具有一定集中性; 而当 PCI≥20 时, 则可认为该地区年降水在年内的分布具有异常集中性, 降水的月变化很大。

从图 3.2 可以看出, 新疆地区 1960—2016 年的 PCI 整体呈现下降趋势, 在数年间可能呈现上升和下降并同的波动。2010 年 PCI 值是其 56 年的最小值, 为 17.9; 而在 1968 年达到其 PCI 的最大值, 为 36.0。新疆地区近 56 年 PCI 取值范围整体在 17.9~36.0。根据孙善宇等 （2011） 对宁夏降水变化特征及趋势分析可知, 当 PCI<10 时, 表明降水年内分配均衡, 差异不大; 11≤PCI≤20 时, 表明降水呈季节性变化; PCI> 20 时, 表明降水月际变化显著, 具有降水集中性。由此可得到新疆在不同年代中表现出明显的降水集中季节性。20 世纪 60 年代到 80 年代初 PCI 整体要高于 80 年代之后的 PCI, 说明新疆地区整体在 20 世纪 60 年代至 80 年代初表现出极强的降水集中性, 降水月际变化显著; 而 80 年代以后的 PCI 整体呈现季节性变化。

在南疆和北疆的 PCI 变化趋势线中, 可以看出 PCI 的变化趋势与新疆整体 PCI 变化趋势相同, 南疆的 PCI 取值范围在 20~44, 因此南疆在 1960—2016 年中都表现出降水的月际变化显著, 集中性较高; 而北疆的 PCI 取值范围在 11~26, 在 20 世纪 80 年代之前 PCI 取值范围介于 19~26, 表现出降水的月际变化, 在 20 世纪 80 年代之后下降趋势明显, 1980—2016 年都表现出降水的季节性。南疆 PCI 整体的平均值要高于北疆, 降水的集中性也明显较强。

新疆降水集中 PCI 的年代际距平变化, 表现出明显的年代际转型变化, 正如表 3.2 所示, 从新疆整体来看, 在 20 世纪 60 年代、70 年代和 80 年代 PCI 为正距平, 90 年代至 21 世纪 10 年代 PCI 为负距平。其中在 20 世纪 60 年代、70 年代正距平相对较大, 说明这段时间降水集中性较强, 80 年代也是正距平, 但数值较小, 此时 PCI 有明显下降, 集中性有下降; 90 年代至 21 世纪 10 年代负距平值呈现上升趋势, 说明 PCI 有明显下降, 集中性相对减弱。从各站 PCI 的年代际距平变化来看, 南疆和北疆的降水集中度的年代际距平的变化相似, 与新疆整体 PCI 年代际距平变化略有不同, 在 20 世纪 60 年代和 70 年代 PCI 都为正距平, 在 80 年代到 21 世纪 10 年代 PCI 都是负距平, 表现出明显的年代际转型变化。

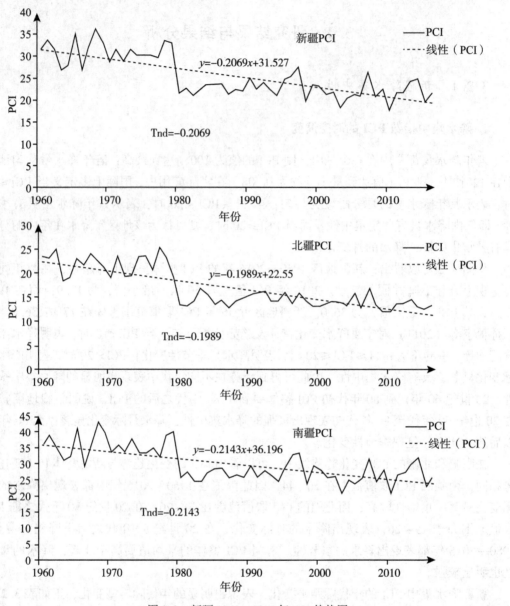

图 3.2　新疆 1960—2016 年 PCI 趋势图

表 3.2　　　　　　　　　　新疆降水集中 PCI 的年代际距平变化

年代	南疆	北疆	新疆
1960—1969	6.19	5.25	5.83
1970—1979	5.39	4.87	5.18
1980—1989	-3.47	-2.58	0.99

年代	南疆	北疆	新疆
1990—1999	−1.74	−2.03	−1.83
2000—2009	−4.03	−2.95	−3.62
2010—2016	−3.35	−3.65	−3.93

从图 3.3 中可以看出，新疆地区降水集中指数 PCI 的空间分布在 20 世纪 60 年代自东北向西南逐渐递减，新疆阿勒泰北部地区降水集中指数最高；在和田西南部集中降水 PCI 最低。在 70 年代之后新疆降水集中指数 PCI 的空间分布呈现出自南向北逐渐递减，其中 PCI 较低的地区逐渐在缩小，而 PCI 较大值范围逐渐扩大，可以看出南疆地区的降水集中指数 PCI 的整体平均值要大于北疆，这也符合上述 PCI 的时间分布规律。总体来看，PCI 大值区呈东北—南部走向，并逐渐扩大范围。西南地区为大值区，若这些地方的年内降水过于集中，发生旱涝灾害的可能性就会比较大。

从新疆地区降水集中指数 PCI 时间序列的趋势系数（图 3.3）可以看出，新疆地区降水整体呈集中趋势，存在着显著的区域差异特征。其中新疆南部为趋势系数大值中心，表明降水在 1960—2016 年间呈明显的集中趋势，这与该地区近年连续发生特大洪涝灾害相吻合；在新疆中北部地区也呈降水集中趋势，结合图 3.3 的 PCI 空间分布可知，南部地区 PCI 大值区的变化趋势并不明显。

2. 降水异常指数 RAI 的时空演变

降水异常指数 RAI 描述每年降雨量的变化程度，体现降水量变化率。从图 3.4 可以得到新疆地区 1960—2016 年整体 RAI 的波动情况。相比于 PCI，RAI 的波动显得更加剧烈和频繁，这是由于 PCI 是以年为单位分析年代间的变化，而 RAI 是以月为周期，周期比 PCI 要短。RAI 的波动范围在−3.00~1.51，其中正异常值表示洪涝，负异常值表示干旱，可以明显看出新疆地区的干旱要多于洪涝，但是也可以看出新疆的降水时空变化自 20 世纪 80 年代之后有明显的旱转涝趋势。从图 3.4 可以得出新疆各年的 RAI 最大值均发生在夏季 6~8 月，最小值发生在冬季 12~2 月。洪涝多发生在夏季 6~8 月，而干旱多发生在春季，旱涝具有明显的季节性。

从图 3.4 可看到南疆和北疆的降水异常指数 RAI 的变化趋势，两者的变化趋势很相似，但是南疆的干旱时间要多于北疆，且旱涝转变的幅度也要大于北疆；根据 RAI 值对各区域统计大于 1 的年份可看出，北疆的 RAI 在大于 1 的年份要多于南疆 RAI，这表明北疆较南疆区域整体表现出干旱特征，发生干旱的概率较大，这点与南疆相反，南疆则表现出旱涝特征，发生洪涝的概率较大。无论是从南疆或者是从北疆来看，近年来 RAI 值都处于逐渐增加的趋势，表明新疆发生洪涝的可能性较大。

从图 3.5 可以看出，新疆地区降水异常指数 RAI 的空间分布，降水异常指数 RAI 描述每年降雨量的变化程度，体现降水量变化率，在 20 世纪 60 年代和 70 年代降水异常指数大值区集中在博尔塔拉蒙古自治州区地区，呈自北向南逐渐递减的趋势。在 80 年代和

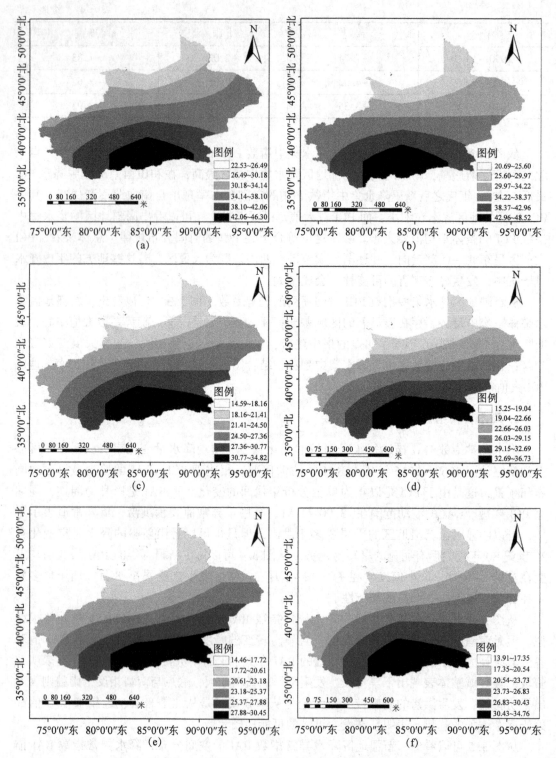

图 3.3　新疆 1960—2016 年 PCI 空间分布图

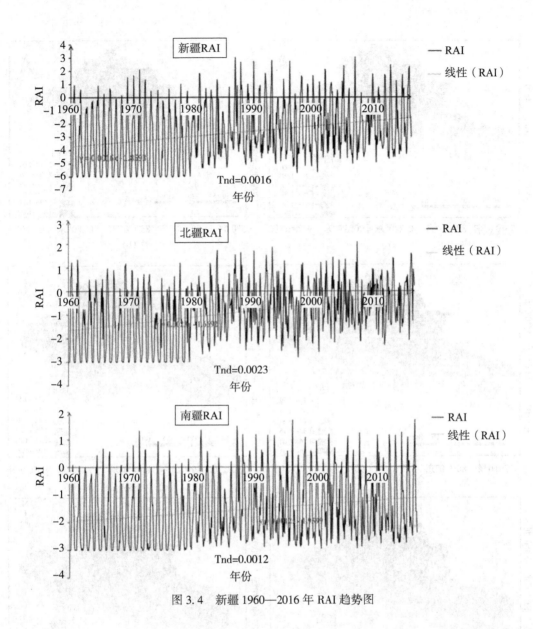

图 3.4 新疆 1960—2016 年 RAI 趋势图

90 年代降水异常指数 RAI 逐渐向阿勒泰地区移动，而在 90 年代降水异常范围有很大的缩小，主要集中在阿勒泰市，相同的是，降水异常指数 RAI 都呈现自北向南逐渐递减的趋势。在 2000 年之后，降水异常指数 RAI 的变化趋势从逐渐由北向南递减转变成由东北方向向西南方向递减，空间变化趋势发生改变。

3. 降水集中度 PCD 和降水集中期 PCP 的时空演变

对新疆年降水量集中度和集中期的逐年变化进行计算并绘图分析（图 3.6）可以看出，新疆多年平均的 PCD 值为 0.33，变化范围在 0.20～0.44，可以清楚地看出 PCD 整体

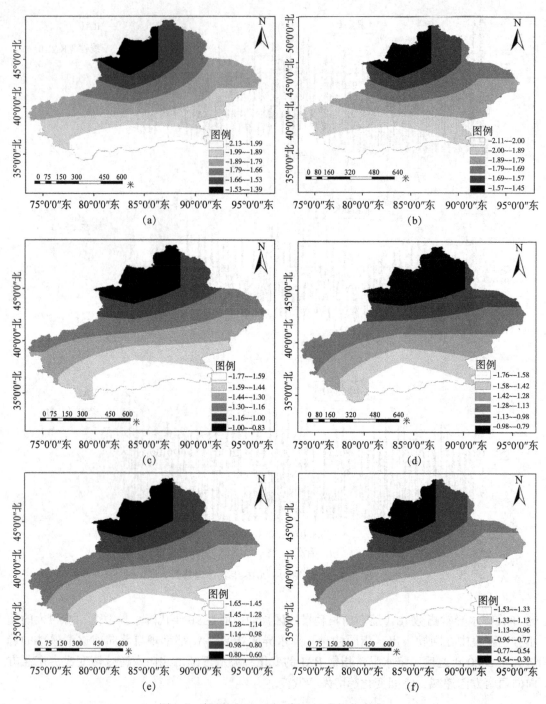

图 3.5　新疆 1960—2016 年 RAI 空间分布图

呈现下降的趋势，在 1965 年和 2003 年出现 PCD 的历史最大值和最小值，分别是 0.44 和 0.20。而在 20 世纪 60 年代，在 1965 年出现最大值 0.44，1968 年 PCD 达到 0.33，PCD

较大，此时期雨季相对集中，容易发生洪涝；20 世纪 70 年代至 21 世纪初相对于 20 世纪 60 年代整体平均值有下降趋势，此时新疆地区降雨相对 60 年代分散，可能出现偏旱特征，但是在 1979 年 PCD 的值高达 0.42，而在 1980 年 PCD 值却降低至 0.27，说明此时期的降雨从相对较集中到相对分散，出现旱涝交替的现象；21 世纪初至今，PCD 整体平均值要低于前 40 年，但是趋势呈现上升变化，说明新疆雨季相对集中，此时期洪涝发生概率相对较高。PCD 线性递减趋势系数为 0.017，减弱趋势通过 99% 置信度水平 0.05 的显著性检验，说明新疆多年降水集中度 PCD 呈现显著的下降趋势。对 PCD 的趋势分析可以发现，北部和南部下降趋势不同，在南疆和北疆的对比中，可以看出，南疆的降水集中度 PCD 整体要高于北疆的降水集中度 PCD，南疆的降水集中度 PCD 取值范围在 0.25~0.52，而北疆的降水集中度 PCD 范围在 0.12~0.35，这也符合上述对降水集中指数的分析结果。

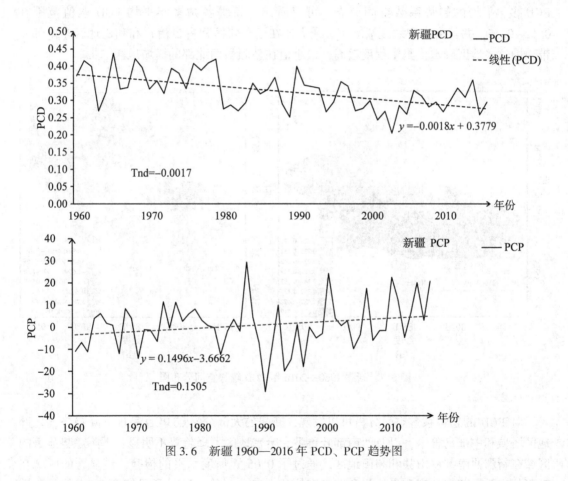

图 3.6　新疆 1960—2016 年 PCD、PCP 趋势图

PCP 多年平均值为 0.67，变化范围在 -29.29~29.37，PCP 整体呈现上升的趋势，PCP 线性增长趋势系数为 0.15，增长趋势未通过置信度水平 0.05 的显著性检验。PCP 最大值出现在 1987 年，其值为 29.37，最小值出现在 1990 年，其值为 -29.29，20 世纪 60 年代，1960 年和 1963 年处于同时期最低值，其值低于平均值，此时雨季 PCP 出现较早；

在 60 年代中 PCP 值超过平均值，说明这时雨季 PCP 出现较晚；70 年代初 PCP 值低于平均值，雨季 PCP 出现较早，1974 年又出现 PCP 值上升，此时雨季 PCP 出现较晚；80 年代以后 PCP 值变化幅度大，在 1987 年 PCP 出现历史最大值，而在 1990 年出现历史最低值，说明新疆此时期容易发生旱涝急转；90 年代 PCP 要低于平均值，此时雨季 PCP 出现较晚，容易出现洪涝；2000 年至今 PCP 变化幅度较大，此时期易发生洪涝。在南疆和北疆的降水集中期 PCP 时间序列变化趋势中，南疆的降水集中期 PCP 的取值范围在 -32.33~37.52，平均值为 0.997；而北疆的降水集中期 PCP 取值范围在 -39.83~32.98，平均值为 0.183，相比于南疆，北疆整体取值和平均值要低，由此从整个历史时期看，南疆雨季出现较北疆要早，尤其是南疆的 PCP 平均值明显高于北疆，这说明南疆地区表现出偏涝特征，为洪涝多发区。

图 3.7（a）是新疆降水集中度 PCD 多年平均的空间分布，3.7（b）是降水集中度 PCD 多年平均的趋势系数空间分布。可以看出，新疆各站多年平均 PCD 取值范围在 0.12~0.55，并且由南向北逐渐减小。最大值在巴音郭楞蒙古自治州和和田地区东南部一带，即这些地区降水量集中程度较高；最小值在新疆最西北部的塔城地区一带。

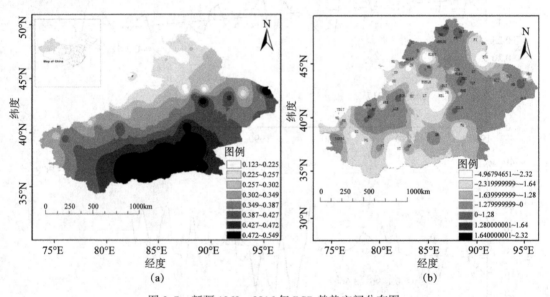

图 3.7　新疆 1960—2016 年 PCD 趋势空间分布图

对 PCD 的趋势系数空间分析可以发现，新疆的大部分站点 PCD 呈现下降趋势，北部地区塔城和中部乌鲁木齐以及西南部吐鲁番和哈密地区下降趋势不明显，下降趋势显著的区域在新疆西南部皮山县和和田地区，通过了 0.05 置信度水平的检验，最显著的区域在新疆的克孜勒苏柯尔克孜自治州和博尔塔拉蒙古自治州等，通过了置信度 0.01 的显著性检验。与文献对长江流域降水集中程度进行对比分析可以发现，年降水量较多的区域，一般来说降水集中度偏低一些，这主要是由于这些地区的降水周期比较长，降水相对比较分散的缘故。

图 3.8（a）是新疆降水集中期 PCP 多年平均的空间分布，图 3.8（b）是降水集中期 PCP 多年平均的趋势系数空间分布。可以看出，新疆各站多年平均 PCP 值在−20~14，并且 PCP 的空间分布差异较大，大值区主要集中在哈密地区和和田地区以及其他部分地区，即这些地区降水雨季较早。小值区在新疆若羌县和中部地区一带。从新疆地区降水集中期 PCP 的空间分布可以看出，在空间变化上，PCP 具有明显的地域分异特征。

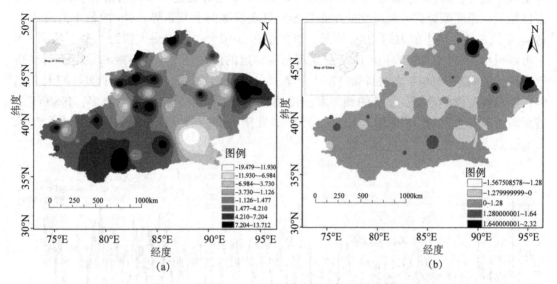

图 3.8　新疆 1960—2016 年 PCP 趋势空间分布图

对 PCP 的趋势系数空间分析可以发现，新疆 PCP 呈现上升和下降共存趋势，新疆地区大部分地区 PCP 是上升趋势，并且没有明显趋势分布。上升或下降趋势不明显，均未通过 0.05 置信度水平的检验，说明在研究时段内新疆地区的降水量出现时间没有明显的提前趋势。

对于降水集中期而言，PCP 空间差异大，新疆少部分地区降水集中期相对较早，对 PCP 做上述分析（图 3.8），可以发现新疆 PCP 大值区在 20 世纪 60 年代主要集中在喀什地区西南部和伊犁哈萨克自治州直属县市部分地区，自西向东逐渐递减；在 70 年代，降水集中期 PCP 大值区主要集中在和田南部地区，且大值区范围相比于 60 年代有减小的趋势，在 60 年代伊犁哈萨克自治州直属县市部分地区属于 PCP 大值区突变成小值区，其他地区有不同程度的变化，呈现出由南向北逐渐递减；在 80 年代，降水集中期 PCP 大值区自新疆南部转移到东部，范围在扩大，大值区位于哈密地区和吐鲁番地区，自东向西逐渐递减；在 90 年代，降水集中期 PCP 大值区又回到喀什地区，范围减小，且巴音郭楞蒙古自治州地区出现大范围降水集中期 PCP 小值区；在 21 世纪 00 年代，新疆地区降水集中期 PCP 呈现出自外向内逐渐递减趋势，在新疆内陆地区出现 PCP 小值区；在 21 世纪 10 年代，降水集中期 PCP 大值区范围缩小，自南向北递减。PCP 空间差异较大。

3.3.2　新疆旱涝演变特征

1. 标准化降水指数 SPI 的时空演变

新疆多年平均的 SPI 值为 0.24，变化范围为−1.28~1.58，可以清楚看出 SPI 整体呈现上升的趋势，SPI 线性递增趋势系数为 0.001，增长趋势通过 99%置信度水平 0.05 的显著性检验，说明新疆多年标准化降水指数 SPI 呈现显著的上升趋势。SPI 的最小值发生在 1984 年的 8 月，最小值为−1.28，而最大值发生在 2010 年 2 月，最大值为 1.58。从图 3.9 中可以得出，SPI 在 1960 年至 1980 年呈现基本稳定的波动且干旱的等级和频率要明显高于洪涝，说明在 1980 年之前新疆易发生干旱；在 1980 年之后，SPI 发生了明显的上升趋势，波动幅度发生改变，洪涝的频率和强度明显上升，而干旱相比下降很多，1980 年之后新疆更易发生洪涝，SPI 在 2010 年之后仍然处于上升趋势，说明新疆未来发生洪涝的可能性更大。

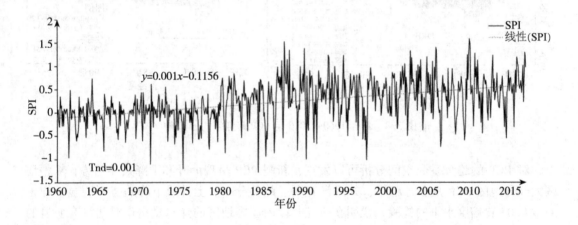

图 3.9　新疆 1960—2016 年 PCD、PCP 趋势图

本研究还对新疆降水数据计算得出的 SPI 对年份进行旱涝等级的划分与不同旱涝等级出现频率的年代际变化进行了统计计算，通过对新疆降水数据计算得出标准化降水指数，依据表 3.3 进行旱涝等级的划分，并且统计得出相应的频率。从表 3.3 中可以看出，新疆旱涝正常等级出现的频率处在 39.8%~52.3%，发生旱涝的频率明显低于正常。以 10 年为一周期，1960—1969 年间，干旱发生的频率较洪涝发生的频率高，发生轻微干旱和轻微洪涝的频率相较于旱涝中等以上等级要高得多，说明此时容易出现干旱特征且极端事件发生频率较低；1970—1990 年间，发生洪涝事件的频率有所上升，稍高于干旱频率且中等以上洪涝频率有明显的上升，说明此期间旱涝出现的频率以洪涝为主；1990—2016 年间，基本持续有上升的趋势，发生干旱的频率低于洪涝发生的频率，此时容易出现偏涝特征。表 3.3 中极度洪涝在 20 世纪 90 年代达到最大频率 6.8%，说明此时期极端洪涝发生较多，旱涝等级频率各有不同，不论在哪个时期，正常旱涝等级发生频率最大，其次为轻

微洪涝和轻微干旱，中等洪涝和中等干旱次之，发生严重、极端的干旱和洪涝频率基本最小。在同一旱涝等级上，洪涝发生频率变化均从 60 年代开始上升并保持上升趋势，综上所述，新疆发生正常旱涝等级的频率居多，且其发生洪涝的可能性在增加，特别是极端洪涝频率在增加。

表 3.3 新疆不同旱涝等级出现频率的年代际变化

时期	极度洪涝	严重洪涝	中等洪涝	轻微洪涝	正常	轻微干旱	中等干旱	严重干旱	极端干旱
20 世纪 60 年代	0.9%	2.0%	6.2%	14.6%	51.8%	14.1%	6.9%	2.6%	0.9%
20 世纪 70 年代	1.8%	1.9%	6.0%	14.4%	52.3%	13.4%	6.7%	2.2%	1.3%
20 世纪 80 年代	5.6%	4.0%	11.1%	21.8%	44.0%	7.0%	4.0%	1.7%	0.8%
20 世纪 90 年代	6.6%	5.3%	12.3%	22.1%	39.6%	7.6%	4.1%	1.4%	0.8%
21 世纪 00 年代	4.0%	5.9%	13.4%	23.0%	40.9%	7.8%	3.3%	1.3%	0.4%
21 世纪 10 年代	5.0%	7.1%	14.7%	23.4%	39.8%	6.0%	2.9%	0.8%	0.4%
1960—2016 年	4.0%	4.4%	10.6%	19.9%	44.7%	9.3%	4.6%	1.7%	0.8%

图 3.10（a）图是新疆标准化降水指数 SPI 多年平均的空间分布，图 3.10（b）是标准化降水指数 SPI 多年平均的趋势系数空间分布。可以看出，新疆标准化降水指数 SPI 值在 -0.43~18，并且由南向北逐渐减小，最大值在且末县一带，即这些地区标准化降水指数 SPI 值较高，洪涝程度也较高；最小值在新疆北部塔城、阿勒泰地区一带，这些地区出现干旱的程度较大。

对 SPI 的趋势系数空间分析可以发现，新疆 SPI 呈现明显的上升趋势，除个别站点外，上升趋势显著的区域均通过了置信度 0.01 的显著性检验，说明新疆地区由旱转涝的趋势在近 57 年内很明显。

2. 夏季长周期旱涝急转指数 LDFAI 的时空演变

本研究针对新疆夏季降水距平百分率和旱涝急转指数年际变化进行了计算。虽然旱涝指数可以表示出旱涝的急转特征，但是却不能体现旱转涝或者涝转旱的具体强度，于是通过取旱涝急转指数的绝对值相加进而求得平均值，得到旱涝急转强度；通过以上计算可以更好地反映区域年际旱涝急转强度变化，为新疆区域制定防洪抗旱决策具有指导意义。

根据表 3.4、图 3.11 可知，旱涝急转强度在一定程度上可以反映出旱涝急转现象发生的频率。根据相关计算得出的旱涝急转强度最大值为 0.86，在 20 世纪 80 年代发生，说明此期间出现旱涝急转现象的频率最高，强度也越大；其次是 90 年代和 21 世纪 00 年代；旱涝指数（LDFAI）大于 0 的年份为 60 年代、90 年代，但是 60 年代的旱涝指数较低，发生轻微涝转旱现象；90 年代的旱涝指数为最大值 0.72，说明此时期有明显的涝转旱；其余年份都表现为旱转涝现象。为研究夏季旱涝与旱涝急转的特征，将夏季分为初夏、

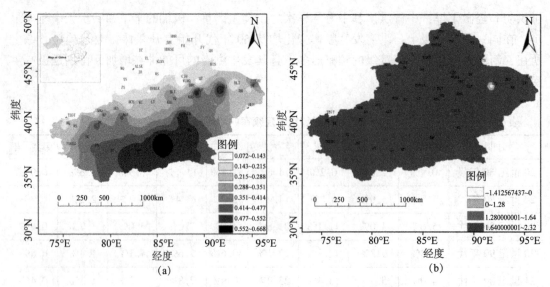

图 3.10　新疆 1960—2016 年 SPI 趋势空间分布图

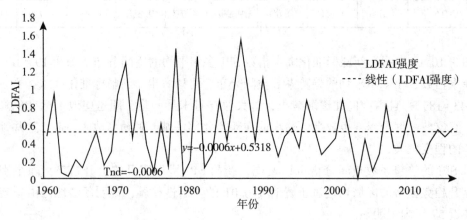

图 3.11　新疆 1960—2016 年 LDFAI 趋势图

表 3.4　　　　　　　　　　　　新疆夏季降水和旱涝急转指数的年代际变化

时期	LDFAI	LDFAI 强度	pa5~6	pa7~8	pa5~8
20 世纪 60 年代	0.196	0.62	−0.17	−0.08	−0.12
20 世纪 70 年代	−0.235	0.66	−0.12	−0.15	−0.13
20 世纪 80 年代	−0.658	0.86	0.07	−0.10	−0.02
20 世纪 90 年代	0.720	0.77	−0.03	0.20	0.09
21 世纪 00 年代	−0.008	0.74	−0.01	0.04	0.02
21 世纪 10 年代	−0.001	0.39	0.36	0.11	0.22

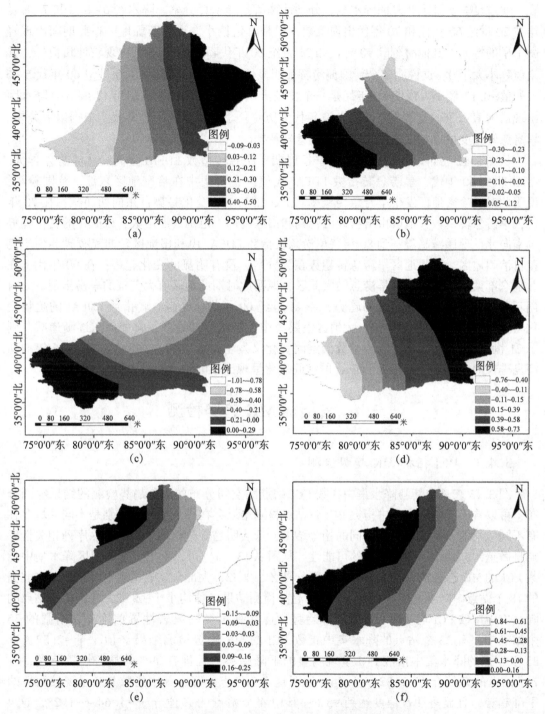

图 3.12　新疆 1960—2016 年 LDFAI 趋势空间分布图

盛夏和全夏，初夏为 5~6 月，盛夏为 7~8 月，全夏即为整个夏季 5~8 月。根据不同时间段，通过夏季 5 月至 8 月的降水量，分别计算新疆降水百分率。降水距 5~8 月和 7~8 月均在 20 世纪 60 年代和 70 年代出现负数，但是其值偏小，说明新疆地区在此期间出现轻微干旱的特征，其他时刻除 90 年代和 21 世纪 00 年代降水距 5~6 月出现较低负值外，其余值基本大于 0，这说明整个新疆偏涝特征明显。降水距所有结果在 20 世纪 60 年代 5~6 月的值 -0.17 最小，说明 60 年代是一个比较干旱的年代；21 世纪 10 年代 5~6 月降水距出现最大值 0.36，这说明 21 世纪 10 年代为历年夏季最湿润的一个年代。根据以上分析，旱涝急转强度可以较好地反映夏季旱涝急转特征。

从图 3.12 中可以看出，对于夏季长周期旱涝急转指数 LDFAI 空间变化趋势差异大。在 20 世纪 60 年代，旱涝急转指数 LDFAI 大值区主要集中在哈密地区东部，范围较小，说明此时期哈密地区发生旱涝急转概率较大，LDFAI 的变化趋势自东向西递减；在 70 年代，旱涝急转指数大值区由哈密地区转到和田地区南部，范围有所增大，LDFAI 的变化趋势自南向北呈现递减趋势；到 80 年代旱涝急转指数 LDFAI 由和田地区转向克孜勒苏柯尔克孜自治州地区，新疆地区旱涝急转趋势较为分散，没有明显的变化趋势；在 90 年代，在北疆东部大范围地区出现旱涝急转大值区，说明此时期此地区有大范围的旱涝出现，此时期新疆呈现出自东向西递减的趋势；在 21 世纪 00 年代，旱涝急转指数 LDFAI 的趋势变化与 90 年代呈现相反的趋势，大值区主要集中在新疆西部地区，自西向东逐渐递减；到了 21 世纪 10 年代，旱涝急转指数的空间变化又发生较大改变。对于 1960—2016 年的新疆夏季长周期旱涝急转指数 LDFAI 的空间变化呈现出不同年代差异较大。

3.4　各指标 MK 趋势检测

3.4.1　PCI 指标 MK 趋势检测

图 3.13 表现出新疆降水集中指数 PCI 站点的空间分布的 MK 趋势检测的结果空间分布，可以看出新疆降水集中指数 PCI 各站点检测结果存在较大差异，特别是不同区域存在有不同数量的站点，显示了不同的趋势结果，这表明趋势分析的结果对消除序列相关性影响是敏感的，减少了独立观测的可能性。从图 3.13（a）可以看出，新疆地区降水集中指数 PCI 的 MK 趋势检测结果中 Z 值大部分是 $Z<-2.32$，大部分站点呈现下降趋势。在北疆的 18 个站点中降水集中指数 PCI 的 MK 趋势检测结果 Z 值均小于 -2.32，北疆所有站点的降水集中指数 PCI 均呈现明显的下降趋势，且具有 99% 的显著性置信度。在南疆的 35 个站点中，有 23 个站点的降水集中指数 PCI 的 MK 趋势检测结果 Z 值小于 -2.32，这 23 个站点的降水集中指数 PCI 呈现明显的下降趋势，且具有 99% 的显著性置信度；有 7 个站点的 Z 值介于 -2.32~-1.64，说明这 7 个站点的降水集中指数 PCI 呈现较明显的下降趋势，且显著性置信度达到 95%；其中 4 个站点的 Z 值介于 -1.64~-1.28，这 4 个站点也具有下降趋势，且显著性置信度为 90%；有且仅有 1 个站点的 Z 值大于 0，处于 1.28~1.64，此站点降水集中指数 PCI 可能具有上升趋势。综合来说，新疆大部分地区的降水集中指数 PCI 做 MK 趋势检测结果得到的 Z 值都表现出下降趋势（除少数

站点外），且北疆的降水集中指数 PCI 的下降趋势显著性置信度要高于南疆，说明北疆变化得更加明显。

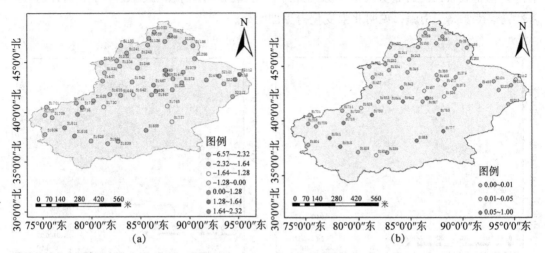

图 3.13　PCI 指标 MK 趋势检测

从图（b）中看到新疆地区降水集中指数 PCI 的 MK 趋势检测结果 P 值的空间分布，可以看出新疆有 38 个站点的 P 值小于 0.01，有 6 个站点介于 0.01~0.05，9 个站点大于0.05，在北疆的 18 个站点中 MK 趋势检测的 P 值结果均小于 0.01，说明这 18 个站点的趋势变化是非常显著的；在南疆的 35 个站点中，有 20 个站点 MK 趋势检测的 P 值也是小于0.01 的，这些站点的趋势变化也是非常显著的。

综上所述，新疆地区降水集中指数 PCI 的趋势变化中，大部分地区呈现出显著的下降趋势。在北疆地区的 18 个站点中均表现出降水集中指数 PCI 有非常显著的下降趋势，在南疆地区有 20 个站点表现出非常显著的下降趋势，其他地区有显著的下降趋势。总体来说，新疆地区降水集中指数 PCI 的趋势变化是呈现下降趋势的。

3.4.2　RAI 指标 MK 趋势检测

图 3.14 表现出来新疆降水异常指数 RAI 站点的空间分布的 MK 趋势检测的结果空间分布，可以看出新疆降水异常指数 RAI 各站点检测结果存在较大差异，特别是不同区域存在有不同数量的站点，显示了不同的趋势结果，这表明趋势分析的结果对消除序列相关性影响是敏感的，减少了独立观测的可能性。从图中可以看出新疆地区降水异常指数 RAI 的 MK 趋势检测结果中 Z 值大部分是 $Z>2.32$，大部分站点呈现上升趋势。在北疆的 18 个站点中降水异常指数 RAI 的 MK 趋势检测结果 Z 值均大于 2.32，北疆所有站点的降水异常指数 RAI 均呈现明显的上升趋势，且具有 99% 的显著性置信度。在南疆的 35 个站点中有 33 个站点的降水异常指数 RAI 的 MK 趋势检测结果中 Z 值大于 2.32，这 33 个站点的降水异常指数 RAI 呈现明显的上升趋势，且具有 99% 的显著性置信度；有 1 个站点的 Z值介于 1.64~2.32，说明这 1 个站点的降水异常指数 RAI 呈现较明显的上升趋势，且显著

性置信度达到95%；其中1个站点的 Z 值介于−1.28~0，这1个站点具有下降趋势，且显著性置信度为90%。综合来说，新疆大部分地区的降水异常指数 RAI 做 MK 趋势检测结果得 Z 值都表现出上升趋势（除少数站点外），且北疆的降水异常指数 RAI 的上升趋势显著性置信度要高于南疆，说明北疆变化得更加明显。

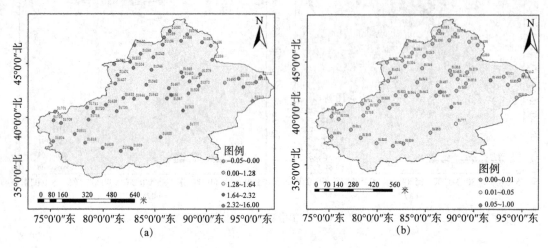

图 3.14   RAI 指标 MK 趋势检测

从图 3.14 中新疆地区降水异常指数 RAI 的 MK 趋势检测结果 P 值的空间分布可以看出，新疆有 50 个站点的 P 值小于 0.01，有 1 个站点 P 值介于 0.01~0.05，2 个站点 P 值大于 0.05，在北疆的 18 个站点中 MK 趋势检测的 P 值结果均小于 0.01，说明这 18 个站点的趋势变化是非常显著的；在南疆的 35 个站点中，有 32 个站点 MK 趋势检测的 P 值也小于 0.01，这些站点的趋势变化也是非常显著的。

综上所述，新疆地区降水异常指数 RAI 的趋势变化中，大部分地区呈现出显著的上升趋势。在北疆的 18 个站点中均表现出降水异常指数 RAI 有非常显著的上升趋势，在南疆地区有 32 个站点表现出非常显著的上升趋势。总体来说，新疆地区降水异常指数 RAI 的趋势变化呈现显著的上升趋势。

3.4.3   PCD 指标 MK 趋势检测

图 3.15 表现出新疆降水集中度 PCD 站点空间分布的 MK 趋势检测结果空间分布，可以看出新疆降水集中度 PCD 各站点检测结果存在较大差异，特别是不同区域存在有不同数量的站点显示了不同的趋势结果，这表明趋势分析的结果对消除序列相关性影响是敏感的，减少了独立观测的可能性。从图 3.15（a）可以看出新疆地区降水集中度 PCD 的 MK 趋势检测结果中 Z 值在各站点有不同的变化趋势。在 14 个站点中降水集中度 PCD 的 MK 趋势检测结果 Z 值小于−2.32，这些站点的降水集中度 PCD 均呈现明显的下降趋势，且具有 99% 的显著性置信度。7 个站点的降水集中度 PCD 的 MK 趋势检测结果中 Z 值介于−2.32~−1.64，这些站点的降水集中度 PCD 也呈现明显的下降趋势，且具有 95% 的显著

性置信度；有 5 个站点的 Z 值介于-1.28～-1.64，说明这 5 个站点的降水集中度 PCD 呈现下降趋势，且显著性置信度达到 90%；有 15 个站点的 Z 值介于-1.28～0，说明这 15 个站点的降水集中度 PCD 呈现下降趋势；其余 12 个站点的 Z 值大于 0，说明这些站点的降水集中度 PCD 呈现上升趋势。

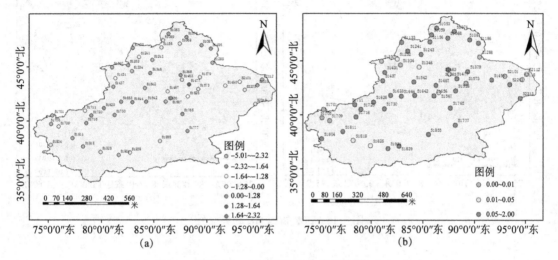

图 3.15　PCD 指标 MK 趋势检测

图（b）显示了新疆地区降水集中度 PCD 的 MK 趋势检测结果 P 值的空间分布，可以看出，新疆有 26 个站点的 P 值小于 0.01，有 16 个站点的 P 值介于 0.01～0.05，11 个站点的 P 值大于 0.05。在 26 个站点中 MK 趋势检测的 P 值结果均小于 0.01，说明这 26 个站点的趋势变化是非常显著的；在 16 个站点中，MK 趋势检测的 P 值介于 0.01～0.05，这些站点的趋势变化也是较显著的；11 个站点大于 0.05，这 11 个站点的 P 值的变化趋势不明显。

3.4.4　PCP 指标 MK 趋势检测

图 3.16 表现出新疆降水集中期 PCP 站点空间分布的 MK 趋势检测结果空间分布，可以看出新疆降水集中期 PCP 各站点检测结果存在较大差异，特别是不同区域存在不同数量的站点显示了不同的趋势结果，这表明趋势分析的结果对消除序列相关性影响是敏感的，减少了独立观测的可能性。从图 3.16（a）可以看出新疆地区降水集中期 PCP 的 MK 趋势检测结果中 Z 值在各站点有不同的变化趋势。在 5 个站点中降水集中期 PCP 的 MK 趋势检测结果 Z 值小于-2.32，这些站点的降水集中期 PCP 均呈现明显的下降趋势，且具有 99%的显著性置信度。6 个站点的降水集中期 PCP 的 MK 趋势检测结果中 Z 值介于-2.32～-1.64，这些站点的降水集中期 PCP 也呈现明显的下降趋势，且具有 95%的显著性置信度；有 10 个站点的 Z 值介于-1.64～1.28，说明这 10 个站点的降水集中期 PCP 呈现下降趋势，且显著性置信度达到 90%；有 6 个站点的 Z 值介于-1.28～0，说明这 6 个站

点的降水集中期 PCP 呈现下降趋势；其余站点的 Z 值大于 0，说明这些站点的降水集中期 PCP 呈现上升趋势。

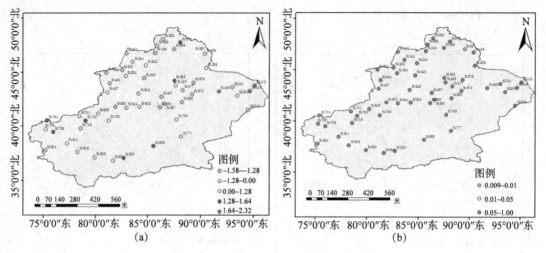

图 3.16　PCP 指标 MK 趋势检测

图（b）显示新疆地区降水集中期 PCP 的 MK 趋势检测结果 P 值的空间分布，可以看出新疆有 16 个站点的 P 值小于 0.01，有 16 个站点的 P 值介于 0.01 ~ 0.05，21 个站点的 P 值大于 0.05。在 16 个站点中 MK 趋势检测的 P 值结果均小于 0.01，说明这 16 个站点的趋势变化是非常显著的；在 16 个站点中，MK 趋势检测的 P 值介于 0.01 ~ 0.05，这些站点的趋势变化也是较显著的；21 个站点的 P 值大于 0.05，这 21 个站点 P 值的变化趋势不明显。

3.4.5　SPI 指标 MK 趋势检测

图 3.17 表现出新疆标准化降水指数 SPI 站点空间分布的 MK 趋势检测结果空间分布，可以看出新疆标准化降水指数 SPI 各站点检测结果存在较大差异，特别是不同区域存在有不同数量的站点显示了不同的趋势结果，这表明趋势分析的结果对消除序列相关性影响是敏感的，减少了独立观测的可能性。从图 3.17（a）中可以看出新疆地区降水集中期 PCP 的 MK 趋势检测结果中 Z 值在各站点有不同的变化趋势。在 5 个站点中标准化降水指数 SPI 的 MK 趋势检测结果 Z 值小于 0，这些站点的标准化降水指数 SPI 均呈现下降趋势。1 个站点的标准化降水指数 SPI 的 MK 趋势检测结果中 Z 值介于 0 ~ 1.28，这些站点的标准化降水指数 SPI 也呈现明显的上升趋势，且具有 90% 的显著性置信度；有 2 个站点的 Z 值介于 1.28 ~ 1.64，说明这 2 个站点的标准化降水指数 SPI 呈现上升趋势，且显著性置信度达到 95%；其余所有站点的 Z 值大于 2.32，说明这些站点的标准化降水指数 SPI 呈现明显的上升趋势。南疆所有站点的 Z 值都大于 2.32，呈现明显的上升趋势。

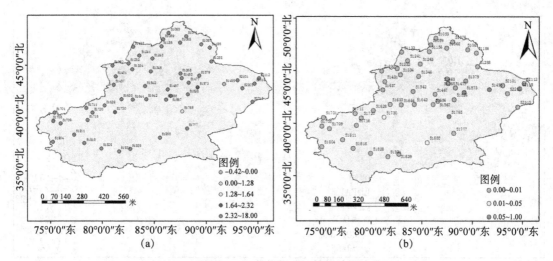

图 3.17　SPI 指标 MK 趋势检测

图 3.17（b）中显示新疆地区标准化降水指数 SPI 的 MK 趋势检测结果 P 值的空间分布，可以看出新疆有 48 个站点的 P 值小于 0.01，有 2 个站点介于 0.01~0.05，3 个站点大于 0.05，在 48 个站点中 MK 趋势检测的 P 值结果均小于 0.01，说明这 48 个站点的趋势变化是非常显著的；在 2 个站点中，MK 趋势检测的 P 值介于 0.01~0.05，这些站点的趋势变化也是较显著的；3 个站点大于 0.05，这 3 个站点的 P 值变化趋势不明显。

3.4.6　LDFAI 指标 MK 趋势检测

图 3.18（a）显示新疆地区夏季长周期旱涝急转指数 LDFAI 的 MK 趋势检测结果 P 值的空间分布，可以看出新疆有 17 个站点的 P 值小于 0.01，有 14 个站点的 P 值介于 0.01~0.05，22 个站点的 P 值大于 0.05。在 17 个站点中 MK 趋势检测的 P 值结果均小于 0.01，说明这 17 个站点的趋势变化是非常显著的；在 14 个站点中，MK 趋势检测的 P 值介于 0.01~0.05，这些站点的趋势变化也是较显著的；22 个站点的 P 值大于 0.05，这 22 个站点的 P 值变化趋势不明显。

图 3.18 表现出新疆夏季长周期旱涝急转指数 LDFAI 站点的空间分布的 MK 趋势检测的结果空间分布，可以看出新疆夏季长周期旱涝急转指数 LDFAI 各站点检测结果存在较大差异，特别是不同区域存在有不同数量的站点，显示了不同的趋势结果，这表明趋势分析的结果对消除序列相关性影响是敏感的，减少了独立观测的可能性。从图 3.18（b）可以看出新疆地区夏季长周期旱涝急转指数 LDFAI 的 MK 趋势检测结果中 Z 值在各站点有不同的变化趋势。在 3 个站点中夏季长周期旱涝急转指数 LDFAI 的 MK 趋势检测结果 Z 值小于−2.32，这些站点的夏季长周期旱涝急转指数 LDFAI 均呈现明显的下降趋势，且具有 99% 的显著性置信度。15 个站点的夏季长周期旱涝急转指数 LDFAI 的 MK 趋势检测结果中 Z 值介于−2.32~−1.64，这些站点的夏季长周期旱涝急转指数 LDFAI 也呈现明显的

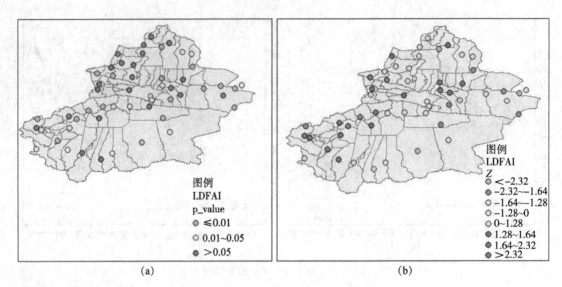

图 3.18　LDFAI 指标 MK 趋势检测

下降趋势，且具有 95% 的显著性置信度；有 7 个站点的 Z 值介于 $-1.64 \sim 1.28$，说明这 7 个站点的夏季长周期旱涝急转指数 LDFAI 呈现下降趋势，且显著性置信度达到 90%；有 10 个站点的 Z 值介于 $-1.28 \sim 0$，说明这 10 个站点的夏季长周期旱涝急转指数 LDFAI 呈现下降趋势；其余站点的 Z 值大于 0，说明这些站点的夏季长周期旱涝急转指数 LDFAI 呈现上升趋势。

3.5　新疆降水变化趋势突变点

新疆各指标突变点分布图如图 3.19 所示。

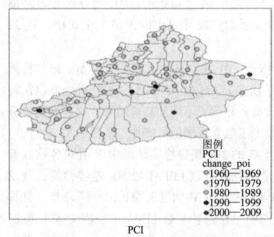

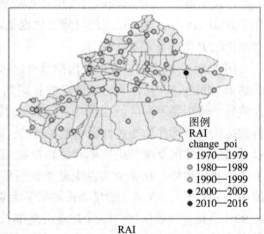

PCI

RAI

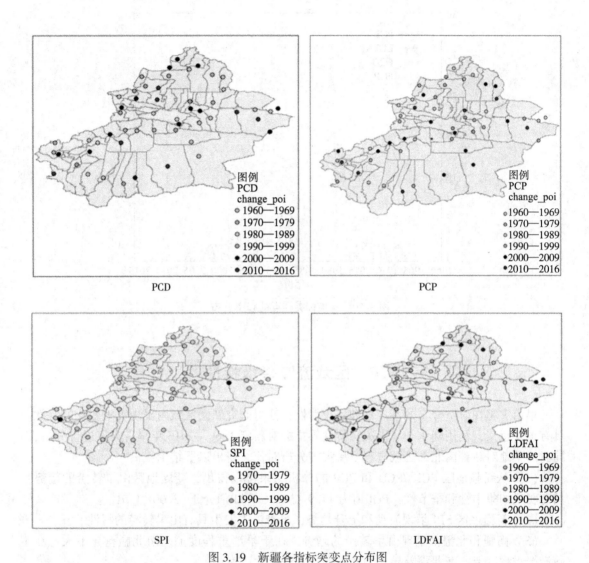

图 3.19　新疆各指标突变点分布图

　　图 3.20 显示各指标突变点的频率分布，新疆降水集中指数 PCI 在 1960—2016 年间发生突变在各站点有所不同，其中突变点发生在 1980 年左右的站点个数超过 25，说明降水集中指数 PCI 在 1980 年发生突变的频率很高；其他各指标的频率分布在 1960—2016 年间的各个时期均有不同的幅度，各指标突变点发生的时间不尽相同，分布较为均匀，这几个指标说明，不同指标之间的结果差别较多，按照转折点或者趋势分析前，一定要选择合适的指标。

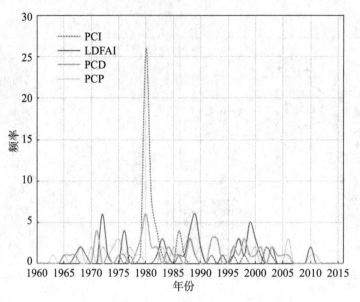

图 3. 20　各指标突变点的频率分布

3.6　区域流域降水特性

旱涝灾害在时空分布的不均性和不规律性，使得研究新疆区域内旱涝灾害变化的特性具有重要意义，利用降水与旱涝灾害特性等指标对新疆 1960—2016 年旱涝灾害进行分析，同时简单地对新疆南北部区域进行旱涝灾害分析对比，得出以下结论：

（1）从新疆地区 PCI, PCD 和 PCP 的分析结果可以得出，新疆地区由旱转涝的趋势具有明显的集中性和季节性，PCI 值为 17.9～36.0，RAI 值介于−3.00～1.51。

（2）新疆地区 SPI 呈现波动和上升趋势，旱涝灾害发生具有由旱转涝的特性。

（3）南疆和北疆都呈现由旱转涝的趋势，在干旱严重程度上，南北疆差异不大；在雨涝严重程度上，南北疆差异大，北疆的严重程度大于南疆。

（4）各年代旱涝急转强度依次为 20 世纪 80 年代>20 世纪 90 年代>21 世纪 00 年代 >20 世纪 70 年代>20 世纪 60 年代>21 世纪 10 年代。

（5）Mann-Kendall 突变检验表明，各指标站点的空间分布中不同数量的站点显示了不同的趋势结果，降水集中指数 PCI 和降水异常指数 RAI 的趋势分别是显著下降和显著上升的。

（6）通过 Pettitt 检验可知，降水集中指数 PCI 分布在 1980 年的突变点频率较高，而其他指数分布较为均匀。新疆降雨和旱涝时空演变趋势研究对以后研究有至关重要的作用，利用多指标分析趋势变化更加全面细致、更有优势。

第4章 新疆地区蒸散发时空变化与相关性分析

新疆地区是我国典型的干旱区，合理高效地利用水资源对该区域的生态环境及社会发展意义重大，因而迫切需要对其水资源收支状况以及变化趋势有科学、定量的了解，而蒸散发作为水文循环重要的一环，尤其在干旱区的水资源耗散方面起着决定性的影响。因此，对新疆地区的蒸散规律研究对于区域水资源管理具有重大意义。

目前对于新疆地区蒸散发的研究较少，尤其对于新疆地区年内蒸散发变化规律的探究还较为少见。本章基于国外 MODIS 产品提供的 MOD16 数据集，重点分析了新疆地区年内 ET 变化的季节性规律；进一步地，通过 MK 突变检测分析了新疆蒸散发序列中存在的突变情况，结合 R/S 分析法计算新疆地区多年 ET 的 Hurst 指数，对未来一段时间内的 ET 变化做出预测；最后，综合多个气象因子的数据资料进行了蒸散发影响因子的相关分析，并最终得到新疆地区 ET 变化的主要影响因子。

本章得到的主要结论有：2000 年以来的 15 年间新疆地区 ET 呈现下降趋势（平均变化率为 -0.7857mm/a），而且在 2008 年之后这种下降趋势是显著的，预估未来一段时间内新疆地区 ET 还将保持这种下降的趋势；在 2003 年期间，新疆地区 ET 发生过一次不显著的减小性突变；而平均降水、平均气压、平均气温和平均地表温度是影响新疆地区 ET 变化的最主要气象因子。

4.1 本章研究思路

本章的主要研究内容为：基于 MODIS 数据对新疆地区的蒸散发进行研究，利用 2000 年至 2014 年的年度 ET 数据（MOD16A3 数据集）进行新疆地区多年 ET 变化规律的探求，并通过 MK 突变检测得到可能存在着的突变点，通过 R/S 分析法计算 Hurst 指数从而预测未来新疆地区 ET 的变化趋势；采用 2000 年至 2014 年的月值 ET 数据（MOD16A2 数据集合成）进行年内 ET 变化趋势以及 ET 季节性变化规律的分析，再利用多年的 8 天 ET 数据（MOD16A2 数据集）先进行平均，然后分析 8 天间隔的 ET 在年内的变化规律。最后结合气象因子做新疆地区蒸散变化的成因分析。具体内容包括以下 7 个方面：

1. MODIS 数据的获取

本章的研究主要是采用 MOD16 数据集，包括 MOD16A2 和 MOD16A3 两种。其中，MOD16A2 是 8 天间隔的 ET 数据集，用来对年内的蒸散发规律的季节性变化进行探求，首先是 8 天间隔 ET 的年内变化规律，其次利用 8 天的数据集可以合成月值 ET，从而进行年内月值 ET 变化规律的探求。MODIS 数据通过美国航空航天局的网站（https：//lpdaac. usgs. gov/）下载获取，数据的精度和可靠性很高。

2. 气象数据的获取

本章所采用的气象数据资料来源于中国地面气候资料日值数据集（V3.0），该数据集是在中国气象数据网站上获取的，数据的完整性和正确率均接近 100%。

3. 数据的处理

MOD16 数据为 4 级产品，下载得到的原始数据格式为 HDF，需要利用重投影工具（MRT）进行重投影操作以及提取所需要的 ET 波段投影到 geographic 坐标系最后输出为需要的 TIFF 格式的遥感图像，然后利用 MATLAB 读取 TIFF 图像获取需要的 ET 数据。

气象数据的处理主要是从全国几百个气象站点的数据汇总中将本章研究选定的 19 个新疆地区气象站点的有关气象数据提取出来，然后进行统计平均得到新疆地区各气象要素的逐日平均值，再合成为与 8 天间隔的 ET 数据相对应的 8 天间隔的气象数据。

4. 新疆 ET 变化趋势分析

首先利用 2000 年至 2014 年共 15 年的 ET 数据进行多年 ET 变化趋势的分析；然后采用由 8 天数据合成的月值 ET 数据进行年内的 ET 季节性规律的分析；最后采用 8 天的 ET 数据进行年内 ET 变化趋势的细致分析。

5. 突变分析

采用 MK 突变检测方法对 15 年的年 ET 数据序列进行突变分析，得到 15 年中可能存在着的突变点；然后再对 15 年的月 ET 数据序列也进行 MK 突变检测，看是否月 ET 序列中也存在着突变点。

6. R/S 分析

对 2000 年至 2014 年 15 年间的年 ET 数据序列进行 R/S 分析，并计算其 Hurst 指数，可以得到研究期的 15 年内的年 ET 值的变化趋势，同时根据 Hurst 指数的大小可以判断未来一段时间内年 ET 值的变化趋势，从而在一定程度上可以预测未来一段时间内年 ET 值的变化。

7. 新疆蒸散发成因分析

通过对新疆地区 2000 年的 8 天间隔 ET 数据序列以及 2000 年新疆地区 19 个气象站点的气象因子（平均气温、平均地温、平均气压、平均相对湿度、平均日照时数、平均风速、平均降水）的相关性分析，探求各气象因子与新疆蒸散发的相关关系，找出影响新疆地区蒸散发的主要气象因子。

4.2 蒸散发研究理论和模型

对蒸散发估算的研究经历了很长一段时间的发展，形成了多种计算公式，其中 Penman-Monteith 公式应用最为广泛，目前已成为官方所推荐使用的公式。本章采用的 MODIS 产品的理论基础就是基于 Penman-Monteith 公式；蒸散发是一个涉及多因素的复杂的过程，对于蒸散发机理的研究形成了许多的模型，这些模型的适用条件各异，具有不同的特点，存在各自的不足，比较这些主要的蒸散发模型将有助于对蒸散发更加深刻的了解，对于整个研究都具有相当重要的意义。对于蒸散发的研究尽管已有很大的进展，取得了诸多的成果，但不容忽视的是目前蒸散发研究中还是存在着许多的问题，正视这些问题有助于我们发现研究中的不足，从而做出改进。

4.2.1 Penman-Monteith 公式

参考作物蒸散量是经潜在蒸散概念演变而来的。最初彭曼的计算思路大致为：首先计算水面蒸发，然后再乘以经验系数就得到了潜在蒸散量；之后的蒙特斯综合了之前彭曼等人员的研究成果，并考虑了能量平衡以及水汽扩散的影响，以这两个理论作为新的计算模式的基础，提出了 Penman-Monteith 公式，使得关于蒸散发的计算得到了极大的发展。随后，学者詹森通过他对于当时的多种蒸散计算方法的系统性的研究比照，结果发现用 Penman-Monteith 公式计算得出的结果总体上要明显优于其他的 20 多种计算方法的计算结果，詹森的研究无疑证明了 Penman-Monteith 公式是当时蒸散量计算效果最优的一种方法，此后该方法便得到了众多学者的接受和采纳，获得了更为广泛的运用，在之后的 1990 年召开的一次国际性质的高级别会议中，联合国粮农组织更是正式将这种方法推荐为标准的蒸散计算公式，从此 Penman-Monteith 公式便成了官方所认可和推崇的一种计算方法，该公式也被写为 FAO-PM 公式。

以下为 Penman-Monteith 公式：

$$\mathrm{ET}_0 = \frac{0.408\Delta R_n + \lambda \dfrac{900}{T+273}U_2(e_a - e_d)}{\Delta + \gamma(1 + 0.34U_2)} \tag{4-1}$$

为计算方便，一般将上式拆分为以下两项，即

$$\mathrm{ET}_0 = \frac{0.408\Delta R_n}{\Delta + \gamma(1 + 0.34U_2)} \tag{4-2}$$

$$\mathrm{ET}_{0\mathrm{aero}} = \frac{\gamma \dfrac{900}{T+273}U_2(e_a - e_d)}{\Delta + \gamma(1 + 0.34U_2)} \tag{4-3}$$

其中 ET_0 称为辐射项，$\mathrm{ET}_{0\mathrm{aero}}$ 称为空气动力学项，上式中的 R_n 可以通过下式计算：

$$R_n = 0.77R_s - 2.45 \times 10^{-9}\left(0.1 + \frac{0.9n}{N}\right)(0.34 - 0.14\sqrt{e_d})(T_{kx}^4 + T_{kn}^4) \tag{4-4}$$

$$R_s = \left(a + b \cdot \frac{n}{N}\right)R_a \tag{4-5}$$

U_2 表示 2m 处的风速，然而很多情况下的风速观测高度并不总是 2m，这种情况下，可以利用下式换算为 2m 处风速

$$U_2 = \frac{4.87 U_z}{\ln(67.8 Z_m - 5.12)} \tag{4-6}$$

式中，U_z 为实测风速，U_2 为 2m 高度处的风速，Z_m 为测风高度（m），由此式计算得到 2m 高度处风速。

利用 FAO-PM 计算 ET 还需要几个特征参数，其具体的计算步骤如下：

（1）水汽压斜率 Δ 的计算：

$$\Delta = \frac{2504 \cdot e^{\frac{17.27T}{T+237.3}}}{(T+237.3)^2} \tag{4-7}$$

式中，T 为日平均气温。

（2）干湿表常数 γ 的计算：

$$\gamma = 0.00163 \frac{P}{\lambda} \tag{4-8}$$

其中，常数项 0.00163 为换算系数 $(MJkg^{-1}℃^{-1})$；λ 为蒸发潜热系数（$MJkg^{-1}$），在计算中一般取 $\lambda = 2.45$；γ 为干湿表常数 $(kPa℃^{-1})$；P 为大气压（kPa）。

（3）大气压力的计算：

$$P = 101.3 \left(\frac{293 - 0.0065Z}{293}\right)^{5.26} \tag{4-9}$$

式中，常数项 101.3、293 和 0.0065 分别为海平面大气压 (kPa)、参照温度（K）以及空气湿润递减常数 (km^{-1})。

（4）水汽压差 VPD 的计算：

$$VPD = e_a - e_d = \frac{0.611\left(e^{\frac{17.27T_{max}}{T+237.3}} + e^{\frac{17.27T_{min}}{T+237.3}}\right)}{2} - e_d \tag{4-10}$$

式中，e_a 为饱和水汽压，e_d 为实际水汽压。e_d 有时用最低气温近似计算：

$$e_d = 0.611\exp\left[\frac{17.27T_{min}}{T_{min}+237.3}\right] \tag{4-11}$$

4.2.2　典型的区域遥感蒸散发模型

从理论基础方面讲，单层模型、双层模型以及彭曼模型三者的理论基础都是基于空气动力学和能量平衡，并从动力学和能量的角度去列方程，求解蒸散发量；而经验计算模型与以上三个模型不同，它是按照蒸发与地表温度的计算关系来计算蒸散发的。

1. 单层计算模型

单层计算模型的主要特点是不计算土壤层和植被层之间存在着的广泛又微弱的能量交换，同时忽略土壤和植被的一些区别，简单说就是把下垫面按单层处理，也就是将整个下垫面不论植被还是土壤都视为相同的状况条件，显然这种方法最显著的优点就是简洁高

效，而这却是建立在忽略了大量的下垫面差别的基础上的，因此只能适应于下垫面均匀的情况，当下垫面情况较为复杂时，显然这时候误差已经足够大，已经不能再适用于单层模型了。

2. 双层计算模型

双层计算模型的出现正是解决了单层模型过于简单和单一的缺陷，将地表分为土壤和植被两种类型，因此可以适应于复杂的下垫面情况，但也正因如此，该方法在计算蒸散发的时候需要很多的参数，这就给计算带来了麻烦。

3. 彭曼计算模型

彭曼计算模型理论基础扎实、物理意义也足够明确，但主要难点在于表面阻抗的确定，同时在实际的应用中因为复杂的下垫面情况常常对空气动力阻抗产生较大的影响，因而在计算中存在着很大的困难，计算结果不免产生较大的误差，很多时候往往得不到理想的结果。

4. 经验计算模型

最后一种经验计算模型，因为过度依赖过去的经验，计算结果依赖于地面观测站点的观测资料，导致在区域内的扩展很困难，尤其是当区域内的两地有着明显的地域差异性时，那么就很难进行经验移植，而当研究区域不断变大时，这种地域差别性不免会出现，因此经验模型是不适合大范围的蒸散发计算的。

4.2.3　目前蒸散研究中存在的主要问题

目前基于遥感方法对蒸散的研究，大多数仍是只能使用一些间接的方法对地表蒸散进行估算，总的来说现阶段的研究大多数还是处于半定量阶段甚至可能只是定性阶段，可以说离定量还有很长的一段路要走。实际上，人们获取到的遥感数据是瞬时的值，那么由遥感数据计算得到的相应的蒸散量也应当是瞬时值，然而在蒸散的计算中可能包含有较多的参数，这些参数的值在目前的技术水平下是很难同时在一个瞬间获取完全的，那么这就将引发一个各参数时间上不对应的问题，有可能会给计算带来较大的误差，因此研究人员还不得不同时借鉴地面观测站的数据，另外一个思路就是尽可能地减少模型计算的参数个数，这就限制了理论较为完备但计算较为复杂的蒸散算法的发展，而事实上这些复杂的算法一旦能够解决其内在的问题，那么计算的精度将会很高，这对于蒸散发的估算是极其重要的。目前的蒸散研究中另一项极其重要的工作便是对蒸散的反演，而因为卫星数据通常在一个很大的区域内，因此利用卫星波段数据对蒸散进行反演的工作大多适用于大尺度广泛区域，当需要进行小尺度局部范围内的蒸散反演时，其精度就很难达到要求了，目前较好的对小区域的蒸散的反演一般是通过经验公式法，往后的研究工作需要研究人员努力解决这个问题。最后值得注意的就是时间尺度的问题，也即上面提到的遥感数据只能是瞬时值，而蒸散发我们希望是一个合适的时间尺度下的值，比如我们需要了解日蒸散发量、旬蒸散发量以及月蒸散发量，那么就应该考虑由卫星获取的瞬时值如何转换为要求的时间尺度下持续的值，既要保证结果的合理性和精确性，计算过程又不能过于复杂，这也是一个值得深入研究的方面。

4.2.4　本节小结

本章主要是对目前估算蒸散发的理论基础与四种计算模型以及在目前的研究中存在的主要问题进行了介绍。首先是运用 Penman-Monteith 公式对蒸散发进行估算的具体计算步骤，计算过程主要是利用气象数据资料对所涉及的多个特征参数进行计算。再对于目前应用到的四种典型的蒸散发模型进行对比，得出各自的特点、不足和适用范围。最后对当前蒸散研究中主要存在的一些问题进行了详细的探讨，大区域蒸散发的研究由于其基于遥感数据的特性诸多的不足以及日后需要加以改进的地方，首先是各个参数在获取时间上的不对应性，以及时段的扩展的问题都需要加以解决；另外由于系统涉及的参数众多导致计算的难度和误差将会增大，这是日后在该方面的研究工作中需要加以改进的地方。

4.3　数据获取与预处理

4.3.1　MODIS 数据

本章基于 MODIS 数据研究新疆地区蒸散发的时空变化以及与气象因子的相关性，MOD16 数据集是陆地四级标准数据产品，内容为蒸腾作用，空间分辨率为 1km 的旬、月合成产品，由于其下载免费、数据精度较高的优点，而备受研究人员的青睐。

MODIS 数据的空间分辨率有三种尺度，分别是 250m、500m 和 1000m；卫星每隔 1 到 2 天对地球表面进行一次观测，获取地球表面的遥感信息。因为 MODIS 数据在全球范围内都是能免费下载使用的，同时通过 X 波段这一最简单的方式接收和发送数据，数据的质量和准确度很高，因此本章选取 MODIS 数据作为遥感数据源。MODIS 产品中内容为蒸腾作用的数据集是 MOD16，该数据集包含两种时间尺度的产品，分别为年度 ET 产品 MOD16A3 和 8 天间隔 ET 产品 MOD16A2；MOD16 数据为陆地 4 级标准数据产品，本章研究所用到的所有 ET 数据均是通过地球数据网的数据池（https：//e4ftl01. cr. usgs. gov/ MOLT/）下载得到的。根据 MODIS 的标准 MOD16 数据集将全球划分为若干瓷砖，所以想要获取某一个区域内的 ET 资料必须要知道其所在的瓷砖编号，通过查阅 MODIS 数据中国区域编码图，选取 h24v04 区块代表新疆区域，然后根据格式下载新疆地区的蒸散数据。

MOD16A2 是以 8 天为一个间隔，每年有 46 个数据，MOD16A3 以 1 年为一个间隔，每年 1 个数据，根据研究需要总共下载了 2001 年至 2014 年共 15 年的年度和 8 天间隔的数据。通过数据池下载的数据格式为 HDF 格式，需要利用 MODIS 重复投影工具（MRT）将原始数据进行处理，原始数据文件中包含 5 个波段（分别为 LE、ET、PET、PLE、ET-QC）的图像，本章所需要的为 ET 数据，故只需要提取 ET 波段然后进行重投影输出 tiff 格式，经过处理后就输出了 ET 的 tiff 图像。

MODIS 重复投影工具（MRT）操作界面以及处理后输出的 tiff 图像如图 4.1、图 4.2 所示：

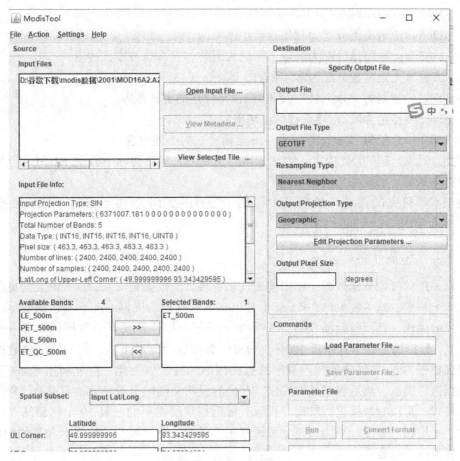

图 4.1　MRT 操作界面

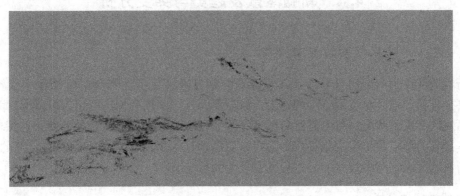

图 4.2　处理后的 tiff 图像

　　用 MATLAB 读取得到的 ET 数据的 tiff 文件，得到一个 1698×5189 的数据矩阵，实际上得到的 ET 数据还含有大量的无效值，主要有以下 7 类没有计算 ET 数据而是采用了填充值：

- 32767 = _Fillvalue
- 32766 = 土地覆盖分配为常年盐或水体
- 32765 = 土地覆盖分配为贫瘠、稀疏的蔬菜（岩石，苔原，沙漠）
- 32764 = 土地覆盖分配为常年积雪、冰
- 32763 = 被划为"永久性"湿地/淹没沼泽地的土地覆盖
- 32762 = 指定为城市/建筑物的土地覆盖
- 32761 = 分配为"未分类"或（不能确定）的土地覆盖

因此，对 ET 矩阵的处理第一步便是剔除无效值，然后再将有效的 ET 值进行平均处理，最终得到需要的新疆地区的 ET 值。

由于本章研究的需要，最后处理得到了 2000—2014 年内年 ET、月 ET 数据以及 2001—2005 年内的 8 天间隔 ET 数据。

4.3.2　气象数据

本章采用的气象数据来源于中国地面气候资料日值数据集（V3.0）。该数据集包含了中国 824 个基准、基本气象站 1951 年 1 月以来本站气压、气温、降水量、蒸发量、相对湿度、风向风速、日照时数和 0cm 地温要素的日值数据，各要素项数据的实有率普遍在99% 以上，数据的正确率均接近 100%。为方便数据的存储和下载，在中国气象数据网上下载得到数据为 txt 文件格式，不利于数据的读取和处理。为此，首先利用 Excel 软件对原始数据进行读取，然后根据数据集格式和内容说明文档标明各气象站点以及气象要素的位置和格式，再次对数据进行整理、提取，最后得到所需要的新疆 19 个气象站点包括平均气温、平均相对湿度、平均风速、平均气压、平均日照时数、平均降水和平均地温共 7个气象要素的气象数据。

4.4　新疆蒸散发趋势与突变分析

4.4.1　新疆蒸散量的趋势分析

新疆地区作为典型的干旱区，其蒸散发的状况很大程度上将会影响当地的水资源状况。要推进新疆地区水资源管理的建设，就需要深入了解新疆地区的蒸散发状况。为了了解新疆地区蒸散发状况，首先需对新疆地区蒸散发的趋势进行分析，随后细致地探求新疆地区蒸散发的年际和年内变化规律，这对于新疆地区水资源状况的了解具有重要的价值，对于新疆地区水资源高效管理的进程具有重大的意义。

1. 线性倾向分析

本章基于 MOD16 数据集，采用多年的年 ET 数据做趋势分析，得到年 ET 值的平均变化趋势，因为数据点较少，而且也不存在复杂的变化规律，故采用线性回归的分析方法。

一元线性回归分析方法是一种比较简单的线性分析方法，它的原理是利用一条合理的直线来描述数据序列与时间序列存在着的相关关系，假设有变量序列记为 X_i，其对应的

时间序列用 t_i 来表示，一般可以通过下式来描述它们之间的线性回归关系：

$$\hat{X}_i = a + bt_i \quad (i = 1,\ 2,\ \cdots,\ n) \tag{4-12}$$

其中，a 表示回归常数，b 的含义则是回归系数，回归方程的确定实际上就是对两个参数的确定，通常情况是采用最小二乘法进行估计，计算公式如下：

$$\begin{cases} b = \dfrac{\sum\limits_{i=1}^{n} X_i t_i - \dfrac{1}{n}\left(\sum\limits_{i=1}^{n} X_i\right)\left(\sum\limits_{i=1}^{n} t_i\right)}{\sum\limits_{i=1}^{n} t_i^2 - \dfrac{1}{n}\left(\sum\limits_{i=1}^{n} t_i\right)^2} \\ a = \overline{X} - b_i \end{cases} \tag{4-13}$$

其中 $\overline{X}$ 和 $\bar{t}$ 分别表示变量序列和实际序列的均值：

$$\overline{X} = \frac{1}{n}\sum_{i=1}^{n} X_i, \quad \bar{t} = \frac{1}{n}\sum_{i=1}^{n} t_i \tag{4-14}$$

相关系数 r 的计算公式如下：

$$r = \sqrt{\frac{\sum\limits_{i=1}^{n} t_i - \dfrac{1}{n}\left(\sum\limits_{i=1}^{n} t_i\right)^2}{\sum\limits_{i=1}^{n} X_i^2 - \dfrac{1}{n}\left(\sum\limits_{i=1}^{n} X_i\right)^2}} \tag{4-15}$$

其中，气候变量 X 的趋势倾向通过回归系数 b 的符号来确定，例如当 $b > 0$ 时，即 b 为正值时，表明该变量序列随时间序列 t 的增加而增加，即变量呈现上升的趋势；另外 b 值的绝对值大小还表示上升或下降的倾向程度，即反映了上升或下降的速率，b 值的绝对值越大表示上升或是下降的速率越大。而相关系数 r 的绝对值大小则是它们相关密切程度的反映，$|r|$ 越大表示相关就越密切。在确定数据序列 X 与时间序列 t 之间确实具有相关关系后，最后一步就是要判断数据序列 X 随时间序列 t 变化趋势的显著水平是否达到要求，即进行显著性检验，只有当 $|r| > r_a$，即相关系数的绝对值必须大于临界值才表明变化趋势显著。

2. 多年年 ET 值变化趋势

2000 年至 2014 年共计 15 年的年 ET 数据表格见表 4.1。

表 4.1 年 ET 数据表

年份	2000 年	2001 年	2002 年	2003 年	2004 年
蒸散值（mm）	255.01	261.12	249.43	286.92	264.29
年份	2005 年	2006 年	2007 年	2008 年	2009 年
蒸散值（mm）	253.14	265.90	243.66	243.40	236.13
年份	2010 年	2011 年	2012 年	2013 年	2014 年
蒸散值（mm）	260.67	251.17	249.91	263.68	251.10

从表格中可以看出，2000 年至 2014 年的 15 年间新疆地区年蒸散量的最大值为 286.92mm（2003 年），最小值为 236.13mm（2009 年）。

针对年数据的变化特征，采用一元线性分析方法对 15 年的年数据进行趋势分析，拟合曲线如图 4.3 所示。

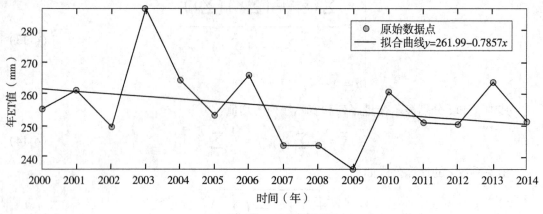

图 4.3　年 ET 值趋势图

通过计算，其拟合曲线方程为 $y = 261.99 - 0.7857x$，平均变化率为 -0.7857，表明新疆地区年 ET 值呈现下降的趋势，但是下降的速率较小，仅以每年 0.7857mm/a 的速率下降。同时，可以看到在 2003 年是 15 年间的峰值点，取值为 286.92mm，而 2009 年是 15 年间最低的点，取值为 236.13mm，新疆地区的年 ET 平均水平为 261.99mm。

3. 年内月 ET 值变化趋势

因为尽管多年 ET 值存在着一定下降趋势的变化，但对于年内而言，其季节性的变化规律占有主要的地位而且多年尺度上也是相似的，因此采用 2000 年至 2014 年总计 15 年 180 个月的月值 ET 数据来分析年内 ET 值的季节性变化特征，如图 4.4 所示。

从图中可以明显看出，蒸散发的季节性变化确实具有一定的规律，15 年中每年的月 ET 变化规律都是相似的，可以看出其季节性变化的规律在年内是较为稳定的，从多年的情况来看每年的 3 月和 7 月是蒸散发的峰值点，同时也是趋势变化的转折点。将一年分为四季，春夏秋冬每一季度依次有三个月，15 年间每年的春季自 1 月开始呈现上升趋势，3 月达到第一个峰值点，夏季 4、5 月再次下降，6、7 月继续升高并达到一年中的峰值，然后 8、9 月继续以较大的幅度下降回到一个较低的水平，最后是冬季的 3 个月的蒸散值在一个较低的水平波动没有明显的上升或下降趋势，即冬季的蒸散发变化规律不明显。

将 2000 年至 2014 年 15 年的月 ET 数据按照月进行平均，得到多年的月平均 ET 数据，分析多年月平均 ET 数据的变化规律，如表 4.2、图 4.5 所示。

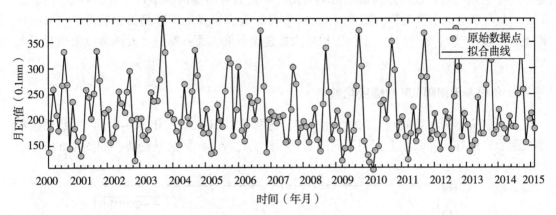

图 4.4 年内月 ET 值变化趋势

表 4.2 月平均 ET 值表

月	1 月	2 月	3 月	4 月	5 月	6 月
月平均 ET 值（mm）	15.06	17.27	23.4	19.81	18.46	25.44
月	7 月	8 月	9 月	10 月	11 月	12 月
月平均 ET 值（mm）	34.53	28.02	16.27	19.51	20.69	16.98

综合 15 年的平均情况来看，一年内月 ET 值的第一个峰值点也是上半年的峰值点为 3 月，其大小为 23.40mm，然后全年的峰值点是 7 月，其大小为 34.53mm，而一年中 ET 值最小的月为 1 月、9 月和 12 月。

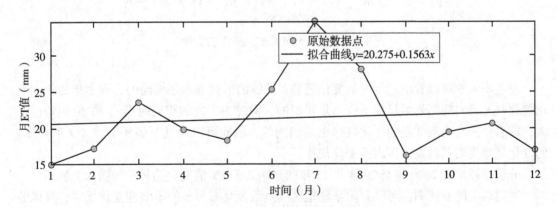

图 4.5 15 年月平均 ET 值变化趋势

根据月平均 ET 值的变化趋势图得到以下结论：首先月平均 ET 值在一年中整体呈现增加（平均变化率 0.1563）的趋势；其次新疆地区年内月蒸散量有两个峰值，第一个峰值出现在 3 月（23.40mm），是上半年中的最大值，第二个峰值出现在 7 月（34.53mm），是一年中的最大值；最后是新疆地区蒸散发在年内具有明显的季节性变化，春季（1、2、3 月）呈现明显的上升趋势，夏季（4、5、6 月）先有明显的下降趋势然后再以较大的增幅上升，秋季（7、8、9 月）整体上以较大的速度下降，而冬季三个月的蒸散值变化不明显。

4. 年内 8 天间隔 ET 数据变化趋势

为了研究年内 8 天间隔 ET 的变化规律，选取了 2001—2005 年 5 年内的 ET 数据按年份分组，点绘在同一张图上，用不同的颜色标注，比较其年际之间趋势，如图 4.6 所示。

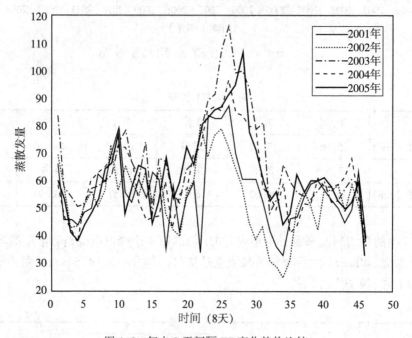

图 4.6　年内 8 天间隔 ET 变化趋势比较

通过图 4.6 可以看出，年内的变化趋势和曲线的形状基本是相同的，即多年的年内变化规律在 8 天时间间隔的尺度下仍然是相似的，同时一年内的相同时期的 ET 值相差也不大，即多年来年内蒸散发的变化规律也是相同的，因此可以通过对多年平均 8 天间隔 ET 的变化规律说明蒸散发在年内的变化规律。

分析新疆地区 2000 年至 2014 年 15 年的平均 8 天 ET 值变化趋势，如图 4.7 所示。

通过以上的曲线图，可以看出新疆地区的蒸散发具有明显的季节性变化规律，具体的趋势表现为：1 月内，ET 值呈现明显的下降趋势；2 月到 3 月中旬，ET 值呈现明显的上升趋势；3 月中旬到 5 月，ET 值呈现下降趋势；5 月初到 7 月底，ET 值呈现明显的上升趋势；7 月底到 9 月上旬，ET 值呈现明显的下降趋势，而且下降幅度是一年中最大的；10 月到 12 月的时间区间内，ET 值比较稳定，始终在一定的范围内波动，没有明显的上升或者下降趋势。

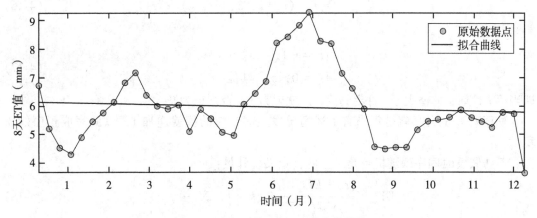

图 4.7 多年平均 8 天 ET 值变化趋势

5. 趋势分析小结

对新疆地区蒸散量的趋势分析得到以下主要结论：年内 ET 值的变化呈现双峰特性，即整体上呈现上升下降（第一个峰）、平稳波动、再上升下降（第二个峰）、继续平稳波动的趋势；年内 ET 值的变化趋势可以大致划分为 6 个变化区间；ET 值具有明显的季节性变化，春季呈现明显的上升趋势；夏季先有明显的下降趋势然后再以较大的增幅上升；秋季整体上以较大的速度下降；而冬季三个月的蒸散值变化不明显；ET 值在一年中的 7 月左右达到一年中的最大值，而在 3 月左右达到上半年中的最大值，1 月、9 月、12 月是一年中 ET 值最小的月份；ET 值的年内变化特征在多年内保持着良好的相似性，同时不同年份的年内同一时期的 ET 值相差不是很大；蒸散发整体上呈现逐年下降的趋势。

4.4.2 新疆蒸散量的突变分析

1. Mann-Kendall 方法

对于蒸散发这种不满足正态分布同时又可能存在异常值的数据序列，特别适合采用 Mann-Kendall 方法对其进行突变分析，得到研究时间段内存在着的突变情况。

Mann-Kendall 方法是一种无分布检验的分析方法，其特点是样本无须遵从某一分布，因此该方法适用于水文、气象等不满足正态分布特点的数据；另外该方法不受少数异常值的干扰也是另一个显著的特点。由于上述两个显著的特点，当研究人员需要对诸如降水、径流之类的不满足某一分布同时有时又常常含有特大值的水文要素的变化趋势进行研究分析时，Mann-Kendall 检验法无疑是一种优秀的方法获得了广大研究人员的广泛应用，在经过无数相关研究人员和机构的应用和检验后，该方法发展至今已经成为世界气象组织推荐并广泛应用的方法[36]，以下介绍该方法的计算过程：

假设有一时间序列 X，记它的样本量为 n，首先需要构造一秩序列：

$$s_k = \sum_{i=1}^{k} r_i \quad (k = 2, \ 3, \ \cdots, \ n)\qquad(4\text{-}16)$$

其中，

$$\begin{cases} r_i = +1, & x_i > x_j \\ r_i = 0, & \text{其他} \end{cases}\qquad(4\text{-}17)$$

即当第 i 时刻 x 的值大于 j 时刻的值，r_i 就记为 1，否则记为 0；

秩序列 s_k 的含义就是每当有上述情况发生时，它的值就递加 1，以此完成正序的累积。

不妨假设时间序列随机且是独立的，定义统计量：

$$\mathrm{UF}_k = \frac{[s_k - E(s_k)]}{\sqrt{\mathrm{Var}(s_k)}} \quad (k = 1, \ 2, \ \cdots, \ n)\qquad(4\text{-}18)$$

特别定义 $\mathrm{UF}_1 = 0$，$E(s_k)$ 是累积数 s_k 的均值，由下式计算：

$$E(s_k) = \frac{n(n+1)}{4}\qquad(4\text{-}19)$$

$\mathrm{Var}(s_k)$ 是累积数 s_k 的方差，定义如下：

$$\mathrm{Var}(s_k) = \frac{n(n-1)(2n+5)}{72}\qquad(4\text{-}20)$$

按以上各式最终计算出 UF_k，查表得 u_a，若有 $|\mathrm{UF}_k| > u_a$，则可以表明序列存在明显的趋势变化，否则表明变化趋势不明显。

因为该方法为双边检测，因此按逆序 $X_n, \cdots, X_1$ 再重复以上过程，同时使
$$\mathrm{UB}_k = \mathrm{UF}_k, \ k = n, \ n-1, \ \cdots, \ 1, \ \mathrm{UB}_1 = 0$$
便完成了逆序的计算。

最后按照计算结果对变量的趋势进行分析，具体的做法为在同一张图纸上绘制出 UF_k 和 UB_k 的曲线图以及几条相应的临界直线，然后通过 UF_k 或 UB_k 的符号可以判断其变量的变化趋势，临界直线则是标示所要求的标准下的显著水平，当 UF_k 和 UB_k 曲线越过相应的临界直线时，说明该变化趋势是满足该条件下的显著水平的，同时该区域为突变区域，而 UF_k 和 UB_k 的交点就是突变点。

2. 年 ET 数据突变检测

对 2000—2014 年的年 ET 数据进行 MK 检测（即 Mann-Kendall 检测），结果如图 4.8 所示。

根据 MK 检测图可知，UF 的值一直处于小于 0 的状态，说明新疆年 ET 值的多年变化呈现下降趋势，而且在 2008 年以后的 UF 值一直低于 0.05 显著水平对应的临界值线，说明在 2008 年之后的新疆年 ET 值的下降趋势通过了 0.05 置信水平的显著性检测，即 2008 年之后的变化趋势是显著的，而 UF 和 UB 曲线在 2003 年有过一个交点，说明新疆年 ET 值在 2003 年发生过一次减小性突变，但交点的位置在临界曲线内，表明在 2003 年的减小性突变并没有通过 0.05 置信水平的显著性检验，即新疆地区年 ET 值在 2003 年发生的减小性突变是不显著的。综合以上分析，得到以下结论：新疆地区年 ET 值在 2000 年至

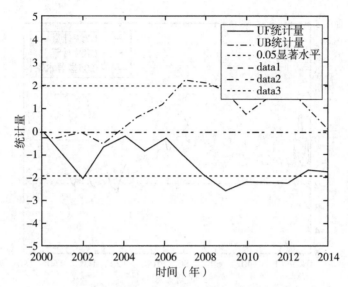

图 4.8 新疆地区年 ET 数据 MK 检测结果

2014 年的时间段内呈现下降的趋势，2000 年至 2007 年之间下降的趋势是不显著的，在 2008 年后的时间里，这种趋势是显著的；新疆地区年 ET 值于 2003 年发生一次不显著的减小性突变。

3. 月 ET 数据突变检测

对 2000—2014 年 15 年的月 ET 值进行 MK 检测，结果如图 4.9 所示。

由于具有 180 个数据点，同时月 ET 值在多年之间是存在一定的周期性变化的，这主要是由于第 3 章中分析到的年内 ET 值的变化趋势是相似的，因此可以得出 UF 和 UB 曲线具有很大的波动性，但是还是可以明显地看出自 2007 年（图中的第 84 个月后），UF 和 UB 曲线没有相交的点新疆地区的月 ET 值不存在突变点，而 UF 和 UB 两条曲线在 2003 年（图中第 36 个月）至 2004 年（图中第 48 个月）间存在着交点，说明新疆地区月 ET 值在这段时间内存在着减小性突变，这与年 ET 值突变检测的结果是较为吻合的，也从侧面佐证了上述对于新疆地区年 ET 值突变检测结果的正确性，由此得到以下结论：新疆地区月 ET 值在 2007 年以后没有突变点，并且整体呈现下降的趋势；新疆地区月 ET 值的突变点发生在 2003 年到 2004 年之间。

4. 突变分析小结

新疆地区年蒸散发在 2000 年至 2014 年的 15 年间呈现逐年下降的趋势，这种下降趋势在 2008 年之后变得显著，新疆地区年 ET 值在 2003 年发生一次不显著的减小性突变；新疆地区月 ET 值在 2007 年以后没有突变点，并且整体上开始呈现下降的趋势，在这之前的 2003 年至 2004 年间发生过不显著的减小性突变。

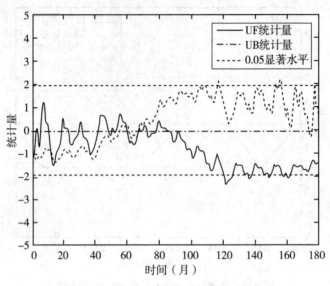

图 4.9　15 年月 ET 值 MK 检测结果图

4.4.3　新疆蒸散量预测

1. R/S 方法

对新疆地区多年的年 ET 数据序列作 R/S 分析可以帮助我们在一定程度上预测未来一段时间内新疆地区 ET 值的变化趋势，从而为新疆地区水文预报以及水资源的管理提供一定的指导。

R/S 方法（也称为重标极差法）是基于分形理论的一种分形方法[37]，主要用来估算 Hurst 指数。Hurst 指数是分形分析中的一个概念，最初由英国水文学家赫斯特提出，现在被广泛应用于有关的混沌分形分析的研究工作中。通常来说，假设一个系统不需要概率统计学中广泛应用的独立随机事件这一基本假设，它反映的是一系列的相互联系事件的结果，就像我们所理解的那样，今天发生的某一些事情将会影响到未来的某一些事情，而过去发生过的某一些事件也势必影响现在发生的事情，那么通过研究这种规律就能够在一定基础上基于过去和现在的一些数据资料，一定程度上对未来的该事件的发展做一些变化上的预测。R/S 分析法正是基于这样的一个思路，通过将时间跨度记为 T 的数据序列进行细分为 $n \cdot k$ 个区间，n 是可变长度，定义累积极差 $R(n)$ 和标准差 $S(n)$，并用以下式子计算：

$$R(n) = \max_{1 \leqslant k \leqslant n} \sum_{j=1}^{k} (X_j - \overline{X}) - \min_{1 \leqslant k \leqslant n} \sum_{j=1}^{n} (X_j - \overline{X}) \tag{4-21}$$

$$S(n) = \left[\frac{1}{n} \sum_{j=1}^{n} (X_i - \overline{X})^2 \right]^{\frac{1}{2}} \tag{4-22}$$

通过 n 值的不断逐步变化，可以计算出相应各子样本的重标极差 $Q_n = R(n)/S(n)$。

研究表明，若 X_t 是具有自相似特性的变量，那么当 n 无限增大时，Q_n 会无限地趋近于 $c \cdot n^H$ 的形式，其中 c 为常数，H 是可以表明变量是否具有长期记忆性以及记忆性程度的 Hurst 指数。已经证明，H 的取值在 0 和 1 之间，并且具有三种情况：当 $H = 0.5$ 时，说明序列是随机的，不同时段的变量是相互独立的；当 $0.5 < H < 1$ 时，说明该变量序列确实存在着一定的自相似性，或者说该序列存在着长期的记忆性，即可以得出结论，在将来该变量的变化趋势同过去的变化趋势是一致的，过去是递减未来也将是递减，过去是递增那么未来也将呈现递增规律；当 $0 < H < 0.5$ 时，与第二种情况的结论正好相反，即若过去的趋势是递减的那么未来的趋势就将是递增的，反之亦是。

2. 新疆年蒸散量变化趋势预测

对 2000 年至 2014 年 15 年的年 ET 数据做 R/S 分析，得到以下结果：

如图 4.10 所示，新疆地区年 ET 值的 R/S 分析趋势曲线是一条下降的曲线，表明新疆地区年 ET 值在 2000 年至 2014 年的 15 年内呈现一种下降的趋势，这与前述的线性趋势分析的结果是吻合的，然后通过计算得到 Hurst 指数为 0.5660，Hurst 指数大于 0.5 表明新疆地区年 ET 值序列确实存在着自相似的特性，即未来 ET 值的变化趋势和过去的变化趋势是相似的，新疆地区年 ET 值在未来也保持着下降的趋势。

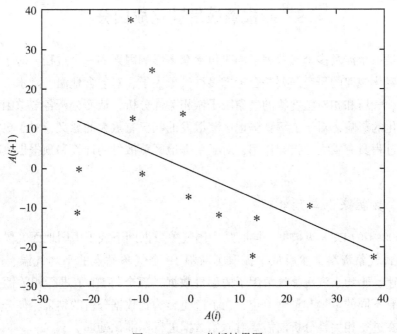

图 4.10 R/S 分析结果图

4.4.4　小议蒸散发趋势与突变

本章主要对新疆地区 ET 值变化规律进行了探讨，主要取得了如下结论：

首先，通过线性趋势分析、MK 检测以及 R/S 分析的结果表明，新疆地区的年 ET 值呈现逐年下降的趋势，因此这一结论的可信度是很高的。通过采用 2000—2014 年内月 ET 数据分析了年内 ET 变化的季节性特征以及其年内的变化规律，结果表明月 ET 值在相应年内的变化规律在多年情况下是相似的，即可以得出结论，新疆地区月 ET 值在年内的变化具有明显的季节性变化规律，并且可以明确地得到每年的 7 月都是新疆蒸散发最大的月。然后通过 15 年月平均 ET 值和 15 年 8 天 ET 值分析新疆地区 ET 值年内不同时间尺度的季节性变化规律。

对于新疆地区 ET 值的突变检测，采用 2000 年至 2014 年 15 年的数据进行 MK 检测，发现新疆地区的年 ET 值呈现显著下降的趋势，证实了前述趋势预测结果的正确性，同时还发现在 2003 年新疆地区的年 ET 值还发生了一次减小性的突变，然后在此基础上对 15 年总 180 个月的月 ET 值做了突变检测，得出结论，在 2003 年至 2004 年间是发生突变的时间点，在 2007 年之后就没有突变点了，而且整体上呈现下降的趋势。在此基础上，对 15 年的年 ET 值做了 R/S 分析，计算出来的 Hurst 指数为 0.5660，表明在未来一段时间内新疆的年蒸散发还将保持着下降的趋势。

4.5　新疆蒸散发变化成因分析

蒸散发是一个涉及多个气象因素同时包含众多影响因素的一个过程，对于蒸散发机理以及蒸散发变化规律的研究需要综合考虑多种气象因子，对包含地温、降水、气温、日照时数、风速、气压和相对湿度等的气象因子做相关性分析，从而分析各气象因子对新疆地区蒸散发变化的影响，对于了解新疆地区蒸散发的状况有重大的意义，对于更加深入地了解蒸散发的过程具有重大的指导作用，对于新疆地区蒸散发的计算和预报也具有重要的意义。

4.5.1　数据来源与预处理

采用 2000 年的 ET 8 天数据，同时从中国气象数据网下载了中国地面气候资料数据集 2000 年的逐日气象资料，然后从中提取了新疆 19 个气象站点的平均气温、平均相对湿度、平均风速、平均水汽压等气象因子的逐日数据，逐个与 ET 值进行相关性分析。由于各项数据拥有不同的量纲和量纲单位，为了避免影响到数据分析的结果，使分析结果更加准确可靠，在进行相关性分析前需要对原始数据进行标准化处理。

标准化处理一般有以下两种方法，一种是基于原始数据的均值和标准差进行数据的标准化，简称为 Z-score 标准化，经过该方法处理的数据序列最终符合标准正态分布，即均值为 0，标准差为 1，其处理函数为

$$x^* = \frac{x - \mu}{\sigma} \tag{4-23}$$

其中，μ 为均值，σ 为标准差；二是基于原始数据的线性变换原则的离差标准化，也被称为 min-max 标准化，其原理是将结果映射到区间 [min, max] 内，其处理函数为：

$$x^* = \frac{x - \min}{\max - \min} \tag{4-24}$$

本章选定 Z-score 标准化，进行相关性分析的大致步骤为：第一步将月平均 ET 以及各项气象数据整理后录入 Excel 表格，以便调用（数据表格如下）；第二步打开 MATLAB 录入各项数据，并做 Z-score 标准化，计算 ET 值和各项气象数据的相关系数；第三步以时间序列为横轴，在同一张图纸上画出月平均 ET 值随月序变化以及各项气象数据指标随月序变化的趋势曲线。

4.5.2 蒸散发变化的气温成因

根据图 4.11 可以得出：全年的气温整体上呈现先升后降的趋势，全年的气温在 6、7、8 月最高，此时的 ET 值也是一年中最高的时间段；全年的气温在 1 月以及 12 月最低，此时的 ET 值也是一年中最低的时间段；通过计算得到的相关系数为 0.5658，表明蒸散发与平均气温存在着较强的正相关，说明气温升高蒸散发也发生相应程度的升高。根据蒸散发的相关理论也可以知道，当气温升高时，水分子的运动加剧，蒸散发过程也加剧了，因此气温的升高确实增加了蒸散发的程度，相关分析的结果符合相关理论关于气温对于蒸散发影响的情况。由此得出结论：新疆地区的蒸散发与当地的平均气温存在着较强的正相关关系，平均气温是影响新疆地区蒸散发变化的一个主要气象因子。

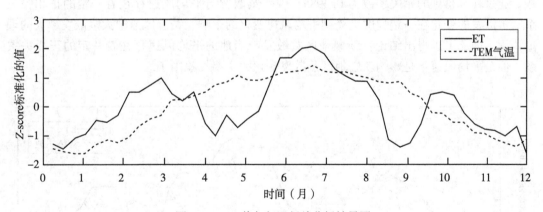

图 4.11 ET 值与气温相关分析结果图

4.5.3 蒸散发波动的相对湿度贡献

根据曲线图 4.12 可以得到：一年内的相对湿度整体上呈现先下降再上升的趋势，在 1 月、12 月的时候是相对湿度最大的时间段，而蒸散发是一年中最小的时间段；在 3、4

月的时候是相对湿度最小的时间段，而蒸散发是一年中较大的时间段；通过计算得到的相关系数为−0.3758，表明蒸散发与平均相对湿度具有一定的负相关关系，符合相对湿度越大蒸散发越小的理论认识，因此可以得出结论：新疆地区蒸散发与当地的平均相对湿度存在一定的负相关，但平均相对湿度不是影响新疆地区蒸散发变化的主要气象因子。

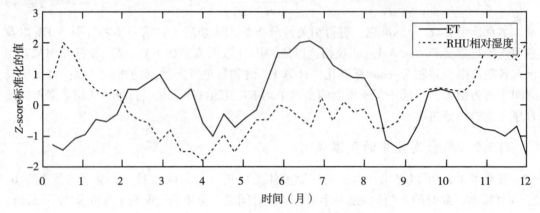

图 4.12　ET 值与相对湿度相关分析结果图

4.5.4　蒸散发变化与风速相关分析

由曲线图 4.13 可以得到：一年内平均风速的变化整体上也呈现先上升再下降的趋势，在 1 月到 4 月的时间段内风速呈现上升的趋势，然后 4 月之后风速整体上呈现下降的趋势。通过计算得到的相关系数为 0.3985，说明蒸散发与平均风速存在着一定的正相关关系，蒸散发的变化在一定程度上受到平均风速变化的影响，符合风速越大蒸散发越大的理论认识，因此可以得出结论：新疆地区蒸散发与当地的平均风速存在着一定的正相关关系，但是平均风速不是影响新疆地区蒸散发变化的主要气象因子。

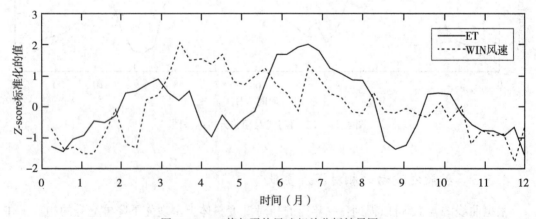

图 4.13　ET 值与平均风速相关分析结果图

4.5.5 蒸散发变化与气压相关分析

从曲线图 4.14 中可以得到：一年内平均气压整体上的变化趋势为先下降再上升，1月、12 月是一年中平均气压最大的时间段，此时 ET 值则正是一年当中最小的时间段；7月、8 月是一年中平均气压最小的时间段，而此时 ET 值是一年中最大的时间段。通过计算得到的相关系数为−0.5837，表明蒸散发与平均气压存在很强的负相关关系，符合气压越大蒸散发越小的理论认识，因此可以得出结论：新疆地区蒸散发与当地的平均气压存在较强的负相关，平均气压是影响新疆地区蒸散发变化的主要气象因子。

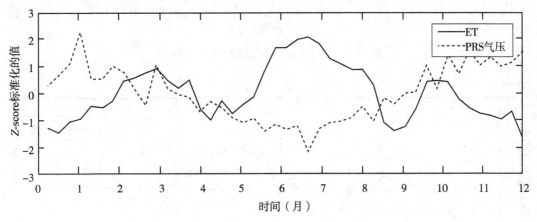

图 4.14　ET 值与平均气压相关分析结果图

4.5.6 蒸散发变化的日照影响

从图 4.15 中可以看出，日照时数在一年中整体上呈现先上升再下降的趋势，1 月和12 月平均日照时数在一年当中是最低的，此时蒸散发也是一年中最低的时间段，然后在其他时间段平均日照时数的变化虽然一直有起伏波动但是都在一定的范围内变动。通过计算得到的相关性系数为 0.4584，表明蒸散发与日照时数存在着一定的正相关关系，日照时间越长蒸散发越大，符合相关理论的认识，因此可以得出结论：新疆地区蒸散发与当地日照时数存在一定的正相关关系，但日照时数不是影响新疆地区蒸散发变化的主要气象因子。

4.5.7 蒸散发变化与降水波动

从图 4.16 中可以看出，5 月、6 月是平均降水最大的时间段，此时也是蒸散发较大的时间段；1 月、12 月平均降水很小，此时也是蒸散发较小的时间段；通过计算得到的相关系数为 0.5694，表明蒸散发与平均降水存在很强的正相关关系，降水越多蒸散发就越大，符合相关理论的认识，由此得出结论：新疆地区蒸散发与当地的平均降水存在较强的正相关关系，平均降水是影响新疆地区蒸散发变化的主要气象因子。

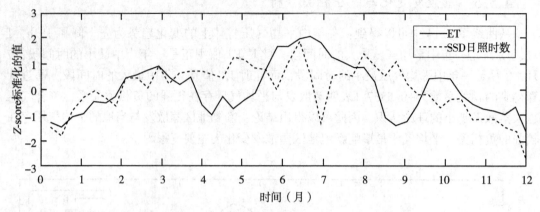

图 4.15　ET 值与日照时数相关分析结果图

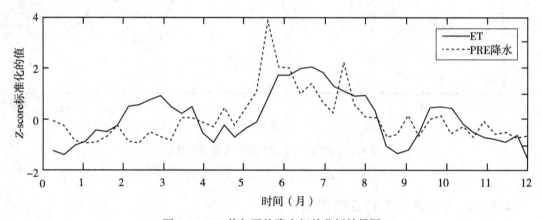

图 4.16　ET 值与平均降水相关分析结果图

4.5.8　蒸散发变化受地温的影响

从图 4.17 中可以看出，地温在一年内整体上呈现先上升再下降的趋势，6 月、7 月、8 月是地温最高的时间段，此时蒸散发也较高；1 月、12 月是地温最低的时间段，此时蒸散发也较低；通过计算得到的相关系数为 0.5689，表明新疆地区蒸散发与平均地温存在较强的正相关关系，平均地温越大蒸散发就越大，符合相关理论的认识，因此得出结论：新疆地区蒸散发与当地的平均地温存在较强的正相关关系，平均地温是影响新疆地区蒸散发变化的主要气象因子。

4.5.9　蒸散发变化因素分析

综合以上的相关性分析，可以得到以下主要结论：与新疆地区蒸散发存在较强的正相关关系的气象因子有平均地温、平均降水、平均气温，它们的相关系数分别为 0.5689、0.5694 和 0.5658；与新疆地区蒸散发存在中等强度的正相关关系的气象因子有平均日照

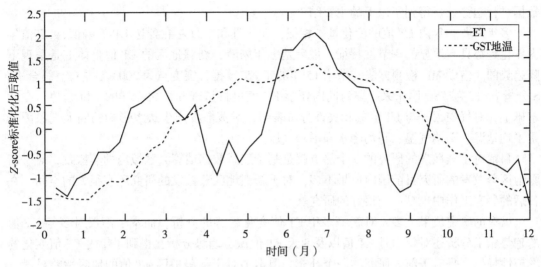

图 4.17 ET 值与平均地温相关分析结果图

时数和平均风速，它们的相关关系分别为 0.4584 和 0.3985；与新疆地区蒸散发存在负相关关系的气象因子有平均气压和平均相对湿度，它们的相关系数分别为 −0.5837 和 −0.3758；与新疆地区蒸散发变化关系最为密切同时也是影响新疆地区蒸散发变化的主要气象因子的有 4 个，分别为平均地温、平均气温、平均降水、平均气压。

4.5.10 新疆蒸散发变化成因浅析

本章主要对新疆地区蒸散发密切相关的气象因子进行了研究，研究采用的气象数据均来自国家气象数据网，数据具有很好的准确度，通过逐个将新疆月 ET 值与各气象因子做相关性分析得到了气象因子对 ET 值影响的结论：ET 值与地温、气温、降水具有显著的正相关关系，与风速存在中等的正相关；ET 值与相对湿度存在中等的负相关，与气压存在显著的负相关；影响新疆地区蒸散发变化的最主要的 4 个气象因子分别为平均地温、平均气温、平均降水和平均气压。

4.6 区域蒸散发时空变化特点

以新疆地区为主要研究对象，所用的研究数据主要有蒸散数据和气象数据，蒸散数据为 MOD16A2 数据集，通过美国国家航空航天局相关网站下载，另外对应研究时段的相关气象数据是从国家气象数据网下载的。本章对目前主流的一些模型进行了详细的比照和分析。然后，在第二节中重点介绍了彭曼公式这一应用广泛且得到官方推荐的计算公式，对后续研究中需要用到的一些数据分析方法进行了简要的介绍。

在数据的处理上，前期的准备工作首先是利用重复投影工具（MRT）对数据进行处理，提取了 ET 波段的数据层并对其进行了重投影，最后输出为 tiff 格式的文件；然后利用 MATLAB 对 tiff 格式文件进行读取获取所需要的 ET 数据。利用获取的气象数据以及 ET 数据进行趋势分析得到了以下的主要结论：

多年来看，年内 ET 值的变化基本相似，在 4 月和 7 月左右到达 ET 的峰值，ET 值年内变化趋势具有明显的季节性特征，最后是多年来看，新疆地区的 ET 值整体上是呈现下降趋势的。借助 MK 检测方法，采用 15 年的年 ET 数据，突变点为 2003 年左右。结合 R/S 分析方法，结果表明未来一段时间内新疆 ET 值也将呈现和过去一样的下降趋势。在此基础上，对气象因子与 ET 值的相关性分析表明，对蒸散发产生最大影响的四大气象因子是平均地温、平均气温、平均降水和平均气压。

目前对于蒸散发的研究的一个热点就是基于遥感数据估算大区域内的蒸散发，对于新疆地区蒸散发的研究目前国内成果不多，对于新疆地区蒸散发的研究还有很大的空间，在日后的研究工作中也是一个很好的研究热点。

已有的研究成果大多是对新疆多年 ET 值变化趋势的分析，而本书不仅对多年 ET 值的趋势做了分析还对年内月 ET 值以及 8 天 ET 值做了趋势分析，得到了年内 ET 值变化的季节性规律，是对于前人研究的一个补充，但本书对于新疆地区 ET 值的地区性差异没有做过多的深入，这是本书的不足，在后面的研究工作中，关于新疆蒸散发的研究将会重点地深入研究地区性差异；另外对于各种蒸散模型的应用和比较也是在后续的研究中值得注意的一个方向。

4.7　附　　录

附 4.7.1　ET 值提取 MATLAB 代码

```
a={}                            %创建一个新的胞元
for i=1:46                      %将 46 个变量装载到胞元中
    a{i}=eval(['a',num2str(i)]);        %ai 就可以用 a{i}调用了
end
b=cell(1,46)

i=1;
while(i<=46)
idx=find(a{i}>32000);a{i}(idx)=0;        %剔除无效值
b{i}=sum(sum(a{i}))/numel(find(a{i}~=0)); %求 ET 平均值
i=i+1;
end
```

附 4.7.2　一元线性分析 MATLAB 代码

```
%一次的线性相关
figure;
```

```
A=xlsread('C:\Users\Mao\Desktop\ETdays行.xlsx') %读取excel中的
数据
t=A(1,:);              %时间序列
c=A(2,:);              %径流数据列
a=polyfit(t,c,1);
ti=1:1:230;
ci=polyval(a,ti);
plot(t,c,'go','MarkerEdgeColor','k','MarkerFaceColor','g','MarkerSize',6);
xlabel('t(8days)','FontName','TimesNewRoman','FontSize',12);
ylabel('统计量','FontName','TimesNewRoman','Fontsize',12);
axis([1 230 min(c) max(c)]);
hold on
plot(ti,ci)
legend('原始数据点','拟合曲线')
plot(t,c,'-r.')
sprintf('曲线方程:C=+(%0.5g)*T+(%0.5g)',a(1),a(2),);
figure;  %同时画出多条曲线
A=xlsread('C:\Users\Mao\Desktop\蒸散数据.xlsx') %读取excel中的数
据
t=A(1,:);              %时间序列
y1=A(2,:);              %径流数据列
y2=A(3,:);
y3=A(4,:);
y4=A(5,:);
y5=A(6,:);
y6=A(7,:);
y7=A(8,:);
y8=A(9,:);
plot(t,y1,'-b.')
xlabel('t(month)','FontName','TimesNewRoman','FontSize',12);
ylabel('累年月蒸发量(小型)','FontName','TimesNewRoman','Fontsize',12);
hold on
plot(t,y2,'-g.');
hold on
plot(t,y3,'-r.');
hold on
```

```
plot(t,y4,'-c.');
hold on
plot(t,y5,'-m.');
hold on
plot(t,y6,'-y.');
hold on
plot(t,y7,'-k.');
hold on
plot(t,y8,'-w.');
hold on
```

附 4.7.3　MK 检测 MATLAB 代码

```
% Mann-Kendall 突变检测
%数据序列 y
%结果序列 UFk,UBk2
%------------------------------------------------
%获取 y 的样本数
%A 为时间和径流数据列
A=xlsread('C:\Users\Mao\Desktop\ET1MOUTH.xlsx') %读取 excel 中的数据
x=A(:,1);           %时间序列
y=A(:,2);           %径流数据列
N=length(y);
n=length(y);
%正序列计算--------------------------------

Sk=zeros(size(y));   %定义累计量序列 Sk,长度=y,初始值=0
UFk=zeros(size(y));    %定义统计量 UFk,长度=y,初始值=0
s = 0;    %定义 Sk 序列元素 s
for i=2:n              % i 从 2 开始,因为根据统计量 UFk 公式,i=1 时,Sk
(1)、E(1)、Var(1) 为 0
    for j=1:i          %所以 Sk(1)=1
        if y(i)>y(j)
          s=s+1;
        else
          s=s+0;
        end;
    end;
```

```
      Sk(i)=s;
      E=i*(i-1)/4; % Sk(i)的均值
      Var=i*(i-1)*(2*i+5)/72; % Sk(i)的方差
      UFk(i)=(Sk(i)-E)/sqrt(Var);
   end;
   % ----------------------------正序列计算 end
   %逆序列计算----------------------------
   y2=zeros(size(y));        %构造逆序列 y2,长度=y,初始值=0
   Sk2=zeros(size(y));         %定义逆序累计量序列 Sk2,长度=y,初始值=0
   UBk=zeros(size(y));        %定义逆序统计量 UBk,长度=y,初始值=0
   s=0;          % s 归 0

   for i=1:n                    %按时间序列逆转样本 y
      y2(i)=y(n-i+1);            %也可以使用 y2=flipud(y);或者 y2=
flipdim(y,1);
      end;

   for i=2:n                 % i 从 2 开始,因为根据统计量 UBk 公式,i=1 时,
Sk2(1)、E(1)、Var(1)均为 0
      for j=1:i             %此时 UBk 无意义,因此公式中,令 UBk(1)=0
         if y2(i)>y2(j)
           s=s+1;
         else
           s=s+0;
         end;
      end;
      Sk2(i)=s;
      E=i*(i-1)/4; % Sk2(i)的均值
      Var=i*(i-1)*(2*i+5)/72; % Sk2(i)的方差
   %由于对逆序序列的累计量 Sk2 的构建中,依然用的是累加法,即后者大于前者时 s
加 1,
   %则 s 的大小表征了一种上升的趋势的大小,而序列逆序以后,应当表现出与原序列相
反
   %的趋势表现,因此,用累加法统计 Sk2 序列,统计量公式(S(i)-E(i))/sqrt(Var
(i))
   %也不应改变,但统计量 UBk 应取相反数以表征正确的逆序序列的趋势
      UBk(i)=0-(Sk2(i)-E)/sqrt(Var);
   end;
```

```
% ------------------------------逆序列计算 end
%此时上一步的到 UBk 表现的是逆序列在逆序时间上的趋势统计量
%与 UFk 做图寻找突变点时,2 条曲线应具有同样的时间轴,因此
%再按时间序列逆转结果统计量 UBk,得到时间正序的 UBk2,做图用
UBk2=zeros(size(y));
%也可以使用 UBk2=flipud(UBk);或者 UBk2=flipdim(UBk,1);
for i=1:n
   UBk2(i)=UBk(n-i+1);
end;
%做突变检测图时,使用 UFk 和 UBk2
%写入目标 xls 文件:f:\test2.xls
%目标表单:Sheet1
%目标区域:UFk 从 A1 开始,UBk2 从 B1 开始
xlswrite('C:\Users\Mao\Desktop\shujuOUT.xlsx',UFk,'Sheet1','A1');
xlswrite('C:\Users\Mao\Desktop\shujuOUT.xlsx',UBk2,'Sheet1','B1');
figure(3)%画图
plot(x,UFk,'r-','linewidth',1.5);
hold on
plot(x,UBk2,'b-.','linewidth',1.5);
plot(x,1.96*ones(N,1),':','linewidth',1);
axis([min(x),max(x),-5,5]);
legend('UF 统计量','UB 统计量','0.05 显著水平');
xlabel('t (mouth)','FontName','TimesNewRoman','FontSize',12);
ylabel('统计量','FontName','TimesNewRoman','Fontsize',12);
%grid on
hold on
plot(x,0*ones(N,1),'-.','linewidth',1);
plot(x,1.96*ones(N,1),':','linewidth',1);
plot(x,-1.96*ones(N,1),':','linewidth',1);
```

附 4.7.4　R/S 分析代码

```
num=xlsread('C:\Users\Mao\Desktop\ETdays.xlsx')
p1=num;
s=p1';

nnn=size(s);
seg=fix(nnn(2)/2);    %截尾取整
v=[];
```

```
num=[];
logn=[];
logmhn=[];
logers=[];
ers=[];
for n=10:1:seg
    pp=fix(nnn(2)/n);
    for k=1:1:pp
        ss=s((1+(k-1)*n):(k*n));
        sm=mean(ss);
        sr=std(ss,1);
        if sr==0
            sr=0.0001;
        end
        sss=ss-sm;
        for i=1:1:n
            z(i)=sum(sss(1:i));
        end
        r=max(z)-min(z);          %单个子区间的极差(3-16)
        hn(k)=r/sr;
        ss=[];
        sss=[];
        z=[];
     end
    mhn=mean(hn);            %A 各子区间的平均重标度极差(3-18)
    hn=[];
    v=[v mhn/sqrt(n)];
    plot(log(n),log(mhn));         %作出 log(n)和 log(R/S)的线性关
系图(3-19)
    hold on
    logn=[logn log(n)];
    logmhn=[logmhn log(mhn)];
    for r=1:n-1
        temp(r)=sqrt((n-r)/r)      %作者自己定义的临时变量
    end
    ersn=((n-0.5)/n)*(1/sqrt(n*pi/2))*sum(temp);
    logers=[logers log(ersn)];
```

```
        ers=[ers ersn/sqrt(n)];
    end
vmax=max(v);
nmax=find(v>=vmax)+9
figure(2);      %做第二个图形
plot(logn,v);
hold on     %可以保持上一幅图 当前图可以画在同一个轴上,而不覆盖,hold off
取消保持功能
plot(logn,ers);
X1=logn(1:nmax)';
Y1=logmhn(1:nmax)';
Y11=logers(1:nmax)';
X2=logn(nmax+1:length(logn))';
Y2=logmhn(nmax+1:length(logmhn))';
Y22=logers(nmax+1:length(logers))'
p1=polyfit(X1,Y1,1);    %用多项式拟合 X1,Y1 的表达式(1 阶拟合)
p2=polyfit(X2,Y2,1);
p3=polyfit(X1,Y11,1);
p4=polyfit(X2,Y22,1);
fitY1=polyval(p1,X1);      %返回 n 次多项式 X1 处的值
fitY2=polyval(p2,X2);
fitY3=polyval(p3,X1);
fitY4=polyval(p4,X2);
figure(3);             %做 figure3 图形
plot(logn,logmhn);
hold on
plot(X1,fitY1);
hold on
plot(X2,fitY2);
hold on
plot(logn,logers)
```

附 4.7.5　相关性分析代码

```
figure;
A=xlsread('C:\Users\Mao\Desktop\月平均值.xlsx') %读取 excel 中的数
据
t=A(:,1);
```

```
X=A(:,2);          %累年月平均 ET
Y=A(:,3);           %累年月平均气温
x=zscore(X);
y=zscore(Y);
corrcoef(x,y);
plot(t,x,'-g.');
hold on
plot(t,y,'-r.');
legend('累年月平均 ET','累年月平均气温');
hold on
```

第5章　塔里木河干流来水变化与丰枯遭遇分析

在干旱区内陆河流域，水资源是制约其生态系统变化最为重要的控制性环境因子。因而，研究流域生态水的合理配置，预估流域地表径流水文水情状况，首先需要对流域的水资源变化过程和规律进行整体刻画，以利于在不同来水情景下确定用于生态需水的可供水资源量。干旱区地表径流是一个复杂的非线性系统，包含趋势、周期、突变、分形等变化特征。在全球变化大背景及人类活动干扰下，以塔里木河流域为研究对象，利用 Z 指数、非参数检验等方法分析水资源变化的过程和特点，为制定流域水资源的合理配置方案，实现干流水文水情预报以及保障该区生态系统的可持续发展提供理论依据。

塔里木河流域位于新疆南部，由叶尔羌河、和田河、阿克苏河等汇合而成，河水很不稳定，被称为"无缰的野马"，所以对汇入塔里木河干流年径流量的丰枯遭遇的预测的需求变得迫切，这将直接影响塔里木河流域中下游用水的分配。本章通过对塔里木河流域主要的三源流（阿克苏河、和田河和叶尔羌河）和塔里木干流年径流量数据的研究，并通过概率统计的方法对数据进行计算处理，利用贝叶斯网络建立塔里木源流和干流的模型结构，输入概率参数，得到"三源一干"河流年径流量丰枯遭遇的风险分析网络。通过仿真分析，输入根节点后验概率即可得到干流径流丰枯遭遇的概率，通过此种方法，可以在得知源流丰枯遭遇的情况下，对下游干流径流丰枯遭遇进行预测，并采取适当的调水措施，对塔里木河干流径流量的丰枯遭遇的预测评估具有重要意义。

目前，在国内外大坝风险分析中常用的系统分析方法为事件树、故障树方法，它们能够较好地表达系统中不同层次事件间的逻辑关系，以及事件之间的关联程度，进而对系统进行定性与定量分析。但当系统比较复杂、事件状态较多、存在共因失效或者需要逆向推理时，事件树、故障树方法对系统的表述和分析就会很困难，甚至无能为力。

贝叶斯网络则能克服这些困难，它可以将事件树、故障树及决策树综合起来描述复杂多态系统。自从贝叶斯网络方法提出后，已在许多领域得到应用，但在水利行业应用还很少。J. Bromley et al.（2005）利用贝叶斯网络进行综合水资源规划；李典庆（2007）等应用贝叶斯网络对 1 个土石坝的可靠性进行了分析；周建方（2012）等则对大坝风险分析中常见的 1 个事件树和 1 个故障树 2 个例子用贝叶斯网络进行了计算。可以看出，这些应用都只是初步的尝试与探索。

5.1 径流趋势分析研究方法

5.1.1 径流丰枯的 Z 指数

本书利用 Z 指数法对塔里木河源流径流的丰枯情况进行了分析。具体步骤为：某时段年径流量服从 Person-Ⅲ型分布，其概率密度函数为

$$f(x) = \frac{b_a}{G_{(a)}} (x - a_0)^{a-1} e^{-b(x-a_0)} \quad (x > a_0) \tag{5-1}$$

式中，a，a_0，β 为三个参数，概率密度函数的数学期望为

$$m = \frac{a}{b} + a_0 \tag{5-2}$$

则有：

$$a_0 = m\left(1 - \frac{2c_v}{c_s}\right) \tag{5-3}$$

$$a = \frac{4}{c_s^2} \tag{5-4}$$

$$b = \frac{2}{sc_s} \tag{5-5}$$

其中，c_s 为偏态系数，c_v 为变异系数，均可由径流量资料序列求得，即：

$$c_s = \frac{\sum\limits_{i=1}^{n} (x_i - \bar{x})^3}{ns^3} \tag{5-6}$$

$$c_v = \frac{s}{\bar{x}} \tag{5-7}$$

式中，σ 为年径流量序列标准方差，$\bar{x}$ 为年径流量序列平均值。

接着，对年径流量 x 进行正态化处理：

$$x = \frac{a}{\beta}\left[1 - \frac{1}{9a} + z\left(\frac{1}{9a}\right)^{\frac{1}{2}}\right]^3 + a_0 \tag{5-8}$$

把概率密度函数 Person-III 型分布转换为以 Z 为变量的标准正态分布，其转换公式为

$$z_i = \frac{6}{c_s}\left(\frac{c_s}{2}\varphi_i + 1\right)^{\frac{1}{3}} - \frac{6}{c_s} + \frac{c_s}{6} \tag{5-9}$$

式中，φ_i 为标准变量，其公式为

$$\varphi_i = \frac{x_i - \bar{x}}{\sigma} \tag{5-10}$$

由公式（5-9）求出 z_i 值。流域年径流量丰枯指数由下式确定：

$$z = \frac{1}{n}\sum_{i=1}^{n} z_i \tag{5-11}$$

式中，z_i 为区域内各站 z 指标，n 为区域内总站数。

根据 z 变量的正态分布曲线，划分 5 个等级及其相应的 z 指数界限值作为丰枯指标，见表 5.1。

表 5.1　　　　　　　　　　　　　　　径流量丰枯等级划分

等级	累积频率	z 指数划分	丰枯类型
1	>95%	$z>1.6485$	极端丰水期
2	70%~95%	$0.5244<z\le1.6485$	偏丰期
3	30%~70%	$-0.5244<z\le0.5244$	正常期
4	5%~30%	$-1.6485<z\le-0.5244$	偏枯期
5	<5%	$z\le-1.6485$	极端枯水期

5.1.2　Mann-Kendall 单调趋势检验

首先，对时间序列 $(X_1, X_2, X_3, \cdots, X_n)$ 依次比较，结果记为 $\text{sgn}(\theta)$：

$$\text{sgn}(\theta) = \begin{cases} 1, & \theta > 0 \\ 0, & \theta = 0 \\ -1, & \theta < 0 \end{cases} \tag{5-12}$$

接着便可用如下公式计算出 Mann-Kendall 统计值：

$$S = \sum_{i=1}^{n-1} \sum_{k=i+1}^{n} \text{sgn}(x_k - x_i) \tag{5-13}$$

式中，x_k、x_i 为要进行检验的随机变量，n 为所选数据序列的长度。

则与此相关的检验统计量为

$$Z_c = \begin{cases} \dfrac{s-1}{\sqrt{\text{var}(s)}}, & s > 0 \\ 0, & s = 0 \\ \dfrac{s+1}{\sqrt{\text{var}(s)}}, & s < 0 \end{cases} \tag{5-14}$$

随着 n 的逐渐增加，Z_c 很快收敛于标准化正态分布，当 $-Z_{1-a/2} \le Z_c \le Z_{1-a/2}$ 时，接受原假设，表明样本没有明显变化趋势，其中，$\pm Z_{1-a/2}$ 是标准正态分布中值为 $1-a/2$ 时对应的显著性水平 a 下的统计值。当统计量 Z_c 为正值时，说明序列有上升趋势；Z_c 为负值时，则表示有下降趋势。

在 Mann-Kendall 检验中，常用 β 表示时间序列变化率，其公式为

$$\beta = \text{Median}\left(\frac{x_i - x_j}{i - j}\right), \qquad \forall j < i \tag{5-15}$$

式中，$1<j<i<n$，但 β 为正值时表示时间序列呈上升趋势，为负值时意味着呈下降趋势。

5.2 贝叶斯网络基本原理

5.2.1 贝叶斯简介

贝叶斯网络是一种基于网络形状结构的有向无环图，它将风险管理中的风险因素用网络节点的先验概率表示，用有向边代表节点间的相互关系，由条件概率表达。

贝叶斯网络可以很容易地从不完全或不确定的知识或信息中做出推理，适用于表达和分析不确定事件和概率性事件[2]。节点变量可以是任何不确定事件的抽象，例如观测值、随机事件等。通过建立贝叶斯网络，用节点和连接这些节点的有向边抽象实际问题，把事件的先验知识和专家知识通过概率和节点之间的联合概率分布来表示[3]。通过调整节点的概率，实现对后验知识的学习和推理。

贝叶斯网络的特点：①不仅能反映历史数据和经验信息，还能根据实测的后验知识或预测知识，实时调整网络节点的参数，通过贝叶斯网络推理做出响应；②贝叶斯网络没有固定的输入和输出节点，任何节点都可以作为输入或输出，且输入输出节点没有个数限制，灵活易用；③贝叶斯网络能进行多种推理，如后验概率问题、最大后验假设问题、最大可能解释问题等。贝叶斯网络的上述特点在水源区和受水区丰枯遭遇的研究中显现出它独特的优势。

贝叶斯网络是概率、统计与图论组合由有向无环图模型（DAG）和条件概率表（CPTs）组成的概率推理与诊断工具，它将风险管理中的风险因素用网络节点的先验概率表示，用有向边代表节点间的相互关系，由条件概率表达，如图5.1便是一个简单的贝叶斯网络。

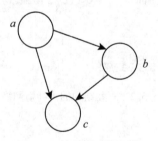

图5.1 简单贝叶斯网络

如图5.1可知，a导致b；a，b导致c，所以有

$$p(a, b, c) = p(c \mid a, b) p(b \mid a) p(a) \tag{5-16}$$

首先，我们为每个随机变量a，b，c引入一个节点，然后为每个节点关联上公式右侧对应的条件概率。对于每个条件概率分布，我们在图中添加一个链接（箭头），链接的起点是条件概率的条件中的随机变量对应的节点。因此，对于因子$p(c \mid a, b)$，会存在从节点a，b到节点c的链接，而对于因子$p(a)$，没有输入的链接。如果存在一个从节

点 a 到节点 b 的链接，那么我们说节点 a 是节点 b 的父节点，节点 b 是节点 a 的子节点①。

5.2.2　贝叶斯网络基本原理

贝叶斯网络（Bayesian Network，BN），又称信念网络，是由 Judea Pearl 于 1985 年首先提出的一种模拟人类推理过程中因果关系的不确定性处理模型。其网络是一种有向无环图（DAG）的拓扑结构。把某个研究系统中涉及的随机变量，根据是否条件独立绘制在一个有向图中，就形成了贝叶斯网络，然后确定条件概率表（CPTs）后进行概率推理。

若令 $G = (I, E)$ 表示一个有向无环图（DAG），其中 I 代表图形中所有节点的集合，而 E 代表有向连接线段的集合，且令 $X = x_i$，$i \in I$ 为其有向无环图中的某一节点 i 所代表的随机变量，若节点 X 的联合概率可以表示成：

$$p(x) = \prod_{i \in I} p(x_i | x_{pa(i)}) \tag{5-17}$$

则称 X 为相对于一有向无环图 G 的贝叶斯网络，其中，$x_{pa(i)}$ 表示节点 i 之"因"，或称 $x_{pa(i)}$ 是 i 的"父节点"（parents）。根据全概率公式，对于任意的随机变量，其联合概率可由局部条件概率分布相乘而得出：

$$p(x_1, \cdots, x_k) = p(x_k | x_1, \cdots, x_{k-1}) \cdots p(x_2 | x_1) p(x_1) \tag{5-18}$$

然而，通过贝叶斯网络根据变量间的条件独立性把这种复杂的联合概率分布分解成一系列相对简单的模块，从而大大降低了知识获取的难度和概率推理的复杂度。假设根据因果关系建立了如图 5.2 所示一个简单三元结构的贝叶斯网络。

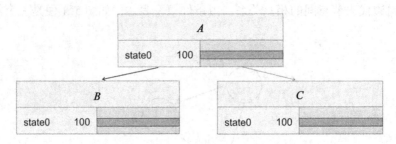

图 5.2　三元结构的贝叶斯网络

根据全概率公式可得

$$p(A, B, C) = p(C | A, B) p(B | A) p(A) \tag{5-19}$$

因为 A 导致 B 和 C，所以根据贝叶斯网络可以简化为

$$p(A, B, C) = p(C | A) p(B | A) p(A) \tag{5-20}$$

此为简单的三元结构的贝叶斯网络，如果用于复杂结构的网络就会看到该方法的优越性。图 5.3 给出了一个简单的三元结构贝叶斯网络实例，它对喷水器洒水和下雨引起草地

① 注：这里隐式地选择了一个特定的顺序（即 a, b, c）。如果选择一个不同的顺序，我们会得到一个不同的分解方式，因此就会得到一个不同的图表示形式。

变湿进行了推断。通过建立条件概率表（CPTs）（图 5.3 中表格），可以推断草地变湿的可能性为 52%。

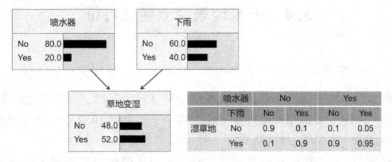

图 5.3　喷水器和下雨导致草地变湿的贝叶斯网络

5.2.3　贝叶斯网络适用

贝叶斯网络可以很容易地从不完全或不确定的知识或信息中做出推理，适用于表达和分析不确定事件和概率性事件。节点变量可以是任何不确定事件的抽象，例如观测值、随机事件等。通过建立贝叶斯网络，用节点和连接这些节点的有向边抽象实际问题，把事件的先验知识和专家知识通过概率和节点之间的联合概率分布表示出来。通过调整节点的概率，实现对后验知识的学习和推理。

贝叶斯网络的特点：①不仅能反映历史数据和经验信息，还能根据实测的后验知识或预测知识，实时调整网络节点的参数，通过贝叶斯网络推理做出响应；②贝叶斯网络没有固定的输入和输出节点，任何节点都可以作为输入或输出，且输入输出节点没有个数限制，灵活易用；③贝叶斯网络能进行多种推理，如后验概率问题、最大后验假设问题、最大可能解释问题等。

5.3　贝叶斯网络构建与推理

根据研究问题，可以把贝叶斯网络的构建概括为七个步骤：①明确解决的问题；②确定研究的各个变量、方案；③设计网络结构；④搜集数据；⑤定义所有变量的状态；⑥确定条件概率表（CPTs）；⑦评价网络结构，进行概率推理。

贝叶斯网络构建中的三个主要环节：

（1）贝叶斯网络变量的确定。确定影响水资源管理决策的主要变量，将其分类，然后确定每类中各个主要变量和状态。

（2）贝叶斯网络有向无环图构造。针对已经确定的变量分析各变量之间的因果关系或结构，构造贝叶斯网络有向无环图。初步设计贝叶斯网络模型，然后通过数据分析、政府咨询、农民调查问卷、专家咨询等多种方式构建科学、合理的贝叶斯网络模型。

（3）条件概率表（CPTs）的确定和概率推理。通过模型模拟和已有的数据进行参数估计，获得条件概率表（CPTs），然后进行概率推理。此过程通过应用商业软件（Netica软件）结合贝叶斯网络软件包（R 语言软件包）可以实现。

5.4 干流地表径流变化特征

5.4.1 干流地表径流趋势变化

由于塔里木河干流受源流来水量及人类活动干扰较为强烈，其径流量周期变化存在很大的不确定性。因此，本研究利用塔里木河干流 5 个水文站 1957—2017 年的径流量数据，分析其年变化趋势及区间耗水特征。

根据表 5.2，在塔里木河干流，1957—2017 年阿拉尔年径流量呈不显著的减少趋势，而其下新其满、英巴扎、乌斯满、恰拉均表现为显著的下降趋势。特别在乌斯满，其检验统计量值高达 -6.879，在干流各水文站中下降趋势最为显著。另外，根据研究，干流年径流量在 20 世纪 70 年代初期发生了减少性突变，其周期为 17 年。

表 5.2   塔里木河干流径流 Mann-Kendall 单调趋势检验

径流	平均值（10^8m^3）	Z_0	β	H_0	趋势
阿拉尔	45.757	-0.629	-0.083	A	微递减
新其满	36.568	-2.895	-0.32	R	显著减少
英巴扎	27.159	-4.155	-0.368	R	显著减少
乌斯满	14.463	-6.879	-0.399	R	显著减少
恰拉	5.933	-5.648	-0.199	R	显著减少

5.4.2 干流河段耗水分析

对塔里木河干流各区段耗水量进行分析（表 5.3），1957—2010 年阿拉尔—新其满区间耗水量增加趋势最为显著，其下的新其满—英巴扎和英巴扎—乌斯满两区段耗水量呈微递增趋势，而在乌斯满—恰拉段耗水量转变为显著的下降趋势。塔里木河干流区段耗水量增加不明显，这是由于干流来水量减少了。20 世纪 50 年代至今，上游源流区开荒从未间断，人工绿洲面积不断扩大，灌溉面积增加了 2 倍多，灌溉耗水约增加了 29.77%，引水量日益增加，导致源流区下泄进入干流的水量减少。而干流来水量与径流损耗量之间呈显著的正相关。塔里木河干流来水量的减少，势必会造成干流径流损耗量的减少。

总体来看，塔里木河干流自上而下四个区段的耗水量的增加趋势逐渐减弱，这主要是上游水资源丰富，因而用水在地利上具有优势，而下游长期断流，中游近年来又出现间歇性断流，因此人类社会经济活动沿河上移。

表 5.3 塔里木河干流区间耗水量的 Mann-Kendall 单调趋势检验

径流	平均值（$10^8 m^3$）	Z_0	β	H_0	趋势
阿拉尔—新其满	8.612	2.096	0.076	R	显著增加
新其满—英巴扎	9.408	1.626	0.041	A	微递增
英巴扎—乌斯满	12.695	0.164	0.012	A	微递增
乌斯满—恰 拉	8.53	−5.394	−0.178	R	显著减少

从集中性来看，塔里木河干流径流量表现出逐年集中，集中期逐年滞后的现象。其主要原因为：首先，塔里木河三源流夏春季径流量占全年水量的 20%~25%，但是随着源流绿洲区不断开垦造田，致使春秋季的用水比例日益增多，从而干流来水量年内分配较集中于夏季。其次，在水土资源开发利用过程中，各种引水、蓄水、排水工程也随之增多，水系形状也由原来的扇状水系向格子状水系发展。因此，相当一部分源流水量不能直接从河道流入干流，而由灌溉回水的方式汇入干流。这样源流流域内的径流调节能力大大增加，从而出现了随着源流调节能力的增加，干流来水量集中期逐年滞后的现象。

5.4.3 干流地表径流丰枯等级变化

以塔里木河干流阿拉尔水文站为研究对象，利用其 1957—2017 年的年径流数据，借助 Z 指数法进行丰枯变化特征分析（图 5.4）。

由图 5.4 可知，塔里木河干流径流量在 1957—1961 年由平水期进入丰水期，1960—1969 年分别出现一次极丰（1961 年）、三次偏丰（1964 年、1966 年和 1967 年）和一次偏枯（1965 年），而其他年份为平水期；径流量在 20 世纪 70 年代的 1970—1973 年在丰、枯之间反复，1973—1976 年由平水期进入枯水期，而随后至 1978 年上升至极丰期，后降到枯水期；80 年代以平水期为主，出现在 1982—1984 年和 1986—1987 年，而除在 1981 年和 1988 年为偏丰外，其他年份为偏枯期；90 年代以平水期（1990 年、1996 年和 1999 年）和枯水期（1991—1993 年、1995 年和 1997 年）为主，偏丰仅出现两次（1994 年和 1998 年）；2000—2009 年以偏枯、极枯为主，共出现 5 次（2000 年、2004 年和 2007—2009 年），其次是丰水年出现 3 次（2002 年、2005 年和 2006 年），而其他两年为平水期（2001 年和 2003 年）；2010 年之后以丰水期（2010—2012 年、2016 年和 2017 年）为主，并出现一次极枯 2014 年，另外两年为平水期。

5.4.4 干流地表径流年内变化特征

利用塔里木河干流阿拉尔水文站 1957—2017 年的地表径流量数据，分析了其年内变化趋势特征（表 5.4）。由表 5.4 可知，1 至 3 月干流径流量的检验统计量皆小于−2.58（$-Z_{0.01} = -2.58$），在 0.01 下呈极显著的减少趋势；其后的 4 月和 5 月则转变为增加趋势；然而在 6 月至 10 月则是在轻微的增加和减少之间反复，之后 11 月和 12 月的地表径流呈现锐减（检验统计量分别高达 6.75 和 7.07）。塔里木河干流地表径流由于受源流区人类活动及气候变化的复合影响，导致各月径流量呈现不同的变化趋势，各月地表径流变化关

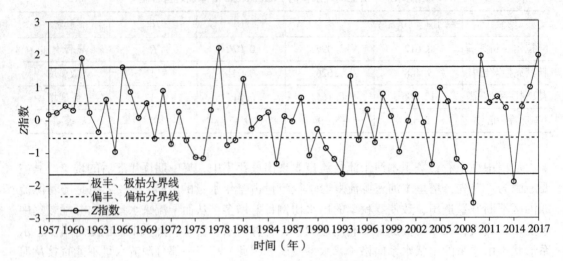

图 5.4　塔里木河干流丰枯等级变化

联性较弱。

表 5.4　　　　　　塔里木河干流月径流量的 Mann-Kendall 单调趋势

显著检验	1 月	2 月	3 月	4 月	5 月	6 月	7 月	8 月	9 月	10 月	11 月	12 月
Z_0	-5.77	-6.27	-6.02	2.51	4.83	0.56	-0.57	0.3	0.67	-0.06	-6.75	-7.07
H_0	R	R	R	R	R	A	A	A	A	A	R	R

根据图 5.5，在塔里木河干流，1957—2017 年月径流量主要集中在源流来水偏多的 6~10 月，占年径流量的 81.24%，其中满足天然植被生长繁育所需水量的 7~9 月的径流量占年径流量的 71.02%，特别在 8 月，占年径流量的 36.52%，从而确保天然植被的生态需水要求。在 1~6 月，其径流量占年径流量的 17.91%，而 10~12 月仅占 11.07%。

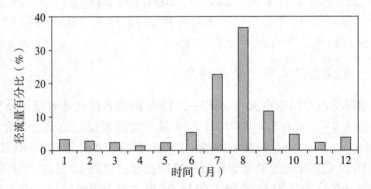

图 5.5　塔里木河干流径流年内分布

5.4.5 干流径流变化原因浅析

气候变化对干流径流量的影响是微弱的。塔里木河源流出山口径流量增加，但干流的年径流量却表现出明显的下降趋势。其主要原因可以概括为两个方面。

一是源流区耗水量增加（图 5.6）。20 世纪 50 年代以来，塔里木河源流区由于大规模的农业开发和过度引水灌溉，加之干流自身不产流，水资源全部来自源流的补给，导致源流水资源在源流区大量消耗，其区间耗水量以 $0.97 \times 10^8\,\mathrm{m}^3/\mathrm{a}$ 的速率呈显著增加趋势（检验统计量为 5.14），导致下泄到干流的水量势必减少。

二是干流区耗水量加剧。在塔里木河干、支流上已修建大、小水库 70 多座，总库容 $26.90 \times 10^8\,\mathrm{m}^3$，灌溉渠系长达 $15.7 \times 10^4\,\mathrm{km}$，排水渠长 $7.07 \times 10^4\,\mathrm{km}$。同时，水利建设侧重于引水、蓄水工程，从而大大地提高了地表水的引用量，引水率达到 75.0% 以上，远高于国际上河流引水率低于 50% 的要求。另外，干流区水库多建在冲积平原自然洼地上，底部多沙砾质地，水量下渗严重，而且由于蒸发率较高，水库因蒸发而散失的水量较多，蒸发渗漏损失高达 50%~60%；由于灌区配套工程跟不上，灌溉渠系又缺少维修，渠系利用系数仅有 0.35~0.4，超过 50% 的水量通过蒸发和渗漏在到达灌区之前就已损耗。

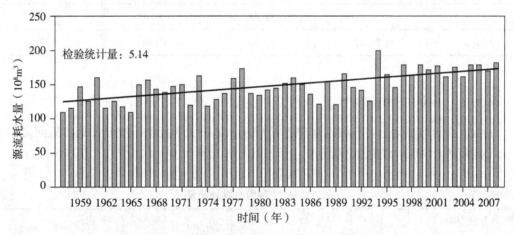

图 5.6 塔里木河源流区耗水量变化趋势

5.5 塔里木河流域水资源特性参数

5.5.1 设计值确定

由于代表塔里木河干流天然径流的数据是采用上游的阿拉尔水文站的监测数据，而开都-孔雀河的径流为塔里木河下游补水，故此处先考虑阿克苏河、叶尔羌河、和田河与塔里木河丰枯遭遇组合。

以皮尔逊三型分布曲线得出逐年各频率的设计值。其中丰、平、枯年等级划分标准如

表 5.5 所示。

表 5.5   丰、平、枯等级划分标准

名称	丰水年	平水年	枯水年
降水量（mm）	$X \geqslant X_{37.5}$	$X_{62.5\%} < X < X_{37.5\%}$	$X \leqslant X_{62.5\%}$

根据表 5.5 的丰、平、枯等级划分标准可以确定所求的设计值为 $X_{37.5}\%$ 和 $X_{62.5}\%$，这里需要运用软件 PLqx 来绘制皮尔逊三型曲线且得到所需频率的设计值，进而划分丰、平、枯年份。

由 P-Ⅲ曲线知 $X_{37.5\%} = 78.07$，$X_{62.5\%} = 71.32$，则对阿克苏河 56 年年径流量丰、平、枯年份进行划分，其中丰水年为 22 年，平水年为 13 年，枯水年为 21 年。同理可得和田河、叶尔羌河、塔里木河年径流量特定频率设计值，如表 5.6 所示。

表 5.6   各河段年径流量特定频率设计值   （单位：10^8m^3）

设计值	阿克苏河	和田河	叶尔羌河	塔里木河
$X_{37.5\%}$	78.07	38.68	69.6	49.45
$X_{62.5\%}$	71.32	33.55	61.61	41.78

5.5.2   各区丰枯组合

根据表 5.6 数据划分各河段逐年丰平枯情况，如表 5.7 所示，统计计算各源河段丰平枯状态的频率 27 种，如表 5.7 所示。

表 5.7   源流丰枯 27 种组合统计结果

阿克苏河/和田河/叶尔羌河	年数	阿克苏河/和田河/叶尔羌河	年数	阿克苏河/和田河/叶尔羌河	年数
丰/丰/丰	6	平/丰/丰	5	枯/丰/丰	1
丰/丰/平	2	平/丰/平	0	枯/丰/平	1
丰/丰/枯	2	平/丰/枯	0	枯/丰/枯	1
丰/平/丰	2	平/平/丰	2	枯/平/丰	0
丰/平/平	4	平/平/平	0	枯/平/平	3
丰/平/枯	0	平/平/枯	2	枯/平/枯	4
丰/枯/丰	2	平/枯/丰	1	枯/枯/丰	3
丰/枯/平	3	平/枯/平	0	枯/枯/平	0
丰/枯/枯	1	平/枯/枯	3	枯/枯/枯	8

5.6 贝叶斯网络丰枯遭遇风险管理模型

5.6.1 确定网络结构

网络结构的确定方法有两种：①由大量的实测样本数据通过结构学习获得；②由专家知识获得，即根据专家对变量间存在的因果依赖关系的认知，直接勾画出从因变量到果变量间的连接。本章采用第 2 种方法，通过分析各源流区丰枯组合对干流径流量组合的影响，建立丰枯遭遇风险管理模型，其模型结构如图 5.7 所示。

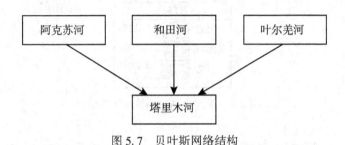

图 5.7 贝叶斯网络结构

图 5.7 中是以阿克苏河、和田河和叶尔羌河的年径流量为父节点，以塔里木河的年径流量为子节点，考虑在三源流不同丰平枯组合下，塔里木河的年径流量丰枯遭遇。

5.6.2 网络参数获取

网络参数指各节点的概率，包括根节点的先验概率和非根节点的条件概率。对贝叶斯网络的参数估计可以通过概率论和数理统计方法或者专家知识获得。在确定了网络结构的基础上，结合样本数据集，计算根节点的先验概率和中间节点的条件概率。在获得更多新数据的情况下，贝叶斯网络可以对参数进行更新，这也是从先验联合分布到后验联合分布的过程。

模型中父节点的先验概率可以通过 1960—2016 年各河段年径流量丰平枯的分布计算获得，子节点的条件概率根据表 5.7 中各源流丰平枯 27 种组合情况下塔里木河的丰平枯概率分布情况获得，即

$$P(B_j|A_i) = \frac{P(A_iB_j)}{P(A_i)} \tag{5-21}$$

式中：A_i 表示 27 种丰平枯组合中的第 i 种情况；

B_j 表示塔里木干流丰平枯情况，j 取丰、平、枯三种情况。

5.6.3 贝叶斯网络建立

用软件 AgenaRisk 新建模型，建立事件及联系，随后开展节点概率数据输入，由此得到贝叶斯网络图，如图 5.8 所示（其中 AKS 表示阿克苏河，HT 表示和田河，YEQ 表示叶

尔羌河，TLM 表示塔里木河，后图同）

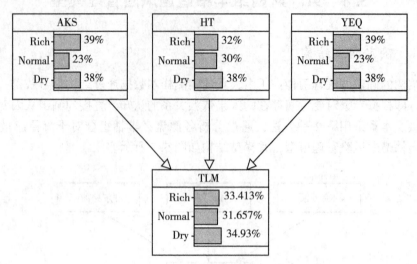

图 5.8　塔河丰枯遭遇贝叶斯网络

如图 5.8 所示，阿克苏河年径流量的丰平枯概率分布分别为 39%，23% 和 38%，和田河年径流量的丰平枯概率分布分别为 32%，30% 和 38%，叶尔羌河年径流量的丰平枯概率分布分别为 39%，23% 和 38%，总观，三个河段丰水年占比较大，枯水年占比大于平水年占比。通过已有的往年数据的概率分析得到塔里木河干流的丰平枯概率分布分别为 33.413%，31.657% 和 34.93%，总体来说丰平枯水年遭遇概率均接近于 31%~35%。

5.7　贝叶斯网络的仿真应用

通过年径流数据可以看出，塔里木河干流每年的年径流量很不稳定，其丰枯遭遇直接影响着水资源的合理分配利用，所以对塔里木河干流年径流的丰枯预测变得迫切。其中，由于阿克苏河、和田河和叶尔羌河的年径流量是塔里木干流的主要贡献流量，对于塔里木干流丰枯的预测是基于三河源的丰枯遭遇概率或者是某河源已确定的丰、平或枯的情况下，利用三河源的不同丰枯遭遇组合来进一步模拟仿真未来塔里木河干流的丰枯遭遇情形。

贝叶斯网络除了能根据实测得到的先验知识计算网络节点的概率，还可以根据新信息调整网络参数，将后验知识输入贝叶斯网络中，通过条件概率改变网络中其他节点的概率分布，这种根据更新的后验知识进行的网络推理，称为后验推理。通过预测某一节点或者某几个节点的发生情况，作为后验信息输入到网络模型中，利用贝叶斯网络的反向推理功能，推测出这一节点变化对其他节点条件概率的影响，为决策者制定应急方案提供数据支撑。为充分体现贝叶斯网络仿真模拟在流域内径流丰枯遭遇分析中的优越性，本节以阿克苏河、和田河和叶尔羌河的年径流丰枯遭遇的几种代表情境作为后验信息输入到贝叶斯网络中进行仿真研究。

在塔里木河流域中，利用对未来源流区或干流区的年径流量的预测信息，通过贝叶斯网络模型的后验推理，可以获得不同的丰枯组合状态对干流调水不利的风险概率。基于贝叶斯概率理论建立的贝叶斯网络模型没有固定的输入输出节点，模型中任何节点的状态都可以根据实际情况和情景仿真的需要进行改变。

为了说明贝叶斯网络在水源区和汇流区丰枯遭遇分析中的独特优势，以下分别考虑两种情况的贝叶斯网络分析，一是以三源流年径流量丰平枯遭遇为独立情况，考虑三源流丰平枯不同组合对塔里木河干流丰枯遭遇影响；二是以阿克苏河年径流量为根节点，将和田河和叶尔羌河作为阿克苏河的子节点，这里是考虑三源流的年径流量不为独立分布，而是相互有关的，从而计算在阿克苏河丰平枯的遭遇下叶尔羌河丰枯的条件概率，在阿克苏河叶尔羌丰枯组合下和田河丰枯的条件概率，然后再进行塔里木河干流丰枯遭遇的预测分析，另外说明，此处的根节点也可以是和田河或者叶尔羌河，在此以年径流量较大的阿克苏河为例作为根节点，对水文的表达更具有代表性。对于以上两种网络分别设定了单节点后验知识输入和多节点后验知识输入来模拟，进而反映贝叶斯网络模型的仿真应用特点。

5.7.1 单节点后验知识输入

单节点后验知识输入即在已建好的贝叶斯网络中单独改变一个节点的先验概率，以后验知识代替输入，后验知识可以来源于预测情况和实测情况，此处先假设一个节点的后验知识，输入贝叶斯网络进行仿真模拟，观察塔里木河干流年径流量的丰枯遭遇概率随单节点后验知识的变化而变化的情况，通过分析得到的结果，采取相应的水资源配置策略。另外，改变单节点的概率，可以通过结果反映出此节点的丰枯遭遇变化对干流丰枯的发生概率是否影响较大，进而判断此河源的有效汇流权重大小。

（1）先以三源流丰枯遭遇为独立状态将后验知识输入贝叶斯网络：

情景一：假设根据预测阿克苏源流区某年的年径流量为枯水年，将此预测信息加入贝叶斯网络模型中，仿真计算结果如图5.9所示。

对比图5.8和图5.9可以看出，当根据后验知识改变阿克苏水源区节点的状态时，模型中塔里木河干流丰枯状态也会跟着发生变化。通过贝叶斯网络的这种概率传递关系和后验推理，可以由预测的水源区的丰枯状态，推知由此引起的塔里木干流的丰枯概率变化。当将阿克苏的年径流量改成枯水年时，由于汇流的减少，塔里木河干流汇流量应减少。由两图对比可知，其中丰水概率由33.413%降为21.633%，平水概率略微上升，枯水概率由34.93%上升为42.536%。表现为下游径流量明显减小，枯水更易于发生，丰水难于发生，故图中的结果与实际的结果是相匹配的。故当这种情况发生时，相关部门应协调各河源向塔里木河干流的调水，以防干流径流量较小导致下游缺水。

情景二：情景一中显示了阿克苏为枯水时导致干流年径流量下降，由于阿克苏河年径流量在三河源中为最大，直接对干流年径流量有着重要的影响，现在考虑阿克苏河为丰水时的情况，如图5.10所示。

由图5.10可以看出，当阿克苏河为丰水时，塔里木河干流的年径流量为丰的概率增加至48.435%，平水概率下降为20.898%，枯水概率相对于先验知识基本不变。总体来

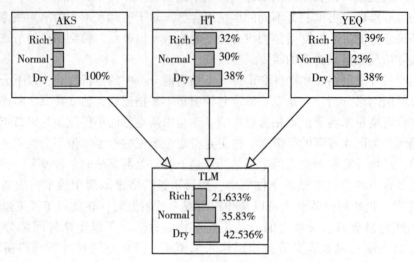

图 5.9　阿克苏河为枯时干流丰枯遭遇贝叶斯网络

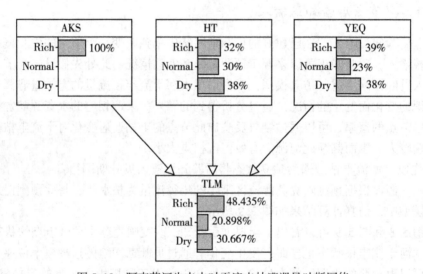

图 5.10　阿克苏河为丰水时干流丰枯遭遇贝叶斯网络

说为大概率丰水情况，有利于区域内调水用水。同时，联系情景一和情景二可发现，阿克苏河的年径流量的丰和枯两种遭遇直接导致着塔里木河干流的丰水概率有大幅的变化，可知阿克苏河年径流量在干流中的有效汇流中占有较大的比重，这与阿克苏河年径流量在三源流中最大是相符的，因此，阿克苏河年径流的丰枯遭遇需要受到重视，其调水用水也因采取与其丰枯遭遇相适应的对策，既能保证阿克苏河源流区的合理用水，也能维持下游干流区一定的回流量，保持源流与干流均能合理用水的协调性。

分别假设叶尔羌河源流区某年的年径流量为枯水年和丰水年，将此预测信息加入贝叶斯网络模型中，考虑叶尔羌河年径流量的丰枯遭遇对塔里木河干流的丰枯影响，同时比较阿克苏河和叶尔羌河的年径流对干流年径流的贡献汇流的权重的大小，仿真计算结果如图

5.11 和图 5.12 所示。

情景三：考虑叶尔羌河为枯水时的情形，如图 5.11 所示。

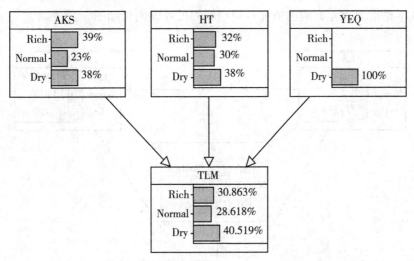

图 5.11　叶尔羌河为枯时干流丰枯遭遇贝叶斯网络

情景四：再分析叶尔羌河为丰水时，塔里木河干流丰枯遭遇情况，如图 5.12 所示。

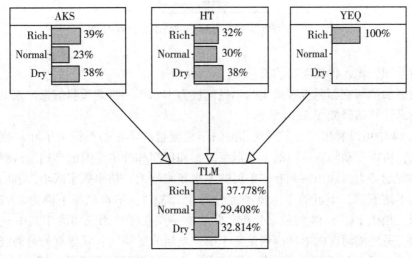

图 5.12　叶尔羌河为丰时干流丰枯遭遇贝叶斯网络

由图 5.11 可以看出当叶尔羌河年径流量为枯水时，塔里木河干流年径流量受到影响，丰水概率为 30.863%，平水概率为 28.618%，枯水概率为 40.519%，整体表现为丰水平水概率下降，枯水概率上升。图 5.12 中当叶尔羌河年径流为丰水时，丰水概率由图 5.8 中先验知识得到的结果上升为 37.778%，平水概率微降，枯水概率基本不变。综合以上两图可知，叶尔羌河年径流量对干流的丰枯遭遇有一定影响，但相比较阿克苏河来说，由于叶尔羌河的年径流量较阿克苏河小，汇入干流的水量不及阿克苏，所以对于影响干流丰遭遇，阿克苏河年径流量比叶尔羌河更占主导作用。

（2）以上是三源流丰枯遭遇为独立状态时将后验知识输入贝叶斯网络，现考虑三源流之间各自丰枯遭遇相互影响的情况，得到新的贝叶斯网络如图5.13所示。

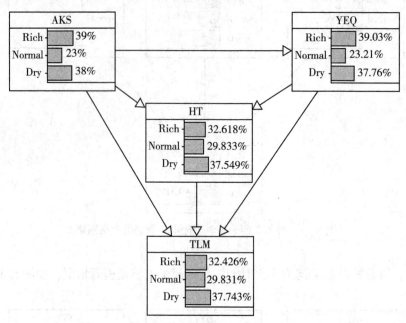

图 5.13　三源流丰枯相互影响的塔里木贝叶斯网络

现将后验知识输入得到新的仿真情形：

假设根据预测阿克苏源流区某年的年径流量为丰水年，将此预测信息加入贝叶斯网络模型中，仿真计算结果如图5.14所示。

从图5.14中可以看出，由于阿克苏河的年径流量的丰枯遭遇设为了叶尔羌河和和田河的父节点，所以变动阿克苏河的丰水概率时，和田河和叶尔羌河的丰枯遭遇概率也随之变化，总体的趋势为：和田河和叶尔羌河的丰水概率增大，枯水概率减小，进而影响塔里木河干流的丰枯遭遇，干流的丰水概率上升为45.532%，枯水概率下降为27.391%，平水概率微降。相比于图5.14的独立分布，此处的特点在于，当三河源中其中一河源确定丰枯遭遇时，另外两河源的丰枯遭遇是基于第一条河源影响的，其原有的遭遇统计概率随之变化，在某种情况下可以说是考虑了地区水文之间的相互联系情况；而（1）中的贝叶斯网络则是在一河源确定丰枯遭遇时，另外两河源保持原有的丰枯遭遇概率，进而影响塔里木河干流的丰枯遭遇，这种情况在河源之间的年径流量相互联系不大，或者基本不能建立相关关系的情况下比较适用。

5.7.2　多节点后验知识输入

贝叶斯网络模型没有输入节点个数限制，同一个网络模型可以适应多种不同数量的输

108

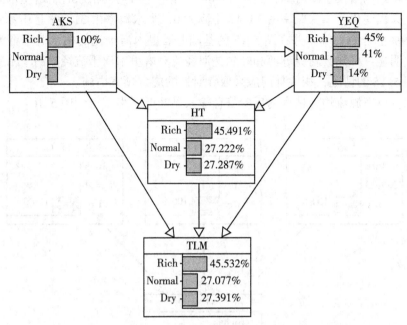

图 5.14　阿克苏为丰的塔里木贝叶斯网络

入节点个数。

（1）先以三源流丰枯遭遇为独立状态将后验知识输入贝叶斯网络：

情景一：以两节点输入为例，将阿克苏河和叶尔羌河年径流为枯水情况输入贝叶斯网络结构中，得到仿真计算结果如图 5.15 所示。

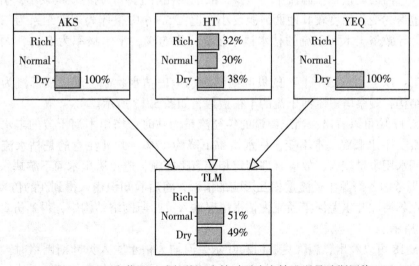

图 5.15　阿克苏河、叶尔羌河为枯时干流丰枯遭遇贝叶斯网络

相比于初始网络模型图可知，当阿克苏河、叶尔羌河均为枯水时，塔里木河干流的丰枯遭遇发生大幅变化。丰水概率由33.4%下降为0，平水概率由31.7%上升为51%，枯水概率由34.9%上升为49%，并在图5.15的基础上塔里木河干流的枯水概率更为上升，年径流量减幅明显，可知，阿克苏河和叶尔羌河径流对塔里木河干流径流的丰枯遭遇影响较大。对于图5.15的情况，相关部门应采取针对性的应急预案措施。

情景二：以三源流均为枯水的后验信息输入贝叶斯网络，得到图5.16：

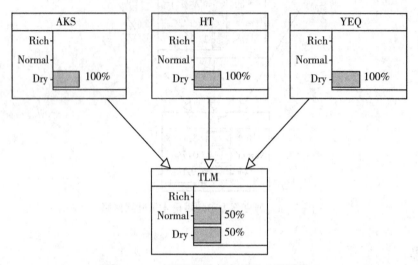

图5.16　三源流均为枯水的贝叶斯网络

当三源流均为枯水时，相比图5.15，塔里木河干流平水概率微降，枯水概率微升，这是由于和田河的流量在三源流中为最少，故汇聚在塔里木干流的权重较小，引起塔里木干流丰枯遭遇的变化幅度较其他两河源要小。但图5.16中整体表现的结果为三源流均枯的情况下，导致塔里木河干流的枯水概率较高，为50%，平水概率为50%，无丰水可能性。

情景三：以上"三源一干"的贝叶斯网络均考虑枯水状态，现以三源流为丰水状态建立网络结构，观察塔里木河干流的丰枯遭遇，如图5.17所示。

从图5.17中可以看出，当三源流的年径流量为枯时，塔里木河干流的丰水流量概率上升为50%，平水概率基本不变，枯水概率下降为17%，此处注意的是枯水流量的原因可能由于调水用水量较大，故应合理制定相应策略措施，避免塔里木河下游缺水的情况。

（2）现考虑各河源年径流量相互影响的情形，将后验知识输入得到新的仿真情形：

以阿克苏河和叶尔羌河年径流为枯水情况输入贝叶斯网络结构中，得到仿真计算结果如图5.18所示。

由图5.18可以看出，当阿克苏河和叶尔羌河均为枯水输入贝叶斯网络时，由于阿克苏河和叶尔羌河被设为和田河的父节点，所以和田河更偏向于枯水遭遇，其中，和田河丰水概率为8%，平水变化不大，枯水概率上升为61%，此处表明阿克苏河和叶尔羌河的丰枯遭遇基本能代表流域的绝大部分水文情况，此时塔里木河干流的枯水概率上升为

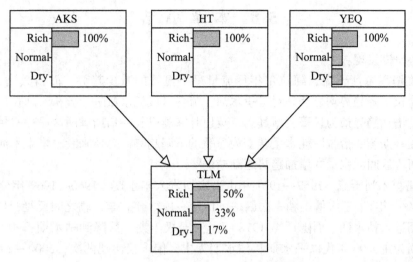

图 5.17 三源流均为丰水的贝叶斯网络

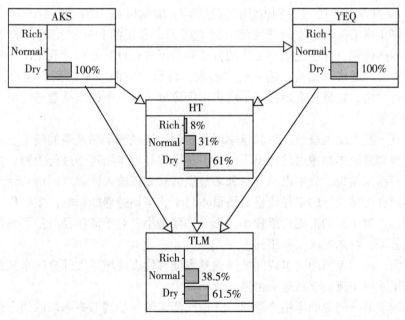

图 5.18 阿克苏河、叶尔羌河为枯时干流丰枯遭遇贝叶斯网络

61.5%，平水概率为 38.5%，丰水无发生可能性。相比于（1）中的图 5.15，此时得出的结果更为严峻，但两种网络分析的结果趋势是一致的，相关部门应采取针对性的应急预案措施。

5.8　本章小结

对趋势研究发现：

（1）在塔里木河干流，阿拉尔年径流量呈不显著的减少趋势，而新其满、英巴扎、乌斯满、恰拉下降趋势均显著。对塔里木河干流各区段耗水量进行分析，阿拉尔—新其满区间耗水量增加趋势最为显著，新其满—英巴扎和英巴扎—乌斯满两区段耗水量呈微递增趋势，而在乌斯满—恰拉段耗水量转变为显著的下降趋势，总体来看，塔里木河干流自上而下四个河段区间耗水量的增加趋势逐渐减弱。

（2）塔里木河干流，1957—1961 年由平水期进入丰水期，1960—1969 年分别出现一次极丰（1961 年）、三次偏丰和一次偏枯；1970—1973 年在丰、枯之间反复，1973—1976年由平水期进入枯水期，而随后至 1978 年上升至极丰期，后降到枯水期；20 世纪 80 年代以平水期为主，90 年代以平水期和枯水期为主，偏丰仅出现两次；2000—2009 年以偏枯、极枯为主；2010 年之后以丰水期为主。

（3）塔里木河干流地表径流在 1~3 月、11~12 月呈减少趋势，而 4~5 月呈增加趋势，其他年份只有微弱变化。根据年内径流分布，1~6 月的径流量占年径流量的17.91%，7~9 月及 10~12 月分别占年径流量的 71.02% 和 11.07%。

通过对塔里木河流域主要的三源流（阿克苏河，和田河和叶尔羌河）和塔里木干流年径流量数据的研究，并通过概率统计的方法对数据进行计算处理，利用贝叶斯网络建立塔里木源流和干流的模型结构，输入概率参数，得到"三源一干"河流年径流量丰枯遭遇的风险分析网络，定量直观地描述了塔里木河流域三源一干的丰枯遭遇的概率以及相互之间的影响关系。

通过仿真分析，输入根节点后验概率即可得到干流径流丰枯遭遇的概率，通过此种方法，可以在得知源流丰枯遭遇的情况下，对下游干流径流丰枯遭遇进行预测，其中分为了两种贝叶斯网络来模拟，分别以单节点和多节点后验知识输入，得到的仿真结果如下：

阿克苏河和叶尔羌河的年径流量对塔里木河干流丰枯遭遇的影响占主导作用，和田河由于流量较小，对干流的汇流贡献较小，影响作用最小。对干流年径流量影响作用从大到小为：阿克苏河，叶尔羌河，和田河。

阿克苏河、叶尔羌河的同丰或同枯遭遇基本能够代表流域绝大部分的水文情况，此时和田河和塔里木河干流的丰枯遭遇也随之影响较大。

当预测确定某一河源的丰枯遭遇时，其他两河源的丰枯遭遇概率采取的方法为：当确定的河源丰枯遭遇对流域没有很好的代表性或者不能跟其他两河源有很好的相关性时，应采取各自独立的丰枯遭遇概率；当已确定的河源年径流具有很好的流域水文代表性时，采取前述贝叶斯网络模型，考虑河源之间丰枯遭遇的相互影响。

阿克苏河为枯水，阿克苏河和叶尔羌河均为枯水以及三河源为枯水这三种情况为最严峻的情况，此时塔里木河干流的年径流的枯水概率较大，相关水利部门应采取相应的应对策略，保证合理可持续的用水调水。

本章根据塔里木河流域的年径流数据进行分析，建立贝叶斯网络模型，该模型的仿真分析功能可以根据实测或预测的年径流信息分析塔里木河干流的丰枯遭遇，从而为流域的水资源合理调配及可持续利用提供科学的决策支持，并采取适当的调水措施，对塔里木河干流径流量的丰枯遭遇的预测评估具有重要意义。

5.9 附　　录

附 5.9.1 径流频率分析过程与步骤

PLqx 软件的使用如下：

（1）新建 txt 文本，将数据录入。

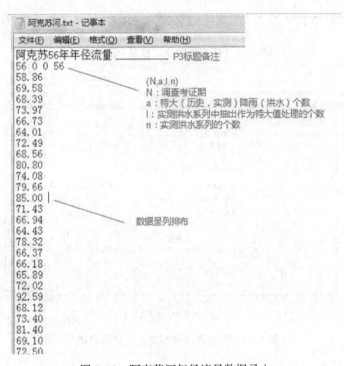

图 5.19 阿克苏河年径流量数据录入

（2）打开 PLqx 软件，打开建立的 txt 文本，便可呈现一条 PⅢ曲线。

（3）调整参数，使频率曲线和经验点据配合最佳。（单曲线分析→调整统计参数，注：C_V、C_S不变，E_X增大则曲线上升且变陡；E_X、C_S不变，C_V增大，则曲线呈顺时针旋转；E_X、C_V不变，C_S增大则曲线上端变陡，下端变平缓。）

（4）得到配合较好的曲线后，由曲线得出特定频率的设计值（单曲线分析→计算设计值→输入设计频率）。

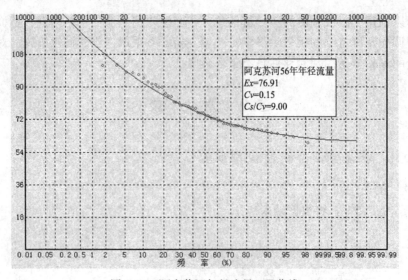

图 5.20　阿克苏河年径流量 P Ⅲ 曲线

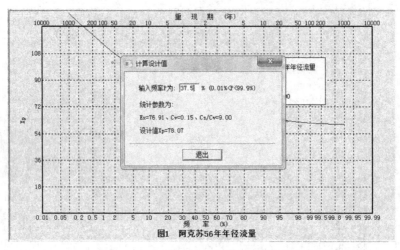

图 5.21　阿克苏河年径流量设计值获取

附 5.9.2　塔里木河流域丰枯情况计算统计结果

表 5.8 　　　　　　　　　　　　**各河段逐年丰平枯情况**

（以塔里木河丰平枯为基准划分）

塔里木河	阿克苏河	和田河	叶尔羌河	年份
丰	丰	枯	丰	2010
丰	丰	丰	丰	1978

塔里木河	阿克苏河	和田河	叶尔羌河	年份
丰	丰	平	平	1966
丰	丰	丰	丰	1994
丰	丰	枯	平	1981
丰	丰	枯	平	2011
丰	丰	丰	丰	2005
丰	丰	枯	平	1998
丰	丰	丰	枯	2002
丰	丰	枯	枯	1969
丰	平	丰	丰	2012
丰	平	丰	丰	1971
丰	平	丰	丰	1959
丰	平	丰	丰	2013
丰	平	平	枯	1961
丰	枯	枯	丰	2006
丰	枯	丰	丰	1967
丰	枯	枯	丰	1988
丰	枯	枯	丰	1964
平	丰	平	平	1996
平	丰	平	丰	1973
平	丰	平	平	1968
平	丰	丰	丰	1999
平	丰	丰	丰	2001
平	丰	丰	平	2003
平	平	平	丰	1960
平	平	丰	丰	1958
平	平	枯	丰	1962
平	平	枯	枯	1986
平	平	平	丰	1972
平	枯	丰	平	1982
平	枯	枯	枯	1963
平	枯	枯	枯	1977

续表

塔里木河	阿克苏河	和田河	叶尔羌河	年份
平	枯	枯	枯	1984
平	枯	丰	枯	1983
平	枯	平	平	1987
平	枯	枯	平	1990
枯	丰	平	平	1995
枯	丰	平	丰	1997
枯	丰	丰	平	2000
枯	丰	丰	丰	2007
枯	丰	丰	枯	2004
枯	丰	枯	丰	2008
枯	平	枯	枯	1974
枯	平	平	枯	1979
枯	平	枯	枯	1965
枯	枯	枯	枯	1989
枯	枯	平	枯	1992
枯	枯	平	枯	1976
枯	枯	枯	枯	1975
枯	枯	平	平	1985
枯	枯	平	枯	1993
枯	枯	平	枯	2009
枯	枯	平	平	1970
枯	枯	枯	枯	1980
枯	枯	枯	枯	1991

附 5.9.3　丰枯遭遇的贝叶斯网络分析方法实现

AgenaRisk 软件的使用如下：

（1）打开软件 AgenaRisk，新建模型，如图 5.22 所示。

（2）建立事件及联系，如图 5.23 所示。

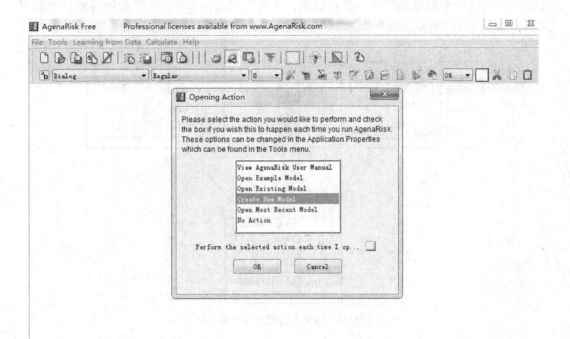

图 5.22　AgenaRisk 打开界面

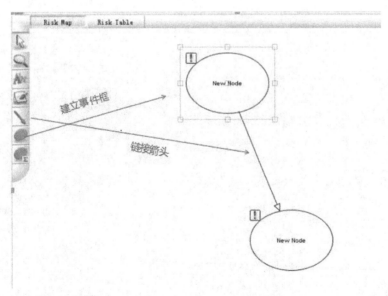

图 5.23　贝叶斯网络父子节点的建立

（3）节点概率数据输入（右击事件框→properties→node detail，编辑 node name 和 node type，node type 选 labelled→node states，输入事件丰、平、枯→node probability table，输入各项概率→apply），以上步骤如果是建立根节点，则在后面编辑非根节点事

件框的时候注意编辑概率时应为条件概率，依此编辑其他节点。① 依此法得到贝叶斯网络图，如图 5.24 所示。

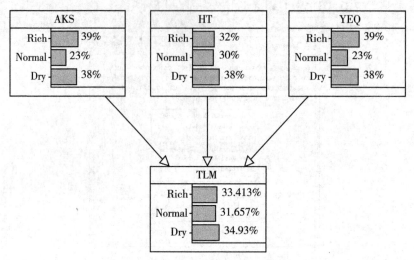

图 5.24　塔河丰枯遭遇贝叶斯网络

第6章 塔里木河流域区域间的农业 虚拟水贸易平衡研究

6.1 虚拟水研究对塔里木河流域水资源优化配置的作用

塔里木河流域属典型的温带干旱大陆性气候,光热资源十分丰富,流域内干燥多风,日气温差较大,降水稀少,蒸发强烈。

塔里木河干流全长 1321 千米,自身不产流,历史上塔里木河流域的九大水系均有水汇入塔里木河干流。由于人类活动与气候变化等影响,20 世纪 40 年代以前,车尔臣河、克里雅河、迪那河相继与干流失去地表水联系,40 年代以后喀什噶尔河、开都-孔雀河、渭干河也逐渐脱离干流。到 2008 年与塔里木河干流有地表水联系的只有和田河、叶尔羌河和阿克苏河三条源流,孔雀河通过扬水站从博斯腾湖抽水经库塔干渠向塔里木河下游灌区输水,形成"四源一干"的格局。

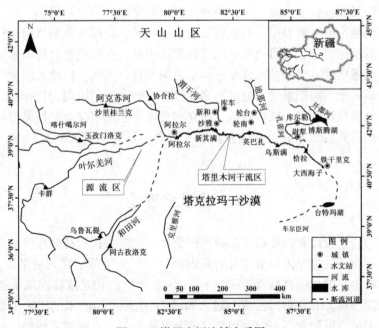

图 6.1　塔里木河流域水系图

　　干旱地区水资源缺乏，生态环境脆弱，一般社会经济较为落后，当地不合理的经济行为不但降低了用水效率，还加剧了水资源供需矛盾。而地区间的紧密经济和地理联系，使各地水资源问题产生的影响还扩展到了其他地区。这使得开展地区间协作、合理利用区内外水资源、统筹水量直接配置和经济联系对水资源的间接分配，对实现干旱区可持续发展具有重要意义。

　　水量直接配置涉及社会发展、经济结构、生态环境等诸多方面，需要考虑互相冲突的众多目标，以及具有紧密联系的自然和社会因素，最终实现各方利益的协调。实践中运用水资源在不同用途间的机会成本比较、水量在经济系统中的循环和消耗过程模拟、水量配置方案可持续性评价等方法来描述水量配置涉及的各个方面，以此为基础建立了多层次分配、大系统优化等多目标水资源配置模型，并运用粒子群优化算法（PSO）等数学工具来求解模型，以给出不同空间尺度（地区、流域和跨流域）上的水量分配方案。经济联系对水资源间接分配的途径是地区间各类商品贸易中蕴含的虚拟水流动。一个地区以虚拟水形式将自身消耗的一部分水资源输送到了其他地区，同时也通过这种形式从其他地区获得了输入。这使该地区与周边或更远地区产生了密切或松散的联系，在一定程度上可缓解水资源空间分布不均和供需矛盾。目前，水量直接配置与间接配置两方面研究间的联系并不紧密，实践中也尚未开展实体水和虚拟水的综合调控。

　　干旱区粮食生产耗水量巨大，粮食贸易蕴含的虚拟水量占地区间虚拟水流量的绝大部分。粮食流通格局由粮食供需状况决定。相较由人口和经济状况确定的粮食需求，粮食供给更易调控。粮食供给变化会改变各地粮食供需差额，进而影响粮食流通路径和数量。而受粮食生产水平和用水效率的影响，不同地区单位质量粮食虚拟水含量存在显著差异。可见，通过粮食产量和虚拟水含量，可调控粮食流通和虚拟水流动格局。

　　考虑到不同地区的水资源条件和经济发展情况各异，虚拟水流动格局也应与各地水资源供给、经济需求相协调，本研究从区域整体角度出发，在控制粮食种植水消耗量的前提下，利用粮食流通格局主动调整来改变虚拟水流向流量。为此，以地区虚拟水输出量应与当地水资源量相匹配、虚拟水进口量应与当地经济发展水平相协调为目标，以粮食种植面积、单产和单位面积耗水量为调控对象，建立多目标农业用水综合调控模型并求解，生成调控方案集，从而集成水量直接和间接配置，改善干旱区水资源利用效率，保证粮食安全。

6.2　虚拟水理论

　　随着有限的淡水资源和农业用地受到气候变化、人口增长和社会经济发展的压力越来越大，满足不断增长的世界人口对粮食的需求是一项巨大挑战。在过去的 10 年中，研究和政策都集中在迅速增加的自然资源稀缺上，水-能-食物的相互依赖性越来越多地被视为一种关系或资源三难。农业需求已成为过去 50 年来地球可用淡水的最大消费者：70% 从河道和地下水中抽取可用水用于农业用途。随着其他部门对水的需求增加，减少农业用水的努力也在加剧。与食品贸易相关的虚拟水贸易节省了约 6% 的农业用水，因此在干旱地区探索虚拟水平衡是非常有意义的，因为人们越来越关注水资源的可持续性和农业用地扩张。

区域间虚拟水流量是动态变化的，并不稳定，但其应与各地区水资源和经济发展状况相适宜。而评价两种要素相对分布的均匀程度，可以运用基尼系数的概念。基尼系数是考察居民收入分配公平程度的指标，根据洛伦兹曲线面积计算。该数值越小，分配就越趋于平均；反之则表明分配越不平等。因此，本研究借鉴基尼系数的计算方法，用水资源量和国内生产总值分别代表地区水资源和经济发展状况，评估虚拟水流动格局与水资源量分布、国内生产总值分布间的均衡性。

作物供水和需水的差异性极大地影响了水资源的进出口。农业虚拟水流量的估算如下节所述。

6.2.1 粮食流通格局

对参与调控的各类粮食，可分别建立其流通模型。模型以各地区粮食流通费用最小为目标，以粮食供需平衡为约束。求解该模型，即可确定某种类粮食在地区间的流动方向和数量。

目标函数如式（6-1）所示，约束如式（6-2）、式（6-3）所示。

$$\min FC^l \tag{6-1}$$

$$FO_i^l \leq S_i^l \tag{6-2}$$

$$FI_i^l = N_i^l \tag{6-3}$$

式中，FC^l 是第 l 种粮食的流通费用（元）；目标函数约束式（6-2）中，FO_i^l 表示地区 i 第 l 种粮食的输出总质量（吨），它应小于等于该地区该种粮食的剩余质量 S_i^l（S_i^l 为当地产量减去当地需求量的差值，若差值为负数，则剩余质量为 0（吨）；约束式（6-3）中，FI_i^l 表示地区 i 第 l 种粮食的进口质量（吨），等于该地区该种粮食的缺额 N_i^l（N_i^l 为当地需求量减去当地产量的差值，若差值为负，则缺额为 0（吨）。

流通费用计算公式如式（6-4）所示：

$$\min FC^l = \sum_i \left(\sum_j C_i^j X_i^{lj} \right) \tag{6-4}$$

式中，X_i^{lj} 是决策变量，表示第 l 种粮食从地区 i 输往地区 j 的质量（吨）；C_i^j 是从地区 i 到地区 j 运输单位质量粮食的最低费用（元/吨）。这里假设运输费用不区分粮食种类。地区间粮食运输方式通常包括公路、铁路和水路运输，需按地区间不同运输方式的里程和运价，确定运输单位质量粮食的最低费用。

在求解粮食流通模型前，需先判断第 l 种粮食的整体供需形势。首先分别计算所有地区该类粮食产量和需求量的和，得到总产量和总需求量。若总产量大于等于总需求量，说明供应充足；若总产量小于总需求量，则说明供应不足，需从外地区进口。总进口量等于总需求量和总产量的差值。假设进口粮食运输到某一地区 S，然后再从地区 S 运输到其他地区，则需更新地区 S 中该类粮食剩余质量（等于地区 S 该类粮食原剩余质量与进口量之和）。

6.2.2 虚拟水流出

虚拟水流出量（万立方米）为：

$$VWO^k = \sum_m PW_m^k XL_m^k \tag{6-5}$$

式中，$k=1$，2，$\cdots$，n 代表研究区域，n 为虚拟水流出区域数量，VWO^k 为区域 k 的虚拟水流出量，m 代表作物类型，PW_m^k 为区域 k 中单位质量作物 m 的耗水量，XL_m^k 为区域 k 出口作物 m 的质量。其中：

$$XL_m^k = \begin{cases} y_m^k - d_m^k, & y_m^k - d_m^k > 0 \\ 0, & y_m^k - d_m^k \leq 0 \end{cases} \tag{6-6}$$

式中，y_m^k 是区域 k 的作物 m 的产量，d_m^k 是区域 k 的作物 m 的需求量。

6.2.3　虚拟水流入

农业贸易中的虚拟水流入量等于流入当地生产进口作物消耗的水量，为：

$$VWI^k = \sum_m PW_m^k XS_m^k \tag{6-7}$$

式中，$k=1$，2，$\cdots$，n 代表研究区域，n 为虚拟水流入区域数量，VWI^k 为区域 k 的虚拟水流入量，m 代表作物类型，PW_m^k 为区域 k 中单位质量作物 m 的耗水量，XS_m^k 为区域 k 进口作物 m 的质量。其中：

$$XS_m^k = \begin{cases} d_m^k - y_m^k, & d_m^k - y_m^k > 0 \\ 0, & d_m^k - y_m^k \leq 0 \end{cases} \tag{6-8}$$

式中，d_m^k 是区域 k 的作物 m 的需求量，y_m^k 是区域 k 的作物 m 的产量。

6.3　研　究　方　法

6.3.1　虚拟水平衡的意义

目前全球有 40 亿人每年至少有一个月会遭受严重的水资源短缺。20 世纪 90 年代中期以来，虚拟水的相关研究已经蓬勃发展，随着虚拟水的发展，在 21 世纪初，另一个类似的术语"水足迹"也被提了出来。虚拟水和水足迹都用于衡量生产商品的用水量。

虚拟水是生产食品或商品所需的水量，以每吨作物或产品的立方米水量来衡量。在这项研究中，每种商品的虚拟含水量有两个含义。第一个含义是指原产地生产过程中消耗的水；另一个含义是指如果在消费区域内生产相同的商品消耗的水。后一含义表示节水效果和进口商品对当地水资源短缺的影响。相应地，虚拟水贸易也有两个含义。虚拟水出口商即指消耗本地区水量水而向其他地区输水；虚拟水进口商是指使用输入本地区的虚拟水，并使用进口水来满足其他需求。虚拟水贸易可以改变水的供需结构，利用水资源丰富的地区，改善干旱地区或干旱地区的水供应。估算干旱地区灌溉作物空间重新分配的虚拟灌溉水平衡，在农业用水分配中考虑了虚拟水贸易，并将这一概念整合到实际水管理方案中。

虚拟水贸易有两个重要的不平等。第一，虚拟水流量与该区域的水量之比在不同区域之间存在差异。第二，缺水地区虚拟水流入量与当地可用水量之比较低，这意味着用进口取代的水不足以支持可持续发展。这种不平等导致当地水资源的过度消耗，难以开发富水区的比较优势。

水资源的不平等会影响虚拟水的出口和消费模式，因此可能需要一个全国范围的补偿计划来支持干旱地区的经济发展和水资源保护。农业用水的效率，尤其是干旱和半干旱地区的用水效率，面临水资源有限和来自其他需水部门激烈竞争的挑战。Hassan 和 Thiam 等人建议改善用水效率和农业竞争力，以实现干旱地区水和净粮食安全目标的较低净出口。实现这些建议需要区域间协调。当不同地区通过地理位置和经济联系相联系时，虚拟水贸易将有助于提高不同地区用水的效率，并改善地区之间的经济联系。这表明虚拟水贸易的管理是一个区域间问题，需要协调所有相关领域，以调整控制因素的空间重新分配，包括但不限于人口、技术发展水平和商品供需。

6.3.2 虚拟水平衡的优化框架

选取小麦、玉米和棉花作为塔里木河流域主要粮食作物，将各研究分区小麦、玉米和棉花的种植面积，单位面积灌溉水量，粮食单产的调整幅度作为决策变量，以塔里木河流域 $Gini_{VWO}$ 最小、$Gini_{VWI}$ 最大为调控目标。

1. 资料处理

各研究区域水资源数据来自 2016 年新疆水资源公报。各区域国内生产总值、作物种植面积和单产数据来自 2017 年新疆统计年鉴。各区域小麦、玉米和棉花单位面积灌溉水量来自《新疆维吾尔自治区地方标准农业灌溉用水定额》（2014 年 3 月 19 日发布，2014 年 4 月 19 日实施）。各区域小麦需求量按照口粮和种子两种需求分别推算后汇总，玉米需求量按照口粮、饲料和损耗三种需求分别推算后汇总，棉花按照原棉和种子两种需求分别推算后汇总。由于棉花资料收集较为困难，目前还不能形成一个完整的统计表格。小麦、玉米的数据统计表格如表 6.1、表 6.2 所示。

2. Gini 系数

区域间虚拟水流量是动态变化的，并不稳定，但其应与各地区水资源和经济发展状况相适宜。而评价两种要素相对分布的均匀程度，可以运用基尼系数的概念。基尼系数是考察居民收入分配公平程度的指标，根据洛伦兹曲线面积计算。该数值越小，分配就越趋于平均；反之则表明分配越不平等。因此，本章借鉴基尼系数的计算方法，用水资源量和国内生产总值分别代表地区水资源和经济发展状况，评估虚拟水流动格局与水资源量分布、国内生产总值分布间的均衡性。

首先，分别计算各地区水资源量占全部地区水资源总量比例、各地区国内生产总值占全部地区国内生产总值比例、各地区虚拟水输出量占全部地区虚拟水输出总量比例，以及各地区虚拟水输入量占全部地区虚拟水输入总量比例。然后，按各地区水资源量大小，从低到高对各地区进行排序。根据排序结果，从数值最低的地区开始，依次计算各地区水资源量和虚拟水输出量的累计比例。据此，虚拟水输出格局相对水资源分布的均衡程度（$Gini_{VWO}$）为：

表 6.1　塔里木河流域各地区小麦需求量、单产、经济收益和灌溉定额

区域	农业人口	城镇人口	口粮小麦标准		口粮小麦	小麦播种面积	小麦种子用量	种子小麦	小麦总需求	小麦产量	小麦单产	小麦现金收益	灌溉定额
			农村	城市								
单位	万人	万人	千克/人	千克/人	吨	千公顷	千克/公顷	吨	吨	吨	千克/公顷	元/吨	立方米/亩
阿克苏河	86.34	50.77	68	25	178794.9	65.84	120	7900.8	186695.7	471465	7160.8	1093.4	340
叶尔羌河	402.89	119.50	68	25	760819.4	287.71	120	34525.2	795344.6	1850137	6430.6	1093.4	340
和田河	190.45	54.53	68	25	358418.8	92.95	120	11154	369572.8	521363	5609.1	1093.4	350
开都-孔雀河	45.84	58.49	68	25	114667.4	32.43	120	3891.6	118559.0	276618	8529.7	1093.4	330
塔河干流	102.03	42.52	68	25	200346.0	104.44	120	12532.8	212878.8	698433	6687.4	1093.4	340

表 6.2　塔里木河流域各地区玉米需求量、单产、经济收益和灌溉定额

区域	年末人口	役畜	畜肉	禽肉	年消耗玉米	口粮玉米	饲料玉米需求	玉米出售价格	玉米产量	玉米种植面积	玉米单产	灌溉定额
单位	万人	万头(只)	吨	吨	万吨	万吨	万吨	元/吨	万吨	千公顷	吨/公顷	立方米/亩
阿克苏河	137.11	335.98	92538	53115	7.78	1.86	10.55	1727	30.80	37.15	8.29	330
叶尔羌河	522.39	1008.42	375235	117735	20.54	7.10	30.24	1727	179.26	238.62	7.51	330
和田河	244.98	531.64	94473	52687	5.63	3.33	9.81	1727	53.88	78.15	6.89	325
开都-孔雀河	104.33	303.98	78515	13599	6.35	1.42	8.50	1727	23.96	21.24	11.28	320
塔河干流	144.55	355.84	102453	28399	6.07	1.97	8.79	1727	61.33	68.62	8.94	330

$$\text{Gini}_{\text{VWO}} = 1 - \sum_i (P_{\text{VWO}}^i + P_{\text{VWO}}^{i-1})(r^i - r^{i-1}) \tag{6-9}$$

式中，P_{VWO}^i 是地区 i 虚拟水输出量的累计比例，r^i 是地区 i 水资源量的累计比例。另外，按各地区国内生产总值的大小，从低到高对各地区进行排序。根据排序结果，从数值最低的地区开始，依次计算各地区国内生产总值和虚拟水输入量的累计比例。据此，虚拟水输入格局相对国内生产总值分布的均衡程度（Gini_{VWI}）为：

$$\text{Gini}_{\text{VWI}} = 1 - \sum_i (P_{\text{VWI}}^i + P_{\text{VWI}}^{i-1})(g^i - g^{i-1}) \tag{6-10}$$

式中，P_{VWI}^i 是地区 i 虚拟水输入量的累计比例，g^i 是地区 i 国内生产总值的累计比例。式（6-9）和式（6-10）中，当 $i=1$ 时，P_{VWO}、r^{i-1}、P_{VWI} 和 g^{i-1} 都为 0。与基尼系数一样，均衡程度也是一个介于 0 和 1 之间的数。其数值越小，说明虚拟水流动格局与水资源分布或国内生产总值分布间的均衡性就越高。

3. 综合调控模型

社会发展中人口和经济的集中，是产生水资源供需矛盾的一个重要原因。人口众多、经济发展水平高的地区，水资源需求可能大于供给；人口稀疏、经济发展相对较慢的地区，则可能供给大于需求。由于各地区水资源量和经济发展水平不同，水资源既需要在各地区内部实现可持续利用，同时也需在地区间实现均衡利用。

因此，针对调控对象（如某种粮食的种植面积、单产和单位面积耗水量），以最小化虚拟水输出格局相对水资源量分布的均衡程度值、最小化虚拟水输入格局相对国内生产总值分布的均衡程度值为目标，建立综合调控模型如下：

$$\text{minGini}_{\text{VWO}} \tag{6-11}$$

目标函数式（6-11）的含义是：水资源总量相对更多地区输出的虚拟水量相对更多，希望水资源较丰富地区发挥优势，调出更多水资源。

$$\text{minGini}_{\text{VWI}} \tag{6-12}$$

目标函数式（6-12）的含义是：国内生产总值相对更大地区输入的虚拟水量相对更多，希望虚拟水资源输入与经济规模相匹配。由此，通过在虚拟水输出和输入两方面的协调，实现区域水资源适度和高效利用。

模型约束式如下：

$$\sum_l I_i^l \leqslant TI_i \tag{6-13}$$

式中：I_i^l 是地区 i 第 l 种粮食灌溉水体积，万立方米，$\sum_l I_i^l$ 是地区 i 在调控前所有种类粮食灌溉水体积之和，万立方米。式（6-13）表示调控后各地区灌溉水总体积不增加。

调控模型具体求解步骤如下：

（1）随机生成关于调控对象的决策变量序列，并计算各地区调控后灌溉水量（若调控后灌溉水量大于调控前，则重复本步骤，直到调控后灌溉水量小于调控前）；

（2）根据决策变量序列，计算各地区各种类粮食产量；

（3）计算各地区各种类粮食产量与需求量的差值，确定各种类粮食的进口总额；

（4）将各种类粮食的进口总额分配到具体某一个或几个地区；

（5）运用6.2.1节的粮食流通模型，计算各种类粮食在各地区间的流通方向和数量；

（6）根据步骤（1）和（2）的结果，计算各地区各种类粮食产量单位质量虚拟水含量；

（7）根据步骤（5）和（6）的结果，计算各地区虚拟水输出总量和输入总量；

（8）计算虚拟水输出格局相对水资源量分布的均衡程度，以及虚拟水输入格局相对国内生产总值分布的均衡程度；

（9）返回步骤（1），重复步骤（1）至步骤（9），直到生成足够数量的初始可行解集；

（10）根据两类均衡程度数值大小，评价初始可行解集，生成非劣解集；

（11）利用粒子群算法，从非劣解集出发，开始寻优迭代；寻优产生的每个新可行解都需满足灌溉水量不增加的约束，同时计算相应的粮食、虚拟水流通量及均衡程度；以此为基础，每迭代一次，就更新一次非劣解集；

（12）达到寻优迭代次数设定值后，停止迭代，输出最后更新的非劣解集，即为寻优结果。

由于优化结果并非唯一解，因此，还需要对非劣解集进行评价，选出符合要求的最终调控方案。

6.3.3　不同约束条件

中国快速的社会经济发展，城市化和气候变化对农业的扩张以及实现食品自给自足的目标提出了挑战。由于政策制定者关注环境保护和食物自给自足，我们需要估计虚拟水贸易的几种不同影响。在管理水资源时，政策制定者应该致力于提高作物产量，减少灌溉用水量，并提高经济效益。区域间协调旨在确定特定区域作物种植的最佳种植面积，以调整作物的空间分布。约束取决于具体情况。该研究根据作物供应、灌溉用水和经济效益的变化设定了三个限制因素，以确定区域间协调的影响。

可以使用多目标优化算法对这些约束进行建模。作物供应限制规定塔里木河玉米和小麦的总供应量不应减少，这意味着应保持作物生产规模。灌溉用水约束规定灌溉用水的使用不应增加，并且代表了保护农业用水的要求。经济效益约束规定，作物种植的经济效益不应降低，从而保证农民的利润。这些约束被逐个引入算法，然后通过结果可以得出各约束条件对区域间虚拟水平衡的影响。

6.3.4　粒子群优化算法（PSO）及其实现

优化算法通常用于解决多目标优化问题。在水资源管理和预测中使用了许多不同的优化算法，例如 PSO 算法、神经网络算法、遗传算法、局部搜索算法和随机森林算法。本研究使用的 PSO 算法由 Eberhart 和 Kennedy 提出，然后由 Blackwell 和 Clere 等人开发为一个可广泛运用的成熟算法。PSO 算法具有无交叉变异计算、搜索速度快、内存强、参数少、结构简单等优点，被广泛使用并且易于获得。

PSO 算法首先初始化一组粒子（随机解），然后通过迭代找到最优解。在每次迭代中，粒子通过跟踪两个极值来更新自身。为了解决水资源分配中的优化问题，在 PSO 算法中调整粒子编码、适应度函数的构造和约束处理。决策变量是每个部门主要作物（玉米、小麦和棉花）的种植面积。为了比较种植面积不同对变异范围的影响，我们设计了五个方案，其中每个区域的玉米、小麦和棉花种植面积范围分别为 0.9~1.1，0.8~1.2，0.7~1.3 和 0.6~1.4 倍各自的初始值。图 6.2 为利用 PSO 算法优化区域间虚拟水协调模型的流程图。

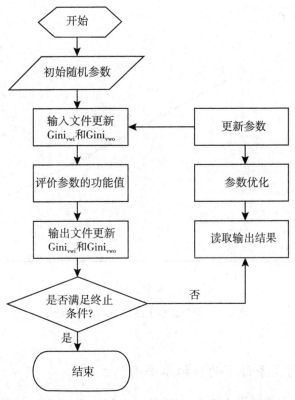

图 6.2　利用 PSO 算法优化区域间虚拟水平衡协调模型的过程

6.4　虚拟水平衡的研究结果

6.4.1　无约束条件下的虚拟水平衡结果

从收集的资料来看，塔里木河流域虽属于干旱少雨地区，但种植的主要作物小麦、玉米和棉花除了提供本地区内需，其余都是对外出口的，且出口量远大于本地区需求量。因此，这 5 个研究区域的三大作物虚拟水输出量都为 0，$Gini_{vwI}$ 恒为 1。上述的多目标模型在 $Gini_{vwI}$ 恒等于 1 的情况下变为了单目标模型，使我们的研究更加简化了。

如图 6.3 所示，在不添加约束条件的情况下，仅调整作物种植面积时，最小 $Gini_{vwo}$ 变化情况。本书选取 0.6~1.4、0.7~1.3、0.8~1.2 和 0.9~1.1 倍初始种植面积的 4 种不同方案。由于方案 0.6~1.4 倍的面积调整的模型无法得最优解，因此在图 6.3 中仅保留了 3 种调整方案。可以看到，随着调整范围的增大，最小 $Gini_{VWI}$ 在减小。但此结果是不考虑约束条件存在情况下的。实际上，当作物种植面积减少后，产量势必减少，伴随着出口量减少，则此区域的经济来源就会下降；当作物种植面积增加后，在原种植条件不变的情况下，所需灌溉水量势必会增加，这就给原本就水资源短缺的塔河地区造成更大的水资源负担。因此，我们更需要考虑的是相关的约束条件对区域最小 $Gini_{VWO}$ 的影响，并得出效果良好的调整方案。

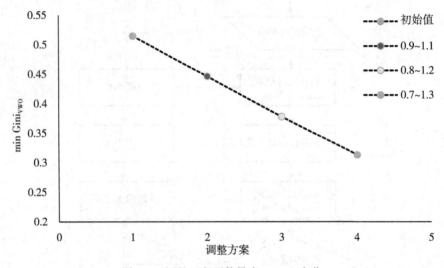

图 6.3　调整面积下的最小 $Gini_{VWO}$ 变化

6.4.2　不同约束条件下的虚拟水平衡结果

本研究选取种植面积范围在 0.8~1.2 倍（0.7~1.3、0.9~1.1 倍也一样研究，为了减少工作量，选取了其中一种方案）初始值情况下添加三个约束条件：经济效益、作物供应和灌溉水量。我们选取经济效益和作物供应 0.5、0.6、0.7、0.8 和 0.9 倍初始值，灌溉水量 1.5、1.4、1.3、1.2 和 1.1 倍初始值。每种约束调整都是 5 种方案，但经济效益的 0.9 倍初始值和灌溉用水的 1.1 倍初始值都是模型无解。因此，剩下方案的结果如图 6.4、图 6.5 和图 6.6 所示。

如图 6.4 所示，在仅调整经济效益情况下，随着约束条件范围越来越严格，最小 $Gini_{VWO}$ 是先减小再增大的，基本在 0.6 倍初始值时为最小值。

如图 6.5 所示，在仅调整作物供应情况下，随着约束条件越来越严格，最小 $Gini_{VWO}$ 是先增大再减小的，到方案④和方案⑤之间减小速率降低。因此，从水资源可持续发展角度考虑，作物供应 0.8 倍初始值和 0.9 倍初始值取得的模型效果相差不大，我们更偏向于考虑方案④。

如图 6.6 所示，在仅调整灌溉用水情况下，随着约束条件越来越严格，最小 $Gini_{VWO}$

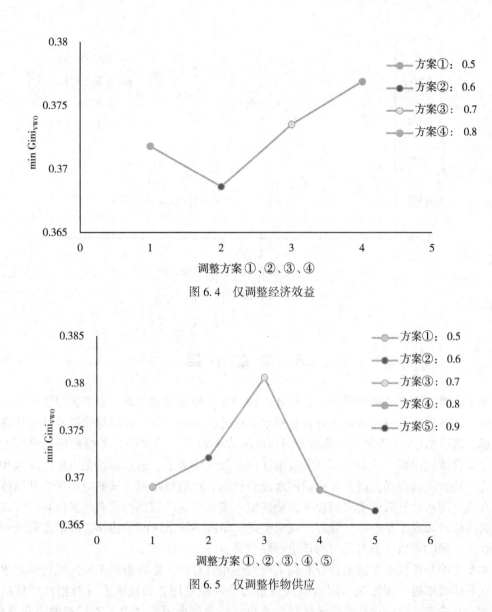

图 6.4   仅调整经济效益

图 6.5   仅调整作物供应

也是先增大再减小的。同样方案③和方案④的模型效果差别不大，从减少灌溉用水量考虑，选择灌溉用水 1.2 倍初始值更加贴合研究目标。

综上所述结果，本研究可以提出一套相对良好的种植方案：经济效益是初始值的 0.6 倍，作物供应为 0.8 倍，灌溉用水为 1.2 倍。其中，经济效益下降较大，但这只是此研究模型所选小麦、玉米两种作物的经济效益下降。为了减小最小 $Gini_{VWO}$ 的值，解决干旱地区水资源短缺问题，我们觉得需要从其他方面来补偿这些下降的经济效益，例如政府补偿、产业转移等，这就需要从相关方面进一步进行研究。

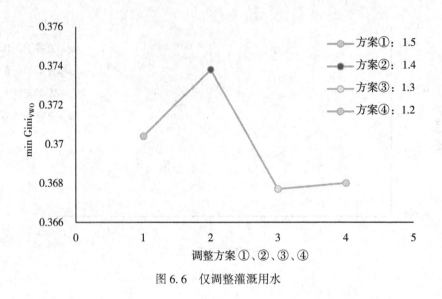

图 6.6　仅调整灌溉用水

6.5　本章小结

为了解决密不可分的干旱区水资源和农业问题，使虚拟水流动与水资源量和经济规模相适应，该章借鉴基尼系数概念评价虚拟水流动的区域均衡性，并以尽量提高区域均衡性为目标，选取 2016 年塔里木河流域不同地区的农业数据，建立融合了粮食流通模型的农业用水综合调控模型，从而在控制灌溉水使用总量的前提下，通过调整粮食生产耗水和产量来改变粮食流通格局，进而优化虚拟水流动状态。在塔里木河流域的应用研究证明该方法可在满足用水总量限制要求前提下，使虚拟水流动均衡性较调控前有明显改善，实现了干旱区实体水和虚拟水的统一管理。这对促进干旱区不同地区间的协作、缓解水资源利用与粮食生产间的矛盾，具有重要的理论指导意义。

本章在综合调控中考虑的目标和约束类型还相对有限，还需根据不同区域特性和水资源配置具体要求进一步细化，同时引入更精细的调控机理，如耗水水量对粮食产量的影响。此外，进口粮食先运抵哪个地区后再流向其他地区会影响甘肃本省产粮的流向流量，且缺乏关于塔里木河流域粮食贸易来源地和目的地的详细资料。需要指出的是，由于可能存在较大程度的失真，会对调控结果的合理性和实用性产生不利影响。因此，需开展对粮食贸易的详细调研，以在调控模型中更精确地反映粮食流动情况。

6.6　附　　录

附 6.6.1　虚拟水再平衡分析的 MATLAB 核心代码

仅将作物面积作为决策变量调整：

```
    lisan=1000;        %离散为 lisan 个值

    %仅将种植面积作为决策变量
    Corn_area_adjustinterval = repmat(linspace(0.8,1.2,lisan)',1,
NumberDistricts).*ones(lisan,NumberDistricts);
    Wheat_area_adjustinterval = repmat(linspace(0.8,1.2,lisan)',1,
NumberDistricts).*ones(lisan,NumberDistricts);
```

三个约束条件调整:
```
    %初始各地区灌溉水量
    irrigation_2016 = (corn_irri_perarea_2016.*cornarea_2016+wheat_
irri_perarea_2016.*wheatarea_2016)*0.1;
    %2016年灌溉水总量=sum(灌溉定额*灌溉面积)    单位:万立方米
    Total_irrigation_2016 = sum(irrigation_2016(:,1));      %初始塔河
流域总灌溉水量

    %为实现配置后灌溉水量可增加的约束,修改初始灌溉水量值
    irrigation_constraint = irrigation_2016*1.2;
    %系数大于1表示各地灌溉水量可增加,系数等于1表示各地灌溉水量不可增加

    %初始产量
    Initial_Corn_supply = prod_perarea_corn_2016.*cornarea_2016*
1000;%单位:吨
    Initial_Wheat_supply =prod_perarea_wheat_2016.*wheatarea_2016*
1000;

    %初始总产量(单位:吨)
    Initial_Corn_totalsupply = sum(Initial_Corn_supply(:,1));
    Initial_Wheat_totalsupply = sum(Initial_Wheat_supply(:,1));

    %初始总需求量(单位:吨)
    Initial_Corn_totaldemand = sum(corndemand_2016(:,1));
    Initial_Wheat_totaldemand = sum(wheatdemand_2016(:,1));
    %初始总进口量
    Initial_cornimport = Initial_Corn_totaldemand-Initial_Corn_
totalsupply;
    Initial_wheatimport = Initial_Wheat_totaldemand-Initial_Wheat_
totalsupply;
```

%初始粮食输出量

Initial_Corn_out＝Initial_Corn_supply-corndemand_2016；

Initial_Corn_out(Initial_Corn_out<0)＝0；

Initial_Wheat_out＝Initial_Wheat_supply-wheatdemand_2016；

Initial_Wheat_out(Initial_Wheat_out<0)＝0；

%初始粮食输入量

Initial_Corn_in＝corndemand_2016-Initial_Corn_supply；

Initial_Corn_in(Initial_Corn_in<0)＝0；

Initial_Wheat_in＝wheatdemand_2016-Initial_Wheat_supply；

Initial_Wheat_in(Initial_Wheat_in<0)＝0；

%为实现全省玉米、小麦总产量限制,配置初始全省玉米、小麦总产量

total_crop_supply_constraint＝[Initial_Corn_totalsupply * 0.8；

Initial_Wheat_totalsupply * 0.8]；

%系数小于 1 表示玉米/小麦总产量可减少,系数等于 1 表示玉米/小麦总产量不可减少

%初始虚拟水输出量

%按灌溉水量计算各地区玉米、小麦初始虚拟水含量＝(灌溉耗水定额(立方米/公顷))/单位面积产量(吨/公顷)

Initial_virtualwater_corn ＝ corn_irri_consume_perarea_2016./prod_perarea_corn_2016;%单位:立方米/吨

Initial_virtualwater_wheat ＝ wheat_irri_consume_perarea_2016./prod_perarea_wheat_2016；

%根据粮食流通数据,计算各地初始虚拟水流出量

Intial_virtualwaterflowout ＝ (Initial_Corn_out. * Initial_virtualwater_corn+Initial_Wheat_out. * Initial_virtualwater_wheat)/10000；　　　　　%初始虚拟水替代量 单位:万立方米

%初始经济收入

original_corn_income＝price_corn_2016. * Initial_Corn_supply；

　%各地玉米种植收入　单位:元

original_wheat_income＝price_wheat_2016. * Initial_Wheat_supply；

　　%各地小麦种植收入　单位:元

original_income＝original_corn_income+original_wheat_income；

　%各地种植收入　单位:元

```
origianl_total_income=sum(original_income(:,1));        %甘肃省
总种植收入 单位:元


%为实现配置后经济收入可下降的约束,修改初始经济收入
income_constraint=original_income*0.6;%系数小于1表示经济收入可
降低;系数等于1表示经济收入不可下降。
```

程序初始设置:
```
%%初始参数
objnum=size(Adjustinterval,1);              %类中物品个数——离散后数值
个数
weight=irrigation_constraint';              %总重量限制——各地区灌溉水量
上限限制
weight2=income_constraint';              %重量2限制——各地区种植收入下
限限制
weight3=total_crop_supply_constraint';              %重量2限制——全省
玉米、小麦总产量下限限制


%初始化程序
Dim=2*NumberDistricts;%粒子维数:待求解变量的数量:2类(玉米、小麦种植
面积)*NumberDistricts个/类
xSize=8000;   %种群个数  %手工输入初始可行解时,xSize必须等于可行解数
量
%xSize=20;   %种群个数  testing!
MaxIt=100;              %迭代次数
%MaxIt=100;          %迭代次数  testing!
c1=0.8;              %算法参数  original value:0.8
c2=0.8;              %算法参数  original value:0.8
wmax=1.2;              %惯性因子  original value:1.2
wmin=0.1;              %惯性因子  original value:0.1
Vmax=0.5*lisan;              %粒子飞行最大速度
```

生成最优解:
```
%自动生成初始可行解集
for i=1:xSize
adjustment=[];
for j=1:Dim          %控制类别
adjustment=[adjustment,Adjustinterval(x(i,j),j)];   %根据粒子位
```

置 x(i,:),从可行域区间 Adjustinterval 中找到相应数值

　　end

[gini_flowout_waterresources,total_irri,income,Cornsupply_gansu,
Wheatsupply_gansu]=foodflowestimation(adjustment′);

　　%根据粒子位置 x,来确定该粒子对应的数值

　　px(i) = gini_flowout_waterresources;

　　%粒子价值　 gini_flowout_waterresources

　　%粒子体积　 gini_flowin_waterresources

　　cx(i,:) = total_irri′;　　　　　　　　　%粒子重量1　各地灌溉水量

　　mx(i,:) = income′;　　　　　　　%粒子重量2　经济收入

　　nx(i,1) = sum(Cornsupply_gansu(:,1)); nx(i,2) = sum(Wheatsupply
_gansu(:,1));　　　%粒子重量3　粮食总产量

　　end

　　pxbest =px;rxbest =rx;cxbest =cx;mxbest =mx;nxbest =nx;

　　% 粒子最优位置

附 6.6.2　计算虚拟水流出的 Gini 系数

　　Gini_flowout_data = Gini_data;

　　Gini_flowout_data(:,4)= virtualwaterflowout;%将虚拟水流出量赋值给
Gini_compute 第4列

　　Gini_flowout_data(:,5)= virtualwaterflowout./Gini_flowout_data
(:,3);%将虚拟水流出量除以水资源量,结果用作排序

　　%按第4列大小,从小到大排列(由上至下)

　　Gini_flowout_sort = sortrows(Gini_flowout_data,5);%Gini_data 为
要排序的矩阵。5表示按第几列进行排序(正数代表升序,负数代表降序)。

　　%生成累计值矩阵

　　current = zeros(1,5);

　　Gini_flowout_cumulative = zeros(NumberDistricts,5);　 %累计值矩阵

　　for cumul_i =1:NumberDistricts

　　　　current = current + Gini_flowout_sort(cumul_i,:);

　　　　Gini_flowout_cumulative(cumul_i,:) = current;

　　end

　　%生成累计百分比矩阵

　　Gini_flowout_cumul_proportion
Gini _ flowout _ cumulative./repmat (Gini _ flowout _ cumulative
(NumberDistricts,:),NumberDistricts,1);

%根据累计百分比矩阵,计算分项求和矩阵

```
Gini_flowout_product = zeros(NumberDistricts,3);
Gini_flowout_product(1,:) = [ Gini_flowout_cumul_proportion(1,3)
.*Gini_flowout_cumul_proportion(1,4)];
for productsum_i=2:NumberDistricts
Gini_flowout_product(productsum_i,:) = [ (Gini_flowout_cumul_
proportion(productsum_i,4) + Gini_flowout_cumul_proportion
(productsum_i-1,4)) * (Gini_flowout_cumul_proportion(productsum_i,
3)-Gini_flowout_cumul_proportion(productsum_i-1,3))];
End
```

%根据分项求和矩阵,求出 Gini 系数

```
%Gini_flowout_population = 1 - sum(Gini_flowout_product(:,1),1);
%Gini_flowout_GDP = 1 - sum(Gini_flowout_product(:,2),1);
Gini_flowout_waterresource = 1 - sum(Gini_flowout_product(:,1),
1);
```

第7章 "三条红线"约束下的水资源分配与配置

7.1 前 言

塔里木河流域是中国最大的内陆河流域之一,流域总面积为 102 万平方千米,流域范围涉及整个新疆南部地区。中华人民共和国成立 70 年以来,塔里木河流域水土资源的开发取得了很大成就,耕地面积不断扩大,人口迅速增长,水利建设快速发展,原有的绿洲不断扩展,内部生态环境朝着良好的态势发展。但是,近年来"塔管局"在治理塔里木河的实际工作中,在统一进行水资源管理方面遇到了很大阻力。"塔管局"虽然在 20 世纪 90 年代初已经完成了相关流域规划,但是缺乏全流域综合治理规划,塔里木河流域水资源有效利用和合理配置、干流的水量额定分配方案缺乏技术依据,水资源的开发、利用、配置等环节缺少宏观指导,同时受到区域利益的驱动,造成了诸多水资源利用率低等不良的局面。加之农业对水资源的需求不断增长,引用的地表水径流量不断增加,直接导致干流生态环境用水量不断减少,进而产生塔里木河流域生态环境恶化,尤其是下游极其严重。并且随着近年来国家对流域生态的环境越发重视以及政策等方面的诸多变化,前人展开的塔里木河干流水资源优化配置的相关研究已经不能满足现在的境况。因此,为针对现今情境下合理解决塔里木河水资源配置问题以及通过水资源的有效利用改善其生态环境,结合塔干流域水资源管理面临的长期科学调度,尤其是生态调度的业务需求,并基于当前水资源管理中最为严格的"三条红线"约束条件的硬性要求,特开展"三条红线"约束条件下干流不同来水情景下的塔里木河流域水资源优化配置研究。

7.2 塔里木河流域概况①

塔里木河流域河流水系发源于塔里木盆地周边的天山山脉南坡、昆仑山脉、喀喇昆仑山脉、帕米尔高原和阿尔金山脉,形成大大小小 144 条河流,分属阿克苏河水系、喀什噶尔河水系、叶尔羌河水系、和田河水系、开都-孔雀河水系、迪那河水系、渭干河-库车河水系、克里雅河水系、车尔臣河(且末河)水系九大水系。塔里木河流域各水系地表水资源的河川径流主要是以高山冰川融雪补给为主。其次为部分泉水、中低山的季节性积雪及山区暴雨和降雨补给。全流域地表水资源量为 398 亿立方米,地下水资源量为 30.7 亿

---

① 塔里木河流域概况资料主要来源于《新疆塔里木河干流流域综合规划》。

立方米，全流域水资源总量为429亿立方米。塔里木河流域总面积为102万平方千米，其中沙漠面积为37.04万平方千米。塔里木河流域属典型的温带干旱大陆性气候，光热资源十分丰富。年日照时数2800~3300小时，大于等于10℃年积温在4000~4400℃之间。流域内干燥多风，日气温差较大，降水稀少，蒸发强烈。流域平原区年降水量在50毫米以下，而年蒸发能力高达2000~3000毫米。

塔里木河干流全长1321千米，按地貌特点分为三段：从肖夹克至英巴扎为上游，河道长495千米，河道纵坡平均为1/5400，河道比较顺直，水面宽一般在500~1000米，河漫滩广阔，阶地不明显；英巴扎至恰拉为中游，河道长398千米，河道纵坡平均为1/7000，水面宽一般在200~500米，河道弯曲，水流缓慢，土质松散，泥沙沉积严重，河床不断抬升；恰拉以下至台特玛湖为下游，河道长428千米，河道纵坡较中游段大，平均为1/5900，河床宽100米左右，比较稳定。

塔河干流河床宽浅，水流散乱，河床沙洲密布，泥沙沿程大量淤积，导致河床不断抬高，河流来回改道迁移。20世纪60年代以来，受干流两岸大量引水灌溉农田和漫灌草场等人类活动影响，干流主河槽输沙能力锐减，加速了河床淤积。

塔里木河流域包括巴音郭楞蒙古自治州、阿克苏地区、喀什地区、克孜勒苏克尔克孜自治州、和田地区5个地州共42个县市和兵团农一师、农二师、农三师、和田农垦管理局共56个农垦团场，是以维吾尔族为主体的多民族聚居区。据1998年统计，流域总人口为826万人，其中少数民族人口681万人，占总人口的82.5%。流域内现有灌溉面积近133万公顷。塔里木河流域水土资源相对丰富。目前，流域内人均耕地约0.133公顷。人均水资源量5200立方米，高于全国平均水平。

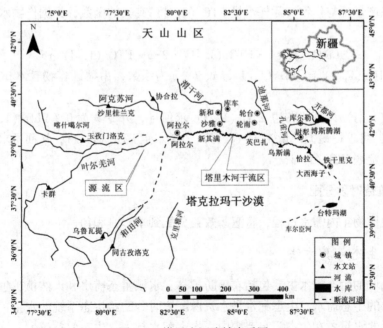

图7.1　塔里木河流域水系图

7.3 农业及生态需水量

为了在基于"三条红线"约束条件下进行塔干流域水资源优化配置，需要对塔干流域各行业需水量进行计算。塔里木河流域水资源主要用于农业灌溉和生态灌溉，同时本次研究目标函数只考虑了农业效益和生态效益，因此要进行农业灌溉实际需水量与生态实际需水量的计算。

7.3.1 农业灌溉计算方法

塔里木河干流农业水资源主要用于灌区内主要农作物如棉花、玉米、瓜果等的供应，通过各灌区农作物种植面积、每亩单产量、产品单价计算农业灌溉水效益。

1. 农业灌溉效益

以用水净效益表示为

$$AIB(I) = sum(J, PA(I,J) \cdot (P(J) \cdot YLD(I,J) - C(I,J) - PW(I) \cdot WD(I,J))/\eta(I))$$

$$(7-1)$$

式中，AIB (I) 为 I 计算单元农业灌溉用水总净效益，N 为作物种类数，PA (I, J) 为计算单元 I 作物 J 的灌溉面积，P (J)、C (I, J) 分别为作物 J 的产品单价和单位面积的成本（包括种子、肥料、劳动力等），PW (I)、η (I) 分别为计算单元 I 的成本水价和灌溉水利用系数，WD (I, J)、YLD (I, J) 分别为计算单元 I 作物 J 的净灌溉定额和单位面积产量。

单位面积产量是与作物实际耗水量 ETC (I, J) 有关的函数，根据作物水分生产函数模型得到：

$$YLD(I, J) = a \cdot ETC (I, J) \cdot 2 + b \cdot ETC (I, J) + c \qquad (7-2)$$

式中，ETC (I, J) = WD (I, J)，a、b、c 为系数，由灌区作物耗水试验资料分析获得。

对 YLD (I, J) 计算式右边 ETC (I, J) 求偏导，并令其为 0 (YLD (I, J) 取极值的必要条件)，可求得最大产量 YLD (I, J) 的耗水量 ETC (I, J)，从而可求出最大产量与相应的灌溉定额 WD (I, J)。

2. 灌溉效益时段分配

按照典型作物年内需水过程，将灌溉效益分配到季、月和旬。

7.3.2 生态计算方法

内陆河流域的生态需水主要包括农田防护林、水域生态需水和天然植被生态需水以及恢复地下水位的生态需水。生态配水是水资源配置时分配给生态系统的水量，生态耗水是生态系统消耗的水量。在生态需水范围内，生态配水越大，生态效益越大，这是流域水资源配置追求的生态目标。

1. 静态生态价值计算

将流域划分为若干计算单元，计算静态生态价值如下：

$$\text{SVESR}(I) = \text{sum}(k, \text{sum}(l, \text{Akl} \cdot \text{mkl} \cdot \text{Vkl})) \tag{7-3}$$

式中，SVESR（I）为I计算单元现状实际的静态生态价值，Akl 为第 k 类一级生态群落的第 l 类二级群落的面积，Vl 为 Costanza 等人提出的第 l 类生态群落的单位面积生态价值，mkl 为第 k 类一级生态群落的第 l 类二级群落的单位生态价值修正系数。假设单位生态价值与生态系统提供的生物量呈正比，则生态类型郁闭度或覆盖度越大，高度越高，生态系统提供的生物量越大，生态系统的单位生态价值修正系数也越大，反之则越小。

设 WER（I）为现状实际的生态耗水，则单位生态耗水的静态生态价值 PSVES（I）可用下式计算：

$$\text{PSVES}(I) = \frac{\text{SVESR}(I)}{\text{WER}(I)} \tag{7-4}$$

2. 动态生态价值计算

单位生态耗水的动态生态价值 PDVES（I）为

$$\text{PDVES}(I) = l(I) \cdot r(I) \cdot \text{PSVES}(I) \tag{7-5}$$

式中，l（I）、r（I）分别为配水年份的社会发展阶段系数及资源紧缺度。

发展阶段系数随社会经济发展水平的关系用皮尔生长曲线模型表示：

$$L = L/(1 + a \cdot e^{-bt}) \tag{7-6}$$

上式简写为：$l = 1 - e^{-t}$

式中，l 为代表生长特性的参数，在此表示与现实支付意愿有关的社会发展阶段系数，L 为 l 的最大值，在此表示极富阶段的支付意愿，取值为 1，t 为时间变量，在此表示社会经济发展阶段，a、b 为常数，取值为 1，e 为自然对数。

资源紧缺度用最大生态需水量 We_{max} 与实际生态用水 We 之比来表示。

由上，得到生态配水的动态生态价值 DVES（I）为生态配水量 WE（I）与单位生态耗水的动态生态价值之积：

$$\text{DVES}(I) = \text{WE}(I) \cdot \text{PDVES}(I) \tag{7-7}$$

3. 生态配水的效益计算

生态配水效益为动态生态价值与计算单元权重之积：

$$\text{EB}(I) = \text{DVES}(I) \cdot \alpha(I) \tag{7-8}$$

式中，EB（I）为I计算单元生态配水为 WE（I）时相应生态系统的生态效益，α（I）为计算单元I的权重系数（所有计算单元权重系数之和为1）。

4. 生态调水效益时段分配

按照典型土地利用类型年内需水过程，将生态调水效益分配到季、月和旬。

7.4 农业灌溉需水量及效益

根据塔里木河流域地貌特征划分的上中下游，由此作为农业灌溉需水量计算的区域大单元。根据灌区所在区域得到各个灌溉小单元：上游灌区单元有沙雅灌区、沙雅监狱灌区、库车灌区、库车种羊场灌区；中游灌区单元有轮台灌区、尉犁灌区；下游灌区单元有农二师塔里木灌区。具体划分整理见表 7.1。

表 7.1 塔干流域灌区划分

河段	灌区	所含用水乡镇
上游	沙雅	盖孜库木乡、塔里木乡、托依堡勒迪镇、古力巴格乡、红旗镇、一牧场、二牧场、富棉农场、金托农场
	沙雅监狱	沙雅监狱
	库车	塔里木乡（草湖牧场）
	库车种羊场	库车种羊场
中游	轮台	草湖乡（草湖牧场）、轮南镇
	尉犁	肖塘管委会、喀尔曲尕乡、墩阔坦乡（琼库勒牧场、霍尔加牧场）、塔里木乡、古勒巴格乡
下游	农二师塔里木	31 团、33 团、34 团

根据塔干流域各灌区农产品、种植面积等调研后的汇总资料，可知灌区农业主要种植玉米、棉花、蔬菜、香梨、果用瓜、苜蓿、其他植物，同时还有一些林地、牧草需要灌溉。从《新疆塔里木河干流流域综合规划》查询各个农作物的灌溉定额，由此计算塔干流域各灌区农业需水量，结果为：上游灌区农业总需水量为 8.3 亿立方米，其中沙雅灌区农业需水量为 5.59 亿立方米，沙雅监狱灌区农业总需水量为 0.75 亿立方米，库车灌区农业总需水量为 1.76 亿立方米，库车种羊场灌区农业总需水量为 0.21 亿立方米；中游灌区农业总需水量为 4.95 亿立方米，其中尉犁灌区农业总需水量为 0.22 亿立方米，轮台灌区农业总需水量为 4.73 亿立方米；下游灌区即农二师塔里木灌区农业总需水量为 5.66 亿立方米。将所计算的农业总需水量按照月灌溉定额，具体分配到月需水量，见表 7.2，各灌区农作物需水量见表 7.3。

根据《新疆维吾尔自治区农牧产品成本收益资料汇编》查取各塔干灌区农作物单产价格，根据《新疆塔里木河干流流域综合规划》查取塔干灌区农作物单产量，进而求得各灌区农业灌溉效益：上游灌区农业灌溉总效益为 17.27 亿元，其中沙雅灌区农业灌溉效益为 10.89 亿元，沙雅监狱灌区农业灌溉效益为 1.44 亿元，库车灌区农业灌溉效益为 4.51 亿元，库车种羊场灌区农业灌溉效益为 0.41 亿元；中游灌区农业灌溉效益为 9.7 亿元，其中尉犁灌区农业灌溉效益为 0.44 亿元，轮台灌区农业灌溉效益为 9.28 亿元；下游灌区即农二师塔里木灌区农业灌溉效益为 12.36 亿元。具体农业效益见表 7.4。

表 7.2   塔里木河干流灌区农业月需水量

（单位：万立方米）

河段	灌区	1月	2月	3月	4月	5月	6月	7月	8月	9月	10月	11月	12月
上游	沙雅	0	1199.55	7447.78	197.01	6141.00	11385.63	13802.28	10176.52	5500.32	0	0	0
	沙雅监狱	0	160.36	949.87	88.06	836.06	1488.93	1840.09	1404.69	738.55	0	0	0
	库车	0	579.74	2263.75	53.73	2156.20	3498.25	3965.84	3378.21	1720.90	0	0	0
	库车种羊场	0	45.99	277.46	0.00	220.96	423.77	512.75	375.03	205.65	0	0	0
中游	轮台	0	49.96	297.76	0.00	237.97	454.86	549.56	403.25	220.81	0	0	0
	尉犁	0	1060.66	6186.14	287.42	5279.07	9507.95	11362.45	8588.70	4531.59	267.33	228.48	0
下游	农二师塔里木	0	1252.09	7835.75	415.17	6926.68	9317.69	11950.24	10760.63	4593.47	247.41	3268.32	0

表 7.3   塔里木河干流各灌区需水量

（单位：亿立方米）

区间	灌区	玉米	棉花	蔬菜	果用瓜	其他作物	果园业	林业	牧业	灌区合计	区间合计
上游	沙雅	0.00	9.84	0.00	0.03	0.10	0.00	0.92	0.00	10.89	17.25
	沙雅监狱	0.00	1.28	0.00	0.02	0.00	0.00	0.14	0.00	1.44	
	库车	0.00	2.70	0.00	0.01	0.02	0.00	1.79	0.00	4.51	
	库车种羊场	0.00	0.38	0.00	0.00	0.00	0.00	0.04	0.00	0.41	
中游	轮台	0.00	0.39	0.00	0.00	0.00	0.00	0.04	0.00	0.44	9.71
	尉犁	0.00	7.73	0.00	0.00	0.00	0.18	1.22	0.13	9.28	
下游	农二师塔里木	0.03	5.06	0.05	0.02	0.09	2.70	4.27	0.13	12.36	12.36

表 7.4　塔里木河干流各灌区农业灌溉效益

（单位：亿元）

区间	灌区	玉米	棉花	蔬菜	果用瓜	其他作物	果园业	林业	牧业	灌区合计	区间合计
上游	沙雅	0	9.84	0	0.03	0.1	0	0.92	0	10.89	17.25
	沙雅监狱	0	1.28	0	0.02	0	0	0.14	0	1.44	
	库车	0	2.7	0	0.01	0.02	0	1.79	0	4.51	
	库车种羊场	0	0.38	0	0	0	0	0.04	0	0.41	
中游	轮台	0	0.39	0	0	0	0	0.04	0	0.44	9.71
	尉犁	0	7.73	0	0	0	0.18	1.22	0.13	9.28	
下游	农二师塔里木	0.03	5.06	0.05	0.02	0.09	2.7	4.27	0.13	12.36	12.36

7.5　生态需水量及效益

由于生态用水和农业灌溉用水不同,划分也就不同,生态用水划分基本按照区域单元划分即上游生态区域单元包括阿拉尔至新其满,新其满至英巴扎;中游生态区域单元包括英巴扎至乌斯曼,乌斯曼至恰拉;下游生态区域单元包括恰拉至台特玛湖。同时将各个区间分为南北岸进行生态需水量及效益的计算。

塔里木河干流生态单元主要植被类型有疏林地、有林地、底盖度草地、高盖度草地,从上游至下游河流生态植被种植面积逐渐减少,下游的生态环境表现最差。上、中、下游三个河段南北岸植被总种植面积依次为 1148.05 万亩、881.37 万亩和 227.25 万亩。上游生态植被种植丰富;中游次之;下游最少,其种植面积仅为上游的 19%,即不足五分之一。塔里木河干流全流域生态植被以底盖度草地和高盖度草地为主,种植面积分别为 636.37 万亩和 725.34 万亩;疏林地和有林地次之,种植面积分别为 490.83 万亩和 404.13 万亩。对比各个河段南北岸生态植被种植面积,上游区北岸、南岸生态植被面积分别为 659.58 万亩和 488.47 万亩;中游区北岸、南岸生态植被面积分别为 685.22 万亩和 196.15 万亩;下游区北岸、南岸生态植被面积分别为 143.3 万亩和 83.95 万亩,由此可得出不论哪个河段,北岸生态植被种植面积比南岸大,可推测出北岸生态环境较南岸好。

通过种植面积、生态效益单产得到:上游生态配水效益为 0.7 亿元,其中阿拉尔至新其满北岸生态配水效益为 0.21 亿元,阿拉尔至新其满南岸生态配水效益为 0.16 亿元,新其满至英巴扎北岸生态配水效益为 0.16 亿元,新其满至英巴扎南岸生态配水效益为 0.16 亿元;中游生态配水效益为 1.1 亿元,其中英巴扎至乌斯曼北岸生态配水效益为 0.54 亿元,英巴扎至乌斯曼南岸生态配水效益为 0.18 亿元,乌斯曼至恰拉北岸生态配水效益为 0.33 亿元,乌斯曼至恰拉南岸生态配水效益为 0.05 亿元;下游即恰拉至台特玛湖生态配水效益为 1.53 亿元,其中北岸生态配水效益为 0.88 亿元,南岸生态配水效益为 0.65 亿元。上游生态需水量为 13.29 亿立方米,其中阿拉尔至新其满生态北、南岸生态需水量分别为 3.84 亿立方米、1.86 亿立方米,新其满至英巴扎生态北、南岸生态需水量分别为 5.75 亿立方米、1.83 亿立方米;中游生态需水量为 9.03 亿立方米,其中英巴扎至乌斯满生态北、南岸生态需水量分别为 3.8 亿立方米、1.09 亿立方米,乌斯满至恰拉生态北、南岸生态需水量分别为 3.8 亿立方米、0.32 亿立方米;下游即恰拉生态需水量为 2.54 亿立方米。具体计算结果见表 7.5 至表 7.7。总之,塔河干流生态需水量从上游至下游依次递减,上游生态需水量最大,其次是中游,下游需水量最低;与农业需水高峰月相同,夏季为用水高峰。针对塔河干流现状配水效益得到下游生态效益最大,其次为中游,上游生态效益最低。

表 7.5　塔里木河流域干流生态效益

河段			植被类型	面积（万亩）	面积（万亩）	修正前价值（美元/公顷）	修正系数	SVESR（I）（万美元）	SVESR（万美元）	WER（I）（亿立方米）	We（亿立方米）	PSVES 单位静态生态价值（万美元/亿立方米）
上游	阿拉尔—新其满	北岸	疏林地	13.53	295.82	302.00	0.70	190.68	5904.63	3.84	3.84	1536.86
			有林地	44.79		302.00	1.50	1352.66				
			低盖度草地	74.27		232.00	0.50	574.35				
			高盖度草地	163.23		232.00	1.50	3786.94				
		南岸	疏林地	74.14	264.93	302.00	0.70	1044.88	4618.42	1.86	1.86	2488.91
			有林地	51.82		302.00	1.50	1564.96				
			低盖度草地	78.59		232.00	0.50	607.76				
			高盖度草地	60.38		232.00	1.50	1400.82				
	新其满—英巴扎	北岸	疏林地	24.14	363.76	302.00	0.70	340.21	7465.76	5.75	5.75	1297.72
			有林地	81.87		302.00	1.50	2472.48				
			低盖度草地	85.78		232.00	0.50	663.37				
			高盖度草地	171.97		232.00	1.50	3989.71				
		南岸	疏林地	80.62	223.54	302.00	0.70	1136.21	4178.92	1.83	1.83	2281.07
			有林地	48.89		302.00	1.50	1476.48				
			低盖度草地	39.78		232.00	0.50	307.63				
			高盖度草地	54.25		232.00	1.50	1258.60				

续表

河段			植被类型	面积（万亩）	面积（万亩）	修正前价值（美元/公顷）	修正系数	SVESR（I）（万美元）	SVESR（万美元）	WER（I）（亿立方米）	We（亿立方米）	PSVES单位 静态生态价值（万美元/亿立方米）
中游	英巴扎—乌斯满	北岸	疏林地	120.72	384.50	302.00	0.70	1701.35	7005.05	3.83	3.83	1827.09
			有林地	83.48		302.00	1.50	2521.10				
			低盖度草地	90.54		232.00	0.50	700.18				
			高盖度草地	89.76		232.00	1.50	2082.43				
		南岸	疏林地	28.41	146.78	302.00	0.70	400.39	2364.21	1.09	1.09	2163.05
			有林地	27.08		302.00	1.50	817.82				
			低盖度草地	62.84		232.00	0.50	485.96				
			高盖度草地	28.45		232.00	1.50	660.04				
	乌斯满—恰拉	北岸	疏林地	67.68	300.72	302.00	0.70	953.84	5316.94	3.80	3.80	1399.93
			有林地	43.83		302.00	1.50	1323.67				
			低盖度草地	87.30		232.00	0.50	675.12				
			高盖度草地	101.91		232.00	1.50	2364.31				
		南岸	疏林地	9.97	49.37	302.00	0.70	140.51	740.48	0.30	0.30	2451.93
			有林地	4.93		302.00	1.50	148.89				
			低盖度草地	22.54		232.00	0.50	174.31				
			高盖度草地	11.93		232.00	1.50	276.78				

145

续表

河段		植被类型	面积（万亩）	面积（万亩）	修正前价值（美元/公顷）	修正系数	SVESR(I)（万美元）	SVESR（万美元）	WER(I)（亿立方米）	We（亿立方米）	PSVES 单位静态生态价值（万美元/亿立方米）
下游	恰拉—台特玛湖	北岸	疏林地	30.46	143.30	302.00	0.70	429.28	1890.48	1.33	1.33	1420.35
			有林地	8.56		302.00	1.50	258.51				
			低盖度草地	78.66		232.00	0.50	608.30				
			高盖度草地	25.62		232.00	1.50	594.38				
		南岸	疏林地	41.16	83.95	302.00	0.70	580.08	1386.42	1.21	1.21	1142.97
			有林地	8.88		302.00	1.50	268.18				
			低盖度草地	16.07		232.00	0.50	124.27				
			高盖度草地	17.84		232.00	1.50	413.89				

146

表 7.6　塔里木河流域干流生态效益

河段			We$_{max}$ 最大生态需水量（亿立方米）	r 资源紧缺度	En 恩格尔系数	l 发展阶段系数	PDVES 单位动态生态价值（万美元/亿立方米）	WE 生态配水量（亿立方米）	DVES 动态生态值（万美元）	权重系数	EB 生态配水效益（万美元）	EB 生态配水效益（亿元）
上游	阿拉尔—新其满	北岸	4.29	1.12	0.34	0.48	830.04	0.38	316.92	1	316.92	0.21
		南岸	2.07	1.12	0.34	0.48	1344.23	0.18	247.88	1	247.88	0.16
	新其满—英巴扎	北岸	5.32	0.93	0.34	0.48	581.11	0.57	332.24	1	332.24	0.22
		南岸	1.7	0.93	0.34	0.48	1021.45	0.18	185.97	1	185.97	0.12
	英巴扎—乌斯满	北岸	4.03	1.05	0.34	0.48	929.41	0.9	832.91	1	832.91	0.54
		南岸	1.15	1.05	0.34	0.48	1100.3	0.26	281.11	1	281.11	0.18
中游	乌斯满—恰拉	北岸	3.21	0.84	0.34	0.48	571.61	0.89	507.45	1	507.45	0.33
		南岸	0.25	0.84	0.34	0.48	1001.15	0.07	70.67	1	70.67	0.05
下游	恰拉—台特玛湖	北岸	1.33	1	0.34	0.48	687.22	1.98	1359.09	1	1359.09	0.88
		南岸	1.21	1	0.34	0.48	553.01	1.8	996.71	1	996.71	0.65

表 7.7   **塔里木河流域干流生态月配水量**   （单位：亿立方米）

月份	阿拉尔—新其满		新其满—英巴扎		英巴扎—乌斯曼		乌斯曼—恰拉		恰拉—台特玛湖	
	北岸	南岸	北岸	南岸	北岸	南岸	北岸	南岸	北岸	南岸
1	0.050	0.024	0.075	0.024	0.050	0.014	0.049	0.004	0.017	0.016
2	0.085	0.041	0.127	0.040	0.084	0.024	0.084	0.007	0.029	0.027
3	0.292	0.141	0.437	0.139	0.291	0.083	0.289	0.023	0.101	0.092
4	0.377	0.182	0.564	0.180	0.376	0.107	0.372	0.030	0.130	0.119
5	0.480	0.232	0.719	0.229	0.479	0.137	0.475	0.038	0.166	0.152
6	0.534	0.258	0.800	0.255	0.533	0.152	0.528	0.042	0.185	0.169
7	0.634	0.306	0.949	0.302	0.633	0.180	0.627	0.050	0.220	0.200
8	0.488	0.236	0.731	0.233	0.487	0.139	0.482	0.038	0.169	0.154
9	0.453	0.219	0.679	0.216	0.452	0.129	0.448	0.036	0.157	0.143
10	0.284	0.137	0.426	0.136	0.284	0.081	0.281	0.028	0.098	0.090
11	0.119	0.058	0.178	0.057	0.119	0.034	0.118	0.009	0.041	0.038
12	0.046	0.022	0.069	0.022	0.046	0.013	0.046	0.004	0.016	0.015
合计	3.842	1.856	5.753	1.832	3.834	1.093	3.798	0.302	1.331	1.213
	5.698		7.585		4.927		4.100		2.544	

7.6   农业与生态用水分配

初步进行农业与生态用水分配，时间尺度采用年尺度，根据第三部分对塔里木河干流全年农业与生态需水量的计算进行水资源初步分配。塔里木河干流全年农业上中下游需水总量分别为：8.3 亿立方米、4.95 亿立方米、5.66 亿立方米；农业灌溉效益分别为：17.27 亿元、10.89 亿元、12.36 亿元。其全年生态上中下游需水总量分别为：13.29 亿立方米、9.03 亿立方米、2.54 亿立方米，生态用水效益分别为：0.7 亿元、1.1 亿元、1.53 亿元。当上游来水大于塔干农业和生态用水时按照原需求供水，当小于其需水量时，塔干流域初步水分配采用等比例按照 10%、20%、30%、40%、50%、60%、70%、80%、90% 进行，将农业需水量、效益与生态需水量、效益进行矩阵变换，如下式：

$$B = Q \cdot A_b + QT \cdot E_b \tag{7-9}$$

$$W = Q \cdot A_w + QT \cdot E_w \tag{7-10}$$

式中，B——用户水总效益即农业效益与生态效益总和；

Q——系数矩阵，即 $\begin{pmatrix} 0.1 & \cdots & 0.1 \\ \vdots & \ddots & \vdots \\ 0.9 & \cdots & 0.9 \end{pmatrix}$；

A_b、E_b——依次为农业效益、生态效益；

A_w、E_w——依次为农业需水量、生态需水量。

通过（7-9）、（7-10）式进行塔干流域上中下游农业生态水资源分配，结果见表7.8至表7.13。

表7.8　　　　　　　　　塔里木河上游农业、生态水量分配　　　（单位：亿立方米）

需水量　　w		0.1	0.2	0.3	0.4	0.5	0.6	0.7	0.8	0.9
w	生态　　　农业	1.33	2.66	3.98	5.31	6.64	7.97	9.3	10.63	11.95
0.1	0.83	2.16	3.49	4.82	6.14	7.47	8.8	<u>10.13</u>	11.46	12.79
0.2	1.66	2.99	4.32	5.65	6.97	8.3	9.63	<u>10.96</u>	12.29	13.62
0.3	2.49	3.82	5.15	6.48	7.8	9.13	<u>10.46</u>	11.79	13.12	14.45
0.4	3.32	4.65	5.98	7.31	8.63	9.96	<u>11.29</u>	12.62	13.95	15.28
0.5	4.15	5.48	6.81	8.14	9.46	<u>10.79</u>	12.12	13.45	14.78	16.11
0.6	4.98	6.31	7.64	8.97	<u>10.3</u>	11.62	12.95	14.28	15.61	16.94
0.7	5.81	7.14	8.47	9.8	<u>11.13</u>	12.45	13.78	15.11	16.44	17.77
0.8	6.64	7.97	9.3	<u>10.63</u>	11.96	13.28	14.61	15.94	17.27	18.6
0.9	7.47	8.8	<u>10.13</u>	11.46	12.79	14.11	15.44	16.77	18.1	19.43

表7.9　　　　　　　　　塔里木河中游农业、生态水量分配　　　（单位：亿立方米）

需水量　　w		0.1	0.2	0.3	0.4	0.5	0.6	0.7	0.8	0.9
w	生态　　　农业	0.9	1.81	2.71	3.61	4.51	5.42	6.32	7.22	8.12
0.1	0.5	1.4	2.3	3.2	4.11	5.01	5.91	6.81	<u>7.72</u>	8.62
0.2	0.99	1.89	2.8	3.7	4.6	5.5	6.41	7.31	8.21	9.11
0.3	1.49	2.39	3.29	4.19	5.1	6	6.9	<u>7.8</u>	8.71	9.61
0.4	1.98	2.88	3.79	4.69	5.59	6.49	7.4	8.3	9.2	10.1
0.5	2.48	3.38	4.28	5.18	6.09	6.99	<u>7.89</u>	8.79	9.7	10.6
0.6	2.97	3.87	4.78	5.68	6.58	7.48	8.39	9.29	10.19	11.1
0.7	3.47	4.37	5.27	6.17	7.08	<u>7.98</u>	8.88	9.78	10.69	11.59
0.8	3.96	4.86	5.77	6.67	<u>7.57</u>	8.47	9.38	10.28	11.18	12.09
0.9	4.46	5.36	6.26	7.16	8.07	8.97	9.87	10.78	11.68	12.58

表 7.10 塔里木河下游农业、生态水量分配 （单位：亿立方米）

需水量	w	0.1	0.2	0.3	0.4	0.5	0.6	0.7	0.8	0.9
w	生态 农业	0.25	0.51	0.76	1.02	1.27	1.53	1.78	2.04	2.29
0.1	0.57	0.82	1.07	1.33	1.58	1.84	2.09	2.35	2.6	2.86
0.2	1.13	1.39	1.64	1.89	2.15	2.4	2.66	2.91	3.17	3.42
0.3	1.7	1.95	2.21	2.46	2.71	2.97	3.22	3.48	3.73	3.99
0.4	2.26	2.52	2.77	3.03	3.28	3.53	3.79	4.04	4.3	4.55
0.5	2.83	3.08	3.34	3.59	3.85	4.1	4.35	4.61	4.86	5.12
0.6	3.39	3.65	3.9	4.16	4.41	4.67	4.92	5.17	5.43	5.68
0.7	3.96	4.21	4.47	4.72	4.98	5.23	5.49	5.74	5.99	6.25
0.8	4.53	4.78	5.03	5.29	5.54	5.8	6.05	6.31	6.56	6.81
0.9	5.09	5.35	5.6	5.85	6.11	6.36	6.62	6.87	7.13	7.38

表 7.11 塔里木河上游农业、生态效益分配 （单位：亿元）

效益	q	0.1	0.2	0.3	0.4	0.5	0.6	0.7	0.8	0.9
q	生态 农业	0.07	0.14	0.21	0.28	0.35	0.42	0.49	0.56	0.63
0.1	1.73	1.8	1.87	1.94	2.01	2.08	2.15	2.22	2.29	2.36
0.2	3.45	3.52	3.59	3.66	3.73	3.8	3.87	3.94	4.01	4.08
0.3	5.18	5.25	5.32	5.39	5.46	5.53	5.6	5.67	5.74	5.81
0.4	6.9	6.97	7.04	7.11	7.18	7.25	7.32	7.39	7.47	7.54
0.5	8.63	8.7	8.77	8.84	8.91	8.98	9.05	9.12	9.19	9.26
0.6	10.35	10.42	10.49	10.56	10.63	10.7	10.78	10.85	10.92	10.99
0.7	12.08	12.15	12.22	12.29	12.36	12.43	12.5	12.57	12.64	12.71
0.8	13.8	13.87	13.94	14.01	14.09	14.16	14.23	14.3	14.37	14.44
0.9	15.53	15.6	15.67	15.74	15.81	15.88	15.95	16.02	16.09	16.16

表 7.12　　　　　　　　　塔里木河中游农业、生态效益分配　　　　　　（单位：亿元）

效益 q	q 生态 农业	10% 0.11	20% 0.22	30% 0.33	40% 0.44	50% 0.55	60% 0.66	70% 0.77	80% 0.88	90% 0.99
10%	0.97	1.08	1.19	1.3	1.41	1.52	1.63	1.74	1.85	1.96
20%	1.94	2.05	2.16	2.27	2.38	2.49	2.6	2.71	2.82	2.93
30%	2.91	3.02	3.13	3.24	3.35	3.46	3.57	3.68	3.79	3.9
40%	3.89	4	4.11	4.22	4.33	4.44	4.55	4.66	4.77	4.88
50%	4.86	4.97	5.08	5.19	5.3	5.41	5.52	5.63	5.74	5.85
60%	5.83	5.94	6.05	6.16	6.27	6.38	6.49	6.6	6.71	6.82
70%	6.8	6.91	7.02	7.13	7.24	7.35	7.46	7.57	7.68	7.79
80%	7.77	7.88	7.99	8.1	8.21	8.32	8.43	8.54	8.65	8.76
90%	8.74	8.85	8.96	9.07	9.18	9.29	9.4	9.51	9.62	9.73

表 7.13　　　　　　　　　塔里木河下游农业、生态效益分配　　　　　　（单位：亿元）

效益 q	q 生态 农业	0.1 0.15	0.2 0.31	0.3 0.46	0.4 0.61	0.5 0.77	0.6 0.92	0.7 1.07	0.8 1.23	0.9 1.38
0.1	1.24	1.39	1.54	1.7	1.85	2	2.15	2.31	2.46	2.61
0.2	2.47	2.63	2.78	2.93	3.08	3.24	3.39	3.54	3.7	3.85
0.3	3.71	3.86	4.01	4.17	4.32	4.47	4.63	4.78	4.93	5.09
0.4	4.94	5.1	5.25	5.4	5.56	5.71	5.86	6.02	6.17	6.32
0.5	6.18	6.33	6.49	6.64	6.79	6.95	7.1	7.25	7.41	7.56
0.6	7.42	7.57	7.72	7.88	8.03	8.18	8.34	8.49	8.64	8.8
0.7	8.65	8.81	8.96	9.11	9.27	9.42	9.57	9.73	9.88	10.03
0.8	9.89	10.04	10.2	10.35	10.5	10.66	10.81	10.96	11.11	11.27
0.9	11.13	11.28	11.43	11.59	11.74	11.89	12.04	12.2	12.35	12.5

7.7　塔干初步水资源分配结果与讨论

　　根据 7.6 节等比例计算得到的塔干流域农业与生态水量与效益进行来水量和需水量的分析，制定目标效益最大、实际可行且配置合理的水资源分配方案。本次分析与讨论仅以全年来水为例展开对上游农业、生态配水及效益的决策探讨。根据表 7.8~表 7.13 可知上游需水量不同比例下农业与生态分配水量总和、效益总和。在此假设上游来水为 11 亿立方米水量、中游来水为 8 亿立方米水量、下游来水为 5 亿立方米水量，根据表 7.8 可知接近 11 亿立方米水量的值分别为标下画线部分坐标即（9，2）、（8，3）、（7，4）、（6，4）、（5，5）、（4，6）、（3，6）、（2，7）、（1，7），其总水分配量依次为 10.13 亿立方米、10.63 亿立方米、11.13 亿立方米、10.30 亿立方米、10.79 亿立方米、11.29 亿立方米、10.46 亿立方米、10.96 亿立方米、10.13 亿立方米；根据表 7.11 可知总用水效益依次为 15.67 亿元、14.01 亿元、12.36 亿元、10.63 亿元、8.98 亿元、7.32 亿元、5.60 亿元、3.94 亿元、2.22 亿元。由于假设来水量为 11 亿立方米，故剔除（7，4）、（4，6）相应值，在剩下的分配方案中选择，根据效益最大原则优先选择（9，2），但是考虑到生态配水偏少，则建议使用（6，4），因此在来水 11 亿立方米的情况下，农业配水及效益分别为 4.98 亿立方米、10.36 亿元；生态配水及效益分别为 5.32 亿立方米、0.28 亿元。

根据表 7.9 可知接近 8 亿立方米水量的值分别为标下画线部分坐标即（8，4）、（7，5）、（5，6）、（3，7）、（1，8），其总水分配量依次为 7.57 亿立方米、7.98 亿立方米、7.89 亿立方米、7.8 亿立方米、7.72 亿立方米；根据表 7.12 可知总用水效益依次为 8.21 亿元、7.35 亿元、5.52 亿元、3.68 亿元、1.85 亿元。根据效益最大原则优先选择（8，4），因此在来水 11 亿立方米的情况下，农业配水及效益分别为 3.96 亿立方米、3.61 亿元；生态配水及效益分别为 7.76 亿立方米、0.44 亿元。

根据表 7.10 可知接近 5 亿立方米水量的值分别为标下画线部分坐标即（8，1）、（8，2）、（7，3）、（7，4）、（6，5）、（6，6）、（6，7）、（5，8）、（5，9），其总水分配量依次为 4.78 亿立方米、5.03 亿立方米、4.72 亿立方米、4.98 亿立方米、4.67 亿立方米、4.92 亿立方米、5.17 亿立方米、4.86 亿立方米、5.12 亿立方米；根据表 7.13 可知总用水效益依次为 10.04 亿元、10.20 亿元、9.11 亿元、9.27 亿元、8.18 亿元、8.34 亿元、8.49 亿元、7.41 亿元、7.56 亿元。根据效益最大原则优先选择（8，2），因此在来水 5 亿立方米的情况下，农业配水及效益分别为 4.5 亿立方米、0.51 亿元；生态配水及效益分别为 9.89 亿立方米、0.31 亿元。

上述结果仅考虑了效益最大化原则，仍有必要研究优化后的水资源分配结果。

7.8　附　　录

基于 R 语言的水资源配置代码实现

```
#加载 Excel、优化算法包
library(xlsx,mco)
#读取塔干流域建模需用模型
#渠系水利用系数
cwuc = read.xlsx("C:/Users/YAN/Desktop/190102_塔干建模所需数据集
.xlsx",2,encoding="UTF-8")[,3]
#月农业需水量
```

```
aw = read.xlsx ( " C:/Users/YAN/Desktop/190102 _塔干建模所需数据集
.xlsx",3,encoding = "UTF-8")[,3:14]
    #月农业效益
ab = read.xlsx ( " C:/Users/YAN/Desktop/190102 _塔干建模所需数据集
.xlsx",4,encoding = "UTF-8")[,3:14]
    #农业效益系数
a = read.xlsx ( " C:/Users/YAN/Desktop/190102 _塔干建模所需数据集
.xlsx",5,encoding = "UTF-8")[,3]
    #月生态需水
ew = read.xlsx ( " C:/Users/YAN/Desktop/190102 _塔干建模所需数据集
.xlsx",6,encoding = "UTF-8")[,4:15]
    #月生态效益
eb = read.xlsx ( " C:/Users/YAN/Desktop/190102 _塔干建模所需数据集
.xlsx",7,encoding = "UTF-8")[,4:15]
    #生态效益系数
e = read.xlsx ( " C:/Users/YAN/Desktop/190102 _塔干建模所需数据集
.xlsx",8,encoding = "UTF-8")[,4]
    #月生态基流
ebf = read.xlsx ( " C:/Users/YAN/Desktop/190102 _塔干建模所需数据集
.xlsx",9,encoding = "UTF-8")[1:3,2:13]
    #月设计径流量
dr = read.xlsx ( " C:/Users/YAN/Desktop/190102 _塔干建模所需数据集
.xlsx",10,encoding = "UTF-8")[1:4,3:14]
    #3 类水体标准
ccs3 = read.xlsx ( " C:/Users/YAN/Desktop/190102 _塔干建模所需数据集
.xlsx",11,encoding = "UTF-8")[,2]
    #4 类水体标准
ccs4 = read.xlsx ( " C:/Users/YAN/Desktop/190102 _塔干建模所需数据集
.xlsx",11,encoding = "UTF-8")[,3]
    #月原河道污染物浓度
opc = read.xlsx ( " C:/Users/YAN/Desktop/190102 _塔干建模所需数据集
.xlsx",12,encoding = "UTF-8")[,2:13]
    #农排水与农业引水比例常数
q = 0.4
    #农排水污染物浓度
c = read.xlsx ( " C:/Users/YAN/Desktop/190102 _塔干建模所需数据集
.xlsx",14,encoding = "UTF-8")[,2]
    ########上游########
```

153

```r
#1 月份/设计来水频率20%/生态保证率
Mon=1;f=1;gc=0.1
#目标集合(农业、生态、污染物)
zn=function(x){
    z11=c(a[1],a[2],a[3],a[4],0,0,0,0)
    z21=c(0,0,0,0,e[1],e[2],e[3],e[4])
    z31=c((c[1]+c[4]+c[6]+c[7])*q,(c[1]+c[4]+c[6]+c[7])*q,
(c[1]+c[4]+c[6]+c[7])*q,(c[1]+c[4]+c[6]+c[7])*q,0,0,0,0)
    z=numeric(3)
    z[1]=(-1)*crossprod(z11,x);
    z[2]=(-1)*(crossprod(z21,x));
    z[3]=crossprod(z31,x);
    return(z)
}
#约束集合(水资源总量、最高农业水、最低生态水、浓度标准)
gn=function(x){
  g11=rep(1,8)
  g12=c(1,1,1,1,0,0,0,0)
  g13=c(0,0,0,0,1,1,1,1)
  g<-numeric(6)
  g[1]=dr[f,Mon]-ebf[1,Mon]-crossprod(g11,x);
  g[2]=sum(aw[1:4,Mon])+sum(ew[1:4,Mon])-crossprod(g11,x);
  g[3]=(ccs3[1]-opc[1,Mon])*dr[f,Mon]+(opc[1,Mon]+(q-1)*ccs3
[1]-q*c[1])*crossprod(g12,x)+(opc[1,Mon]-ccs3[1])*crossprod
(g13,x);
  g[4]=(ccs3[4]-opc[4,Mon])*dr[f,Mon]+(opc[4,Mon]+(q-1)*ccs3
[4]-q*c[4])*crossprod(g12,x)+(opc[4,Mon]-ccs3[4])*crossprod
(g13,x);
  g[5]=(ccs3[6]-opc[6,Mon])*dr[f,Mon]+(opc[6,Mon]+(q-1)*ccs3
[6]-q*c[6])*crossprod(g12,x)+(opc[6,Mon]-ccs3[6])*crossprod
(g13,x);
  g[6]=(ccs3[7]-opc[7,Mon])*dr[f,Mon]+(opc[7,Mon]+(q-1)*ccs3
[7]-q*c[7])*crossprod(g12,x)+(opc[7,Mon]-ccs3[7])*crossprod
(g13,x);
   }
#目标函数、约束函数代入遗传算法求解
res=nsga2(fn=zn,8,3,
        constraints = gn,cdim = 1,
```

```
    lower.bounds=c(0,0,0,0,ge * ew[1,Mon],ge * ew[2,Mon],ge * ew[3,
Mon],ge * ew[4,Mon]),
    upper.bounds=c(aw[1,Mon],aw[2,Mon],aw[3,Mon],aw[4,Mon],ew[1,
Mon],ew[2,Mon],ew[3,Mon],ew[4,Mon]),
            popsize = 100,generations = 1000,
            cprob = 0.7,cdist = 5,mprob = 0.2,mdist = 10,
            vectorized = FALSE)
```

第8章 "三条红线"约束下的水资源优化配置随机规划模型研究

8.1 水资源优化配置理论

为了实现 2011 年中央一号文件提出的严格管控"水资源开发利用、用水效率、水功能区限制纳污"三条红线,除了在水资源配置时联合考虑水量和水质两个因素外,还需最大限度提高水资源的综合利用率和利用效率以实现我国"有限水资源"的利用价值最大化。那么如何在"三条红线"水资源管理制度的约束下,在既保持人与水的自然和谐关系,又兼顾水资源贫富区域的社会公平与经济效益的条件下,解决水资源在用水区间、用水主体间和各用水目标间的优化分配问题成为实现新时期经济发展目标迫切需要解决的重大问题。

本章节对水资源优化配置的相关概念和理论基础进行了分析,以验证本项目相关理论研究的适用性和可行性。首先对水资源优化配置的主要相关概念进行辨析,其次探讨了水资源配置的基本原则及目标,论证了水资源优化配置的必要性与科学性;然后为了最大限度地提高水资源的利用效率,提出了水资源优化配置模型,并验证该理论方法应用于塔里木河流域的可行性和有效性;最后针对优化配置模型的大系统、不确定性等特点,提出了改进的区间多阶段随机规划(IMSP),并通过与经典多目标模拟算法的对比分析,验证该求解算法的可行性。

8.1.1 水资源优化配置的概念

1. 水资源优化配置

水资源优化配置具有其独特的内涵,其中的"优化"主要是指水资源"质"和"量"在空间和时间上的合理分配及不同用途水源的合理转化;"配置"既包括不同用途水源质和量的转化,也包括水资源时间和空间二维度质和量的分配。水资源优化配置需从我国国情和水情出发,结合塔里木河流域当地的社会、经济和生态环境情况,因地制宜,按照流域发展规划,有条件分阶段地实现水资源配置上的优化配置,从而获得经济、生态环境协调发展的最佳综合效益。

水资源优化配置是在我国水资源出现严重短缺和水污染不断加重这样一个背景下于20 世纪 90 年代初提出来的,最初针对的就是水资源短缺地区和用水的竞争性问题,后来随着可持续发展概念的深入,其含义不断扩展,尤其在水资源短缺地区此问题变得更为迫切。

实际上水资源优化配置从广义的概念上讲就是研究如何利用好水资源，包括对水资源的开发、利用、保护与管理。优化配置中的优化是反映在水资源配置中解决水资源供需矛盾、各类用水竞争、上下游左右岸协调、不同水利工程投资关系、经济与生态环境用水效益、当代社会与未来社会用水、各类水源相互转化等一系列复杂关系中相对公平的、可接受的水资源分配方案。优化配置是人们在对稀缺资源进行分配时的目标与愿望。一般而言，优化配置的结果对某一个体的效益或利益并不是最高最好的，但对整个资源分配体系来说，其总体效益或利益是最高最好的，而优化配置则是人们在寻找合理配置方案中所利用的方法和手段。

参照《水资源综合规划大纲》以及相关专家学者的有关文献，将水资源优化配置界定为在流域或特定区域范围内，以水资源安全和可持续利用为目标，遵循公平、高效和环境完整性原则，通过各种工程与非工程措施，对多种可利用水资源在各区域和用水部门之间进行合理分配。据此可对水资源优化配置定义如下：

水资源优化配置是指在一个特定区域内，以可持续发展为总原则，依据法律、行政、经济以及技术等手段，对各种形式的水源，通过工程措施与非工程措施在各用水部门之间进行科学分配，协调、处理水资源天然分布与生产力布局的相互关系，实现水资源永续利用和社会、经济、生态环境的可持续发展。其中的"优化"是通过分配协调一系列复杂关系反映的，如各类用水竞争、当代社会与未来社会用水、各种水源相互转化等。水资源优化配置包括在开发上实现水资源的优化配置和在使用上实现水资源的优化配置。因此流域水资源优化配置必须从我国国情出发，并与流域的社会、经济发展状况和自然条件相适应，因地制宜，按地区发展计划，有条件地分阶段进行，以有利于社会、经济、生态环境的持续协调发展。

2. 水资源优化配置基本要素

1）水量要素

水量是水资源最基本的属性，不同分区、不同用水部门间存在不同的水量要求。因此需要在系统内进行各分区和用水部门间水资源数量的合理分配。

2）水质要素

由于各用水部门对水质的要求不同，如果分配给该用水部门的水量不满足水质的要求，水量的供水功能也就降低或消失，因此在进行水量配比的同时还需考虑水质的因素，按照优水优用、促进水资源利用率的原则，结合水量进行分质供水。

3）空间要素

由于水资源的特殊性，其空间分布很不均匀，而且各地区经济、社会和生态发展状况不尽相同，对水资源的需求也不相同，因此水资源优化配置在塔里木河流域的具体实施必然要考虑在空间进行不同层次配置的问题。

4）时间要素

由于水资源受天然降水的影响比较大，具有很大的不确定性，与用水部门用水的时间和水量存在较大差异，因此需要通过工程技术措施（拦蓄、储存等）和科学管理手段对水资源进行时间上的配置,使其能够适时适量地满足各部门用水要求。

3. 水资源优化配置基本属性

水资源具有两个基本属性:自然属性和社会属性。水资源的优化配置是一个多水源(地表水、地下水、生活用水)、多目标(社会、经济、环境)、多主体(农业用水、生态用水)的复杂决策系统。本章节通过对水资源系统的分析,借助于优化技术,通过对水资源在各子区、各用水部门间的优化分配,实现流域社会、经济和环境效益的协调发展。

水资源优化配置的本质是有限的水资源在时间、空间、用水部门间的合理分配,因此它具有多水源、多目标、多要素、多用户的属性。

8.1.2 水资源优化配置的基本原则

水资源优化配置应遵守以下原则:

(1)综合效益最大化原则(有效高效性)。维持生态经济系统的均衡,从水资源系统的质、量、空间与时间上,从宏观到微观层次上,从水资源开发利用及保护生态环境角度上,综合配置水资源,从而保证社会、经济、环境的综合大系统协调有序发展。

(2)可持续性原则。对水资源的不合理开发利用不仅会引起生态问题,还会对后代人的资源利用造成严重损害。因此对水资源的开发利用要有一定的限度,必须保持在可承载能力之内,以维持自然生态系统的更新能力和永续利用,实现水资源可持续利用。

(3)公平性原则。保证区域内自然、经济、社会和环境的协调发展。发展是人类追求的永恒主题,但片面的经济发展将会带来严重的生态环境问题。只有以人为中心的复合系统的协调发展和水资源的永续利用,才是最佳的发展方式。

(4)系统性与可持续性相结合的原则。水资源优化配置应与地区社会经济发展状况及自然条件相适应,因地制宜,根据当地发展计划,有条件地实现分阶段配置,从而实现可持续性。

(5)系统性原则。水资源优化配置要考虑流域各行政区间的水权关系,也要对地表水、地下水及降水等水资源进行统一配置,在不同层面将水资源的供、需、耗、排等联系起来,从而用系统性指导水资源的优化配置。

(6)开源与节流并重原则。节约用水、建立节水型社会是实现水资源可持续利用的长久之策,也是社会发展的必然。只有开源与节水并重才能增加可持续发展的支撑能力,保障当代人和后代人的用水需要。

8.1.3 水资源优化配置的手段与途径

水资源合理配置的手段主要包括经济手段、科技手段和工程手段。配置途径主要是空间调配、时间调节和部门调节。

8.1.4 水资源优化配置中的平衡关系

在以区域可持续发展为目标的水资源优化配置过程中,必须保持若干基本平衡关系,才能保证优化配置策略是现实可行的。

1. 水资源量的需求与供给平衡

在长期发展过程中，无论是蓄水还是供水均处于动态，因而供需间的平衡关系只能是动态平衡。从蓄水方面来看，主要的影响因素是经济总量、经济结构和部门用水效率；从供水方面来看，影响供水的主要因素为供水的工程能力和调度策略。在水资源需求量与供给量均为变量的情况下，动态平衡的保持只能在一定时期和一定程度内。当供水能力小于需求时会由于缺水而给区域经济造成损失，反之则会造成水资源的浪费。在缺水的情况下，减少对不同部门的供水以及减少的程度会导致不同的缺水损失，因而找出较合理的动态供需平衡策略，成为水资源优化配置的主要任务之一。

2. 涉水投资的来源与分配平衡

涉水投资包括节水工程、水资源的开发利用和水环境的治理保护所需的建设资金和运行管理费用。由于水资源开发利用和水环境治理保护均是重要的社会基础产业，具有建设周期长和投资额巨大的特点，因而涉水投资的来源与分配之间的动态平衡是水资源优化配置策略得以实施的重要条件之一。

涉水投资的使用主要分为水资源开发利用和水环境的保护治理两个方面。早期开发利用投资中，包括了水力发电、灌溉和为其他综合利用目的服务的各类蓄、引、堤工程和节水措施的投资及运行管理费用。水环境的保护治理包括河道整治、水源地涵养、水土保持及各类水污染治理工程。在多水源供水的条件下，涉水投资在节水、地表水、地下水、回用水及外调水之间有一个分配问题，对同是利用地表水的不同备选工程而言也有一个选择的问题，因而投资与水资源优化配置系统内工程组合、工程规模及建设次序密切相关。

水资源的来源与分配间的平衡是通过水量的供需平衡及水环境污染治理平衡来实现的。经济的不断增长需要更多的水，提供更多的水就要求扩大供水能力，从而要求更多的投资，在一定的经济积累水平下给水部门的投资增加会导致对其他经济部门投资的减少，从而影响到这些部门今后的固定资产形成。同样，生态平衡与水量的供需平衡、水投资平衡之间也存在着广泛联系。

3. 水生态的平衡

在我国干旱、半干旱地区，由于水的开发利用所导致的生态环境问题已越来越严重，河流、湖泊萎缩，甚至于干涸，荒漠化加剧，耕地的次生盐渍化等现象已引起广泛关注。尤其在西北内陆地区，没有绿洲就没有人类，绿洲生态是西北内陆地区人类社会赖以生存与发展的基础。而保护绿洲生态就离不开水，因此绿洲生态需水是总需水中不可或缺的组成部分之一。天然生态系统是人工绿洲生态系统与荒漠区之间的过渡带，是人工生态系统的外围屏障。

水是维持干旱区生态系统最重要的基本元素，生态系统耗水机制是生态保护的主要研究对象。生物体耗水特别是植物体耗水是生物体新陈代谢活动的载体。因此，天然生态系统的耗水必须纳入水资源优化配置研究的范畴之内，同时为维系生态系统用水的消耗，应保持生态需水的平衡关系。在研究水资源优化配置的同时，研究水生态系统的平衡也是其主要内容之一。

由此可以看出水资源合理配置中上述四种基本平衡关系是相互联系和相互影响的，其间的关系极为复杂。这一事实说明只有采用系统的定量优化方法，从整体出发对四种平衡关系同时进行调整，才能协调好各类基本平衡关系，使区域水资源优化配置策略更加符合实际情况。

8.2　水资源优化配置方法

8.2.1　大系统优化理论

所谓大系统，一般是指能够被解耦或者分解成若干个互联子系统，从而进行有效计算或者满足实际需要的系统；或是传统的建模、系统分析、控制器设计及优化技术不能处理的，具有多个互联子系统的系统。大系统优化理论（Large Scale System Theory）起源于20世纪70年代，它综合和发展了近现代优化理论、决策理论和控制论等方面的成果，已被广泛应用于社会经济系统和生态环境系统之中。

大系统优化理论主要有以下几种：①大系统分解-协调法；②大系统分解-聚合法；③大系统聚合-分解法；④大系统混合模型法；⑤大系统广义模型法。其中大系统分解-协调递阶模型是目前最常用的大系统优化模型。建立这一模型的基本思路是：首先将一个复杂的大系统按照具体情况和需要划分为规模小、结构比较简单的子系统；其次采用一般的优化方法对各子系统分别择优，实现各子系统的局部优化，然后再根据整个大系统的总任务和总目标，修改调整各子系统的输入和决策，使各子系统"相互协调配合"，实现大系统的全局最优化。

与一般的系统理论相比，大系统优化理论具有以下显著特点：

（1）规模庞大。大系统中通常包含众多的子系统及子部分，而且系统中模型涉及的变量多，维数高；

（2）结构复杂。大系统一般是由多个互联子系统构成，子系统之间通过某一协调关系联系，形成特殊的递阶结构。常见的递阶结构有多重递阶、多层递阶和多级递阶；

（3）目标多样。大系统的决策问题具有多样性，而且每级系统均有一个目标。水资源系统中常见的目标递阶形式有：上级单目标，下级单目标；上级多目标，下级同样的多目标；上级多目标，下级多目标，但含有与上级不同的目标。

（4）影响因素众多，稳定性较低。大系统涉及的参数和变量较多，因此影响输入和输出的因素比较多。这些影响因素可能随时间或人的主观能动性发生变化，从而影响系统的稳定性。

8.2.2　大系统优化方法

分解协调技术是求解复杂水资源大系统问题的有效方法，基于分解协调法的大系统优化的主要步骤为：

（1）把规模较大、结构较复杂的大系统分解为若干个规模较小、结构简单的子系统或子部分；

（2）采用常规的方法对子系统或子部分进行优化，确保每个子系统实现最优化；

（3）在大系统总体目标的要求下，处理子系统或子部分之间的结构关系，并对子系统或子部分的输入和输出进行修改协调，最终实现整个系统的总体最优化。

综上所述，大系统分解协调法既是一种降维技术，即把一个具有多变量、多维的大系统分解为多个变量较小和维数较小的子系统，又是一种迭代技术，即各子系统通过各自优化得到的结果，还要反复迭代计算协调修改，直到满足整个系统全局最优为止。

8.2.3　不确定性规划理论

在现实管理科学、决策科学、系统科学、信息科学、计算机科学以及可靠性技术等研究领域中，研究者发现不确定现象因主观与客观原因而普遍存在。表现形式也是多种多样的，如模糊性、随机性、模糊随机性、粗糙性以及其他不确定性。对这些不确定性进行优化，传统的优化方法显得有些无能为力。在这种背景下，不确定环境下的优化理论——不确定规划慢慢发展起来。不确定规划作为经典数学规划的延伸，在发展过程中也形成了其自身的理论与方法论体系。水资源优化配置系统是具有大量不确定性因素的复杂系统。自20世纪90年代开始，考虑到这些不确定性，研究者将不确定规划方法在水资源优化配置系统中进行应用。目前应用到水资源优化配置系统中的不确定性优化技术一般有区间线性规划（ILP）和多阶段随机规划（MSP）。

8.2.4　不确定性优化方法

1. 区间线性规划

区间线性规划，作为一类不确定性优化方法，主要用来处理系统分析中的区间不确定性问题。区间线性规划方法不需要获取参数的分布信息，不会导致复杂的中间过程。因此区间线性规划模型具有模型参数易获取、求解过程简单的优点。

1）相关定义

（1）x 表示实数域上的集合，$x^{\pm}$ 为一个上下限已知，但分布信息未知的区间数：

$$x^{\pm} = [x^-, x^+] = \{t \in t \mid x^- \leqslant t \leqslant x^+\} \tag{8-1}$$

在这里，x^+ 和 x^- 分别代表了 x 的上限和下限。当 $x^+ = x^-$ 时，$x^{\pm}$ 为确定的数。

（2）对于 $x^{\pm}$，定义 $\text{Sign}(x^{\pm})$：

$$\text{Sign}(x^{\pm}) = \begin{cases} 1, & x^{\pm} \geqslant 0 \\ -1, & x^{\pm} \leqslant 0 \end{cases} \tag{8-2}$$

（3）对于 $x^{\pm}$，定义其绝对值：

$$|x|^{\pm} = \begin{cases} x^{\pm}, & x^{\pm} \geqslant 0 \\ -x^{\pm}, & x^{\pm} \leqslant 0 \end{cases} \tag{8-3a}$$

因此，有

$$|x|^- = \begin{cases} x^-, & x^{\pm} \geqslant 0 \\ -x^+, & x^{\pm} < 0 \end{cases} \tag{8-3b}$$

和

$$|x|^+ = \begin{cases} x^+, & x^\pm \geqslant 0 \\ -x^-, & x^\pm < 0 \end{cases} \qquad (8\text{-}3c)$$

2）区间线性规划模型

基于相关的文献，区间线性规划模型的一般形式可以表示为

目标函数：

$$\max f^\pm = C^\pm X^\pm \qquad (8\text{-}4a)$$

约束条件：

$$A^\pm X^\pm \leqslant B^\pm \qquad (8\text{-}4b)$$

$$X^\pm \geqslant 0 \qquad (8\text{-}4c)$$

在这里，$X^\pm \in \{R^\pm\}^{n \times 1}$，$C^\pm \in \{R^\pm\}^{1 \times n}$，$A^\pm \in \{R^\pm\}^{m \times n}$，$B^\pm \in \{R^\pm\}^{m \times 1}$，$R^\pm$ 表示不确定数的集合。

根据 Huang 等提出的优化算法，模型（8-4）可以通过交互式两步法进行求解。首先，构造并求解对应于最好最优解的子模型；然后基于最好最优解，构造并求解对应于最差最优解的子模型；最终得到模型（8-4）的不确定解。

在目标函数的 n 个不确定系数 $c_j^\pm(j = 1, 2, \cdots, n)$ 中，假定：前 k_1 个系数为正，即 $c_j^\pm \geqslant 0(j = 1, 2, \cdots, k_1)$；后 k_2 个系数为负，即 $c_j^\pm < 0(j = k_1 + 1, k_1 + 2, \cdots, n)$，且 $k_1 + k_2 = n$。因此对应于最好最优解的子模型为（假定 $b_i^\pm \geqslant 0$）：

目标函数：

$$\max f^+ = \sum_{j=1}^{k_1} c_j^+ x_j^+ + \sum_{j=k_1+1}^{n} c_j^+ x_j^- \qquad (8\text{-}5a)$$

约束条件：

$$\sum_{j=1}^{k_1} |a_{ij}|^+ \text{Sign}(a_{ij}^+) x_j^- + \sum_{j=k_1+1}^{n} |a_{ij}|^- \text{Sign}(a_{ij}^-) x_j^+ \leqslant b_i^-, \qquad \forall i \qquad (8\text{-}5b)$$

$$x_j^\pm \geqslant 0, \qquad j = 1, 2, \cdots, n \qquad (8\text{-}5c)$$

基于子模型（8-5）的解 $x_{j\text{opt}}^+(j = 1, 2, \cdots, k_1)$ 和 $x_{j\text{opt}}^-(j = k_1 + 1, k_1 + 2, \cdots, k_1 + n)$，对应于最差最优解的子模型为（假定 $b_i^\pm \geqslant 0$）：

目标函数：

$$\max f^- = \sum_{j=1}^{k_1} c_j^- x_j^- + \sum_{j=k_1+1}^{n} c_j^- x_j^+ \qquad (8\text{-}6a)$$

约束条件：

$$\sum_{j=1}^{k_1} |a_{ij}|^- \text{Sign}(a_{ij}^-) x_j^+ + \sum_{j=k_1+1}^{n} |a_{ij}|^+ \text{Sign}(a_{ij}^+) x_j^- \leqslant b_i^+, \qquad \forall i \qquad (8\text{-}6b)$$

$$x_j^- \leqslant x_{j\text{opt}}^+, \qquad j = 1, 2, \cdots, k_1 \qquad (8\text{-}6c)$$

$$x_j^+ \geqslant x_{j\text{opt}}^-, \qquad j = k_1 + 1, k_1 + 2, \cdots, k_1 + n \qquad (8\text{-}6d)$$

通过求解子模型（8-5）和（8-6），模型（8-4）的最优解能够得到：

$$f_{\text{opt}}^\pm = [f_{\text{opt}}^-, f_{\text{opt}}^+] \qquad (8\text{-}7a)$$

$$x_{jopt}^{\pm} = [\,x_{jopt}^{-} \,, \; x_{jopt}^{+}\,] \,, \qquad \forall j \tag{8-7b}$$

2. 多阶段随机规划

多阶段随机规划是一种典型的随机数学规划，能够处理以概率密度函数形式表现的不确定性信息。多阶段随机规划能够处理中长期规划问题，能够反映系统的动态特性。在多阶段随机规划模型中，决策变量被分为两类：一类为必须在随机变量实现前已知的；另外一类为追索补偿变量，是在随机变量实现后得到的。基于情景的多阶段随机规划模型的一般形式为：

目标函数：

$$\max f = \sum_{t=1}^{T} C_t X_t - \sum_{t=1}^{T} \sum_{k=1}^{K_t} p_{tk} D_{tk} Y_{tk} \tag{8-8a}$$

约束条件：

$$A_{rt} X_t \leqslant B_{rt} \,, \qquad r = 1, 2, \cdots, m_1 \,; \; t = 1, 2, \cdots, T \tag{8-8b}$$

$$A_{it} X_t + A_{itk} Y_{tk} \leqslant \omega_{itk} \,, \qquad i = 1, 2, \cdots, m_2 \,; \; t = 1, 2, \cdots, T \,; \; k = 1, 2, \cdots, K_t \tag{8-8c}$$

$$x_{jt} \geqslant 0 \,, \; x_{jt} \in X_t \,, \qquad j = 1, 2, \cdots, n_1 \,; \; t = 1, 2, \cdots, T \tag{8-8d}$$

$$y_{jtk} \geqslant 0 \,, \; y_{jtk} \in Y_{tk} \,, \qquad j = 1, 2, \cdots, n_2 \,; \; t = 1, 2, \cdots, T \,; \; k = 1, 2, \cdots, K_t \tag{8-8e}$$

在这里，P_{tk} 为 t 阶段下情景 k 发生的概率，$0 \leqslant P_{tk} \leqslant 1$ 并且 $\sum_{k}^{K_t} P_{tk} = 1$；$K_t$ 是 t 时期的情景数，则总的情景数为 $K = \sum_{t=1}^{T} K_t$，而 Y_{tk} 是追索补偿变量。

8.3 水资源优化配置随机模型

8.3.1 优化配置模型的构建

1. 建模思路

建立塔里木河流域水资源优化配置模型要确定优化配置的目标和决策变量，构造合理的目标函数和约束条件，通过一定的方法和技术手段求解，最终得到优化配置方案，为实现生态灌溉效益最大化提供理论依据。模型建立基本思路如图 8.1 所示。

2. 决策变量

决策变量包括水资源和土地资源配置量，具体可分为两大类，一是分配给不同作物不同阶段的水资源量，二是不同经济作物及生态植被的土地面积。

3. 目标函数

塔里木河流域灌区是典型的缺水灌区，缺水灌区最大特点就是水资源不足以对区内所

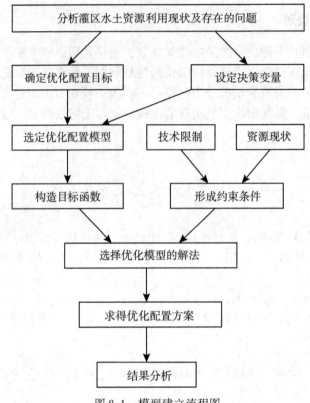

图 8.1 模型建立流程图

有经济作物及生态植被实施充分灌溉。因而当灌溉可用水量不足而采取非充分灌溉时,建立水资源优化配置模型的目标就是使整个流域在有限的用水量下通过调整生态-经济的比例,使得流域总效益达到最大化。

8.3.2 优化配置模型的求解

在水资源优化配置系统中,不确定性是广泛存在的。例如,由于水的可利用量具有不确定性,决策者很难做出承诺,将会有多少确定的水量分配给每一个用水单元;部分经济数据不能完全表示为确定值。在许多实际问题中,这类不确定性信息的质量不足以表达为概率密度函数;此外,即使可以得到概率密度函数,也很难在大尺度优化模型中反映它们。因而这类不确定性信息被表示为离散区间数,基于多阶段随机规划和区间线性规划两种不确定性优化方法,区间多阶段随机规划(IMSP)模型能够被表示为:

目标函数:

$$\max f^{\pm} = \sum_{i=1}^{I}\sum_{t=1}^{T}\mathrm{NB}_{it}^{\pm}W_{it}^{\pm} - \sum_{i=1}^{I}\sum_{t=1}^{T}\sum_{k=1}^{K_t}P_{tk}C_{it}^{\pm}D_{itk}^{\pm} \qquad (8\text{-}9\mathrm{a})$$

约束条件:

$$\sum_{i=1}^{I} (W_{it}^{\pm} - D_{it}^{\pm}) \leqslant q_{th}^{\pm} + \varepsilon_{(t-1)k}^{\pm}, \quad \forall h, \quad t = 1, 2, \cdots, T, \quad k = 1, 2, \cdots, K_t \quad (8\text{-}9b)$$

$$\varepsilon_{(t-1)k}^{\pm} = q_{(t-1)h}^{\pm} - \sum_{i=1}^{I} [W_{i(t-1)}^{\pm} - D_{i(t-1)}^{\pm}] + \varepsilon_{(t-2)k}^{\pm}, \quad \forall h, \quad k = 1, 2, \cdots, K_t \quad (8\text{-}9c)$$

$$W_{it\max}^{\pm} \geqslant W_{it}^{\pm} \geqslant D_{it}^{\pm} \geqslant 0, \quad \forall i, t, k \quad (8\text{-}9d)$$

在这里，$f^{\pm}$，$NB_{it}^{\pm}$，$C_{it}^{\pm}$，$W_{it}^{\pm}$，$D_{itk}^{\pm}$，$q_{th}^{\pm}$ 和 $W_{it\max}^{\pm}$ 代表一系列离散区间数。I 代表取水单元；t 代表规划期；k 代表水分配情景；h 代表流量水平。$f^{\pm}$ 是整个规划期内系统生态和经济效益总和；$NB_{it}^{\pm}$ 是在时间 t 内单位分配水量到用水单元 i 所产生的经济效益；$C_{it}^{\pm}$ 是在时期 t 时提供给用水单元 i 的水量不足，单元 i 损失的单位经济效益（$C_{it}^{\pm} > NB_{it}^{\pm}$）。$P_{tk}$ 是在时期 t 时情景 k 发生的概率（$\sum_{k}^{K_t} P_{tk} = 1$）。$q_{th}^{\pm}$ 是在时期 t 时流量水平 h 下的水的可利用量；$W_{it}^{\pm}$ 是在时期 t 时承诺提供给用户 i 的目标水量；$W_{it\max}^{\pm}$ 是在时期 t、概率 P_{tk}、水的可利用量 $q_{th}^{\pm}$ 下的水短缺量；$\varepsilon_{tk}^{\pm}$ 是在时期 t 时情景 k 下的剩余水量。K_t 代表时期 t 时的水分配情景总数。

在水资源优化配置系统中，水资源分配方案的制定，除了要考虑经济效益的最大化外，还应该确保分配方案的可行性与可靠性。可行性是指水分配模式的实用性，它与水短缺量有关；可靠性代表不同概率水平下目标函数值的平衡性考虑。较高的分配方案可行性，将会带来较少的水短缺量；较高的分配方案可靠性，意味着不同概率水平下的目标函数值之间的较低偏差。模型（8-9）能够有效地反映多重不确定性及动态复杂性。

8.4 水资源优化配置模型结果及分析

8.4.1 水资源优化配置模型结果

此算例取自 2010—2017 年闸口水情数据和农业引用水数据统计水情的基本统计量。

由表 8.1 经统计分析结合塔里木河流域历史数据，确定总引用水量 $Q = 141570$ 万立方米，查数据可将总引用水量按比例划分为上游 $Q_1 = 69030$ 万立方米、中游 $Q_2 = 50240$ 万立方米、下游 $Q_3 = 20500$ 万立方米。同时《新疆塔里木河干流流域综合规划》上游地面灌溉水利用系数 $r_1 = 0.469$，中游地面灌溉水利用系数 $r_2 = 0.456$，下游地面灌溉水利用系数 $r_3 = 0.464$。

表 8.1 　　　　　　　　　　　　塔里木河流域引用水量　　　　　　　　（单位：万立方米）

年份	上游			中游			下游		
	农业	生态	总计	农业	生态	总计	农业	生态	总计
2010	46643	29083	75726	34522	19403	53925	22407	0	22407
2011	49028	20904	69932	25347	24983	50330	22855	0	22855

续表

年份	上游			中游			下游		
	农业	生态	总计	农业	生态	总计	农业	生态	总计
2012	54692	7970	62662	28000	16832	44832	20656	0	20656
2013	58685	9121	67806	32269	24307	56576	20500	0	20500
2014	49744	N		23937	N		20500	0	20500
2015	60723	N		31246	N		21525	0	21525
2016	55604	N		27295	N		20494	0	20494
2017	55156	N		30567	N		20500	0	20500

现用图表的形式简要介绍计算过程。

如表 8.2、表 8.3、表 8.4 所示,农业净灌溉定额、农业灌溉面积、灌溉农业产值为计算灌溉产生效益值的基础数据,供后续计算进行函数的调用。

表 8.2 农业净灌溉定额 (单位:立方米/亩)

月	玉米	棉花	蔬菜	果用瓜	其他作物	果园	林业	牧草
2	0	9	0	0	0	0	46	0
3	80	61	80	0	56	80	44	0
4	0	0	0	70	14	0	0	70
5	33	47	80	60	70	52	90	70
6	87	93	30	30	70	48	73	60
7	80	114	90	70	70	100	37	29
8	70	81	134	93	51	90	110	41
9	0	45	36	27	19	30	40	0
10	0	0	0	0	0	0	0	70
11	0	0	0	0	0	90	0	0

表 8.3 农业灌溉面积 (单位:万亩)

河段	玉米	棉花	蔬菜	果用瓜	其他作物	果园	林业	牧草
上游	0	78.89	0	1.89	1.9	0	4.81	0
中游	0	45.15	0	0.13	0	1.15	2.11	1.73
下游	1.47	28.11	0.68	0.8	1.56	16.85	7.13	1.64

表 8.4			灌溉农业产值				（单位：万元）
河段	玉米	棉花	蔬菜	果用瓜	其他作物	果园	林业	牧草
上游	0	142002	0	567	1140	0	28873	0
中游	0	81270	0	39	0	1840	12650	1342
下游	323	50598	544	846	936	26960	42747	1272

现已知年度上中下游三部分引水总量，由于各区域种植作物不同，同种作物各月生长需水量不同，故需要按月对水量的分配进行参数率定。本算例根据表8.2、表8.3、表8.4的数据进行演算得出上中下游月度水量分配表，如表8.5所示。

表 8.5				上中下游月度水量分配表								
月 / 河段	1	2	3	4	5	6	7	8	9	10	11	12
上游	0.0%	2.3%	13.2%	0.4%	11.3%	20.2%	24.3%	18.5%	9.8%	0.0%	0.0%	0.0%
中游	0.0%	2.2%	13.1%	0.6%	11.1%	20.1%	24.0%	18.2%	9.6%	0.5%	0.5%	0.0%
下游	0.0%	2.2%	13.9%	0.7%	12.2%	16.5%	21.1%	19.1%	8.1%	0.4%	5.8%	0.0%

再将得出的上中下游月度水量分配表根据不同作物的种植面积和该作物在此月的生长情况计算得出上、中、下游月分配系数表8.6、表8.7、表8.8。

表 8.6				上游月分配系数表				
月 \ 种类	玉米	棉花	蔬菜	果用瓜	其他作物	果园	林业	牧草
1	0	0	0	0	0	0	0	0
2	0	76.2%	0	0	0	0	23.8%	0
3	0	93.8%	0	0	0	0.0%	4.1%	0
4	0	0	0	83.3%	0	0	0	0.0%
5	0	84.5%	0	2.6%	0	0.0%	9.9%	0
6	0	93.1%	0	0.7%	0	0.0%	4.5%	0.0%
7	0	95.3%	0	1.4%	0	0.0%	1.9%	0.0%
8	0	88.9%	0	2.4%	0	0.0%	7.3%	0.0%
9	0	92.8%	0	1.3%	0	0.0%	5.0%	0.0%
10	0	0	0	0	0	0	0	0
11	0	0	0	0	0	0	0	0
12	0	0	0	0	0	0	0	0

表 8.7　　　　　　　　　　　　　　　　中游月分配系数表

种类 月	玉米	棉花	蔬菜	果用瓜	其他作物	果园	林业	牧草
1	0	0	0	0	0	0	0	0
2	0	80.7%	0	0	0	0	19.3%	0
3	0	93.7%	0	0	0	3.1%	3.2%	0
4	0	0	0	7.0%	0	0	0	93.0%
5	0	84.9%	0	0.3%	0	2.4%	7.6%	4.8%
6	0	93.0%	0	0.1%	0	1.2%	3.4%	2.3%
7	0	95.3%	0	0.2%	0	2.1%	1.5%	0.9%
8	0	89.7%	0	0.3%	0	2.6%	5.7%	1.7%
9	0	94.3%	0	0.2%	0	1.5%	4.0%	0
10	0	0	0	0	0	0	0	1
11	0	0	0	0	0	1	0	0
12	0	0	0	0	0	0	0	0

表 8.8　　　　　　　　　　　　　　　　下游月分配系数表

种类 月	玉米	棉花	蔬菜	果用瓜	其他作物	果园	林业	牧草
1	0	0	0	0	0	0	0	0
2	0	43.6%	0	0	0	0	56.5%	0
3	3.2%	47.2%	1.5%	0	2.4%	37.1%	8.6%	0
4	0	0	0%	29.1%	11.3%	0	0	59.6%
5	1.5%	41.1%	1.7%	1.5%	3.4%	27.2%	20.0%	3.6%
6	3.0%	60.5%	0.5%	0.5%	2.5%	18.7%	12.0%	2.3%
7	2.1%	57.8%	1.1%	1.0%	2.0%	30.4%	4.8%	0.8%
8	2.1%	45.6%	1.8%	1.5%	1.6%	30.4%	15.7%	1.3%
9	0	59.3%	1.2%	1.0%	1.4%	23.7%	13.4%	0
10	0	0	0	0	0	0	0	1
11	0	0	0	0	0	1	0	0
12	0	0	0	0	0	0	0	0

将率定得出的分配系数与年度总引水量按公式进行分析计算，算例的目标函数为 max (B)，即使该水量分配调度下塔里木河干流流域的农业灌溉效益和生态效益之和最大。

生态效益的计算思路同农业灌溉效益，如表8.9、表8.10、表8.11所示。

表8.9　　　　　　　　　　　　　生态灌溉面积　　　　　　　　（单位：万亩）

河段	上游	中游	下游
生态灌溉面积	1148.05	881.37	227.25

表8.10　　　　　　　　　　　　　生态效益值　　　　　　　　　（单位：万元）

河段	上游	中游	下游
生态效益值	7039.53	10998.88	15312.68

表8.11　　　　　　　　　　　　　生态需水量　　　　　　　　（单位：万立方米）

河段 \ 月	上游	中游	下游
1	1726.79	1173.51	330.72
2	2922.26	1985.94	559.68
3	10095.08	6860.52	1933.44
4	13017.34	8846.46	2493.12
5	16603.75	11283.75	3180.00
6	18463.37	12547.53	3536.16
7	21916.95	14894.55	4197.60
8	16869.41	11464.29	3230.88
9	15673.94	10651.86	3001.92
10	9829.42	6679.98	1882.56
11	4117.73	2798.37	788.64
12	1593.96	1083.24	305.28
总计	132830	90270	25440

8.4.2　水资源优化配置模型分析

表8.12　　　　　　　　　　　　　农业定额表　　　　　　　　（单位：立方米/亩）

种类 \ 月	1	2	3	4	5	6	7	8	9	10	11	12
玉米	0	0	80	0	33	87	80	70	0	0	0	0

月 种类	1	2	3	4	5	6	7	8	9	10	11	12
棉花	0	9	61	0	47	93	114	81	45	0	0	0
蔬菜	0	0	80	0	80	30	90	134	36	0	0	0
果用瓜	0	0	0	70	60	30	70	93	27	0	0	0
其他作物	0	0	56	14	70	70	70	51	19	0	0	0
果园	0	0	80	0	52	48	100	90	30	0	90	0
林业	0	46	44	0	90	73	37	110	40	0	0	0
牧草	0	0	0	70	70	60	29	41	0	70	0	0

表 8.13　　　　　灌溉需求水量表（以上游为例）　　　　（单位：万立方米）

月 种类	1	2	3	4	5	6	7	8	9	10、11、12
玉米	0	0	0	0	0	0	0	0	0	0
棉花	0	710	4812	0	3708	7337	8993	6390	3550	0
蔬菜	0	0	0	0	0	0	0	0	0	0
果用瓜	0	0	0	132	113	57	132	176	51	0
其他作物	0	0	106	27	133	133	133	97	36	0
果园	0	0	0	0	0	0	0	0	0	0
林业	0	221	211	0	433	351	178	529	192	0
牧草	0	0	0	0	0	0	0	0	0	0

表 8.14　　　　　灌溉实际水量表（以上游为例）　　　　（单位：万立方米）

月 种类	1	2	3	4	5	6	7	8	9	10、11、12
玉米	0	0	0	0	0	0	0	0	0	0
棉花	0	567	4009	0	3091	6089	7497	5325	2944	0
蔬菜	0	0	0	0	0	0	0	0	0	0
果用瓜	0	0	0	108	95	46	110	144	41	0
其他作物	0	0	90	22	110	111	110	84	29	0
果园	0	0	0	0	0	0	0	0	0	0
林业	0	177	175	0	362	294	149	437	159	0
牧草	0	0	0	0	0	0	0	0	0	0

表8.15 农业效益计算值 （单位：万元）

种植类型	上游年总产值基准	上游系数	上游各作物实际产值	中游年总产值基准	中游系数	中游各作物实际产值	下游年总产值基准	下游系数	下游各作物实际产值
玉米	0	0	0	0	0	0	323	0	0
棉花	142002	0.83	117772.73	81270	1.00	81270.00	50598	0.36	18275.60
蔬菜	0	0	0	0	0	0	544	0.36	198.10
果用瓜	567	0.81	458.29	39	1.00	39.00	846	0.36	301.11
其他作物	1140	0.79	901.73	0	0	0	936	0.36	339.33
果园	0	0	0	1840	0.94	1732.69	26960	0.36	9738.77
林业	28837	0.82	23776.71	12650	1.00	12650.00	42747	0.36	15474.54
牧草	0	0	0	1342	0	0	1272	0	0
合计			142909.47			95691.69			44327.45

经过对农业-生态分配系数调整，验算得出计算值 $C = 0.950732256237867$，约为 0.95，表示农业与生态用水量比值为 19:1，经分析造成此结果的原因是在流域上游尽管生态面积远远大于农作物种植面积，但其中生态占比最大的是草地（在相同水量情况下产生的生态效益远低于密林地、疏林地），同时在下游由于缺乏生态引用水量的相关数据，计算代码默认将下游所有供给水量提供到农业灌溉上，由此两个主要原因得出分配系数向农业灌溉倾斜的结果，此结果与试算相符，符合预期。

为了使计算结果更接近于实际，将下游水库供给的水量考虑到计算之中，此时的输入条件 Q_1、Q_2、Q_3 分别变为上游 $Q_1 = 69030$ 万立方米、中游 $Q_2 = 50240$ 万立方米、下游 $Q_3 = 38000$ 万立方米，重新计算得出系数变为 $C = 0.85$，同第一次运行相比更趋近于实际状况。

由于数据有限，当前仅对单因素进行分析，后续将结合大系统优化理论、不确定规划理论进行多目标优化，进一步优化算法。

第9章 "三条红线"约束下的水资源优化配置结果

9.1 多目标遗传算法

目前多目标优化问题已在实际工程中应用得非常广泛了。因此它已成为学者普遍研究的对象之一。在处理简单的单目标优化工程问题时，传统的遗传算法表现出了较好的处理能力，因此应用范围较为广泛。但是传统遗传算法在解决多目标优化问题时就显得不是那么得心应手了。因此，有很多学者专家在不断地对遗传算法进行改进，使之在解决多目标优化问题时依然能够表现出比较好的处理能力。结合复合式能源系统优化实际情况，本书使用了改进后的 NSGA2 算法进行优化求解。

遗传算法是遵循各种生物在大自然界中优胜劣汰适者生存的规律从而衍生出的全局性搜索算法。该算法将每个个体都赋予不同的适应度值并根据适应度值对其进行排列从而选出相应个体，然后根据自然遗传法则将算子进行交叉变异操作从而产生新的种群。遗传算法相较于传统算法对于一些很难或难以解决的问题，尤其是对于多目标优化问题，是一种很有效的解决方法。

9.1.1 遗传算法基本原理

遗传算法首先根据随机分配来得到初始种群（population），其中每一个个体（individual）都是一个可行解存在于种群中，每一个个体所携带的染色体（chromosome）均不相同。而染色体是由许多个基因（gene）结合而成的，并承载着主要的遗传物质（李敏强等，2003），当得到初始种群后，每一个个体都被赋予一个适应度（fitness）值，然后根据问题中每个个体的适应度来挑选优良个体，子代种群个体一般通过父代种群个体交叉（crossover）或者变异（mutation）操作来实现，接着子代种群又进行以上循环操作，直至进化到种群最佳，如图 9.1 所示。

9.1.2 带有精英策略的非支配排序遗传算法（NSGA2）

1994 年，科学家 Deb 等人在遗传算法的基础上对其进行了改进从而提出了非支配排序遗传算法（NSGA）（Srinivas N, et al., 1994），该算法区别于传统遗传算法的最主要特点是对种群中的个体分层，并对个体的虚拟适应度值进行了设置，处在同层的非支配个体它们共同分享一个虚拟适应度值，个体所在的层数越低，也就说明其质量越优，从而该个体的虚拟适应度值也就越大，这样在选择过程中会更容易遗传到下一代，为了让非支配层的个体多样性得以维持来保证所求出的非劣解沿 Pareto 前端均匀地分布，Deb 教授等人采

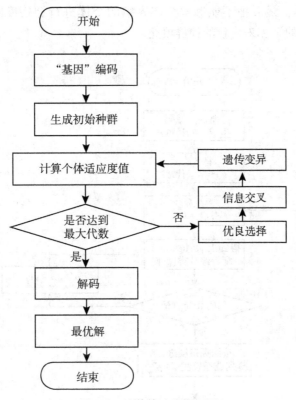

图 9.1 遗传算法流程框图

用了共享函数法。虽然非支配排序遗传算法能够突破传统的遗传算法，可以求解任意多的目标函数问题，并且在实际生产生活中针对多目标求解问题得到了广泛的应用。

2000 年，Deb 教授又在 NSGA 算法的基础上提出了一种带有精英机制的快速的非支配排序遗传算法（NSGA2），它很好地克服了文中所提出的三大缺陷，如图 9.2 所示，下面来重点介绍一下该算法的原理：在 NSGA2 算法中，首先随机产生初始种群 P_n，然后依据选择重组变异算子使得下一代种群 Q_n 产生，再把这两个种群合并成新的种群 R_n，其规模大小为 2N，紧接着非支配排序种群 R_n，最后把不同等级的非支配解填充到新种群 P_{n+1} 中，先把等级最优的非支配解填充到新种群中，然后是第二等级，依次进行。因为新种群的规模要小于整个种群的规模，所以每一层的非支配解不能全部都放入新种群中，因此在运行到最后等级时，该等级的非支配个体很有可能比新种群剩下的位置还要更多，通常在这种情况下，大多使用密度估计法对最后一等级的解进行降序排列并挑出最优解去全部填充种群留下的空隙。因为在该算法中可以同时进行非支配等级排序以及填充新种群这两个操作，所以算法在运行速度方面能够得到很大程度上的提高。

在该算法中将父代和子代种群结合在一起，进行快速非支配排序，并将选出的优质个体填充容纳到新种群中，具体操作流程如图 9.2 所示。第一步先要判断在整个种群中的第一非支配等级个体能否被新的种群所容纳。假如可以，就把该等级的全部非支配个体填充

到新种群中，然后再对第二级进行判断，如此循环往复操作，直到新种群不能够全部容纳该等级的非支配个体，最后把不能够被全部容纳的个体进行拥挤度距离计算，选出 $N-|P_{n+1}|$ 个分布最广的个体来将新的种群填充。

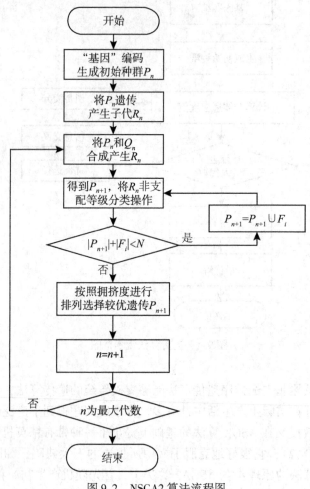

图 9.2 NSGA2 算法流程图

9.2 塔干水资源优化配置模型

9.2.1 目标函数

1. 最大化农业用水效益

$$\max A = \sum_{i}^{n} a_i x_i \qquad (9\text{-}1)$$

其中，a_i 为单方水产生的农业效益，简称农业效益系数；x_i 为 i 农业灌区供水量；i 代表农业灌区；n 是农业灌区数量。

2. 最大化生态用水效益

$$\max E = \sum_{i}^{m} e_i y_i \tag{9-2}$$

其中，e_i 为单方水产生的生态效益，简称生态效益系数；y_i 为 i 生态计算单元供水量；i 代表生态计算单元；m 是生态计算单元数量。

3. 最小化农业用水排污量

$$\min C = \sum_{i}^{n} c_i q_i x_i \tag{9-3}$$

其中，c_i 为单方农业排水含的污染物量，简称农业排水污染系数；q_i 为农业灌区排水量与供水量比值；x_i 为 i 农业灌区供水量；i 代表农业灌区；n 是农业灌区数量。

9.2.2 约束条件

1. 水资源总量

$$\sum_{i}^{n} x_i + \sum_{i}^{m} y_i \leqslant W_{可用} = (W_{来水} - W_{生态基流}) \frac{W_{i农需}}{\delta} + W_{生需} \tag{9-4}$$

其中，$W_{可用}$ 为流域区间可用水量；$W_{来水}$ 为流域区间上游来水量；$W_{生态基流}$ 为保证河流生态的基础水量；$W_{农需}$ 为流域区间农业需水总量；$W_{生需}$ 为流域区间生态需水总量；δ 为渠系水利用系数。

2. 最高农业灌溉需水量约束

$$x_i \leqslant X_{需} \tag{9-5}$$

其中 $X_{需}$ 为 i 农业灌区最高需水量。

3. 最低生态用水量约束

$$y_i \geqslant \alpha Y_{最低生态} \tag{9-6}$$

其中，$Y_{最低生态}$ 为 i 生态计算单元最低生态需水量；α 为人工设置参数，可为 $0\sim1$。

4. 河道污染物浓度约束

$$\frac{\sum_{i}^{n} c_i q_i x_i + \left(W_{来水} - \sum_{i}^{n} x_i - \sum_{i}^{m} y_i\right) \times c_{原河道}}{W_{来水} - \sum_{i}^{n} x_i - \sum_{i}^{m} y_i + \sum_{i}^{n} q_i x_i} \leqslant c_{ts} \tag{9-7}$$

其中，$c_{原河道}$为供水前河道污染物浓度；c_{ts}为三类水污染物浓度标准（COD/矿化度/硫酸盐/氯化物，选其一）。

5. 非负约束

$$x_i, \ y_i \geq 0 \tag{9-8}$$

9.3　水资源优化配置计算

1. 农业效益参数

根据农业需水量及生产效益，计算农业各计算单元农业用水效益，如表9.1所示。

表 9.1　　　　　　　　塔干流域农业用水效益系数　　　　（单位：元/立方米）

HD	GQ	a
上游灌区	沙雅	1.949
上游灌区	沙雅监狱	1.925
上游灌区	库车	2.560
上游灌区	库车种羊场	1.999
中游灌区	轮台	1.970
中游灌区	尉犁	1.962
下游灌区	农二师塔里木	2.185

2. 生态效益参数

根据生态需水量及生产效益，计算生态各计算单元生态用水效益，如表9.2所示。

表 9.2　　　　　　　　塔干流域生态用水效益系数　　　　（单位：元/立方米）

HD	QJ	HA	e
上游	阿拉尔—新其满	北岸	0.054
上游	阿拉尔—新其满	南岸	0.087
上游	新其满—英巴扎	北岸	0.038
上游	新其满—英巴扎	南岸	0.066
中游	英巴扎—乌斯满	北岸	0.141
中游	英巴扎—乌斯满	南岸	0.167
中游	乌斯满—恰拉	北岸	0.087
中游	乌斯满—恰拉	南岸	0.152

续表

HD	QJ	HA	e
下游	恰拉—台特玛湖	北岸	0.664
下游	恰拉—台特玛湖	南岸	0.534

3. 生态基流

塔干流域上中下游月生态基流如表9.3所示。

表9.3   塔干流域上中下游月生态基流   （单位：立方米）

时间／河段	1月	2月	3月	4月	5月	6月	7月	8月	9月	10月	11月	12月
上游	0.84	0.88	0.70	0.21	0.15	0.95	4.16	6.67	2.42	0.96	0.68	0.99
中游	0.58	0.63	0.59	0.19	0.09	0.50	2.39	3.76	1.73	0.66	0.43	0.58
下游	0.18	0.17	0.25	0.12	0.05	0.33	0.74	1.60	0.74	0.28	0.16	0.18

4. 设计径流

塔干流域上中下游月设计径流如表9.4所示。

表9.4   塔干流域上中下游月设计径流   （单位：立方米）

河段	设计频率	1月	2月	3月	4月	5月	6月	7月	8月	9月	10月	11月	12月
上游	25%	2.50	1.78	1.89	2.01	1.73	3.62	12.47	17.21	2.96	2.30	0.70	3.81
	50%	2.59	1.85	0.90	0.28	0.18	0.65	12.45	15.39	5.09	2.35	0.50	2.76
	75%	1.34	1.05	0.80	0.52	0.61	1.97	10.86	12.17	5.45	1.78	0.46	0.72
	90%	1.79	1.85	0.91	0.45	1.13	3.77	5.34	9.67	3.61	1.96	0.61	0.85

5. 三类、四类水体标准

水体标准如表9.5所示。

表9.5   三类、四类水体标准   （单位：克/立方米）

污染物	三类标准	四类标准
COD	20	30
TP	0.2	0.3
TN	1	1.5

污染物	三类标准	四类标准
矿化度	2000	2500
氨氮	1	1.5
硫酸盐	250	300
氯化物	250	300

6. 原河道污染物浓度

上游月污染物浓度如表9.6所示。

表9.6 原河道上游月污染物浓度 （单位：克/立方米）

时间 污染物	1月	2月	3月	4月	5月	6月	7月	8月	9月	10月	11月	12月	平均
COD	15.3	17	15.3	18.5	13.8	9	7.5	6	5.6	5.3	7.8	14.5	11.3
矿化度	344	1460	850	902	6100	926	294	378	392	886	1300	7710	1795
硫酸盐	115	389	266	185	1700	278	131	239	240	445	118	2110	518
氯化物	15.3	350	136	134	2110	251	18	72	34	214	367	2450	513

7. 计算比例

根据塔里木河规划引水及农业排水计算得出比例为0.4。

8. 农业排水污染物

农业排水污染物浓度如表9.7所示。

表9.7 农业排水污染物浓度 （单位：克/立方米）

污 染 物	浓 度
COD	23.56
矿化度	1598.667
硫酸盐	571.667
氯化物	589

9.4 基于"三条红线"塔干水资源优化配置结果

根据月设计径流利用遗传算法 NSGA2 得出各设计径流下的农业、生态配水及效益如表9.8~表9.15、图9.3~图9.10所示。

表9.8

25%设计径流量农业配水及效益

河段	灌区	1月	2月	3月	4月	5月	6月	7月	8月	9月	10月	11月	12月
上游	沙雅	0	1199.55	3950.21	94.48	2657.10	8229.69	13802.28	10176.52	982.43	0.00	0.00	0.00
	沙雅监狱	0	160.36	342.48	36.13	259.20	593.10	1840.09	1404.69	221.22	0.00	0.00	0.00
	库车	0	579.74	2183.83	9.19	1868.29	3493.54	3965.84	3378.21	1427.23	0.00	0.00	0.00
	库车种羊场	0	45.99	193.49	0.00	97.51	367.69	512.75	375.03	110.97	0.00	0.00	0.00
中游	轮台	0	49.96	181.48	0.00	27.94	344.90	549.56	403.25	220.81	0.00	0.00	0.00
	尉犁	0	1060.66	6094.60	241.80	518.33	9461.34	11362.45	8588.70	4531.59	118.72	88.09	0.00
下游	农二师塔里木	0	1252.09	2532.27	415.17	231.59	3341.62	11950.24	10760.63	4593.47	247.41	2673.62	0.00

河段	灌区	1月	2月	3月	4月	5月	6月	7月	8月	9月	10月	11月	12月
上游	沙雅	0.000	10.887	5.775	5.221	4.711	6.660	8.112	8.673	1.945	0.000	0.000	0.000
	沙雅监狱	0.000	1.445	0.521	0.593	0.448	0.571	0.871	0.990	0.433	0.000	0.000	0.000
	库车	0.000	4.510	4.351	0.771	3.908	4.290	4.360	4.392	3.740	0.000	0.000	0.000
	库车种羊场	0.000	0.412	0.287	0.000	0.182	0.300	0.339	0.354	0.222	0.000	0.000	0.000
中游	轮台	0.000	0.436	0.266	0.000	0.051	0.253	0.316	0.341	0.350	0.000	0.000	0.000
	尉犁	0.000	9.278	9.141	7.806	0.911	7.223	7.916	8.193	8.298	4.120	3.577	0.000
下游	农二师塔里木	0.000	12.362	3.995	5.463	0.413	3.732	6.468	7.777	8.174	8.193	8.304	0.000

注：上表为农业配水量（单位：万立方米），下表为农业配水效益（单位：亿元），由上至下依次为农业灌溉划分单元，下同。

179

表9.9

25%设计径流量生态配水及效益

河段	区间	计算单元	1月	2月	3月	4月	5月	6月	7月	8月	9月	10月	11月	12月
上游	阿拉尔—新其满	北岸	368.92	845.24	1702.54	2457.98	4224.32	5308.69	6339.30	4879.34	118.61	1536.32	755.17	134.93
		南岸	88.55	408.32	1374.21	1328.72	2318.41	2577.64	3062.40	2357.12	1711.94	471.60	220.51	55.48
	新其满—英巴扎	北岸	550.60	1265.66	987.39	3972.23	2033.32	3636.17	9492.45	7306.31	4.62	1651.37	712.91	325.66
		南岸	99.85	403.04	1147.92	1023.05	2280.46	2535.67	3022.80	2326.64	813.56	755.10	227.82	84.84
中游	英巴扎—乌斯曼	北岸	333.67	843.48	815.34	1896.86	894.70	605.23	6326.10	4869.18	4524.12	2306.45	878.20	196.12
		南岸	118.17	240.46	686.12	343.88	743.93	784.58	1803.45	1388.11	1289.74	158.28	239.52	90.31
	乌斯曼—恰拉	北岸	130.29	835.56	2217.97	2417.53	1573.17	4188.08	6266.70	4823.46	4481.64	756.81	764.56	73.74
		南岸	13.88	66.44	181.70	201.93	116.67	188.68	498.30	383.54	356.36	57.75	48.57	17.04
下游	恰拉—台特玛湖	北岸	123.44	292.82	469.60	1304.38	10.70	874.55	2196.15	1690.37	1570.58	984.94	266.34	73.66
		南岸	93.01	266.86	12.33	1188.74	19.92	493.31	2001.45	1540.51	1431.34	897.62	156.14	40.76

河段	区间	计算单元	1月	2月	3月	4月	5月	6月	7月	8月	9月	10月	11月	12月
上游	阿拉尔—新其满	北岸	0.152	0.186	0.141	0.138	0.154	0.169	0.179	0.183	0.159	0.156	0.155	0.154
		南岸	0.059	0.123	0.146	0.133	0.143	0.149	0.152	0.153	0.150	0.142	0.140	0.139
	新其满—英巴扎	北岸	0.159	0.195	0.095	0.122	0.099	0.099	0.129	0.143	0.124	0.121	0.120	0.120
		南岸	0.051	0.095	0.098	0.084	0.098	0.104	0.109	0.111	0.102	0.099	0.098	0.097
中游	英巴扎—乌斯曼	北岸	0.362	0.475	0.253	0.263	0.202	0.161	0.259	0.306	0.338	0.345	0.347	0.346
		南岸	0.152	0.171	0.157	0.111	0.107	0.103	0.124	0.133	0.140	0.132	0.132	0.132
	乌斯曼—恰拉	北岸	0.087	0.240	0.249	0.233	0.187	0.209	0.240	0.255	0.265	0.251	0.250	0.248
		南岸	0.016	0.035	0.036	0.034	0.026	0.025	0.030	0.033	0.035	0.033	0.033	0.032
下游	恰拉—台特玛湖	北岸	0.630	0.789	0.530	0.696	0.437	0.432	0.548	0.604	0.641	0.660	0.657	0.654
		南岸	0.382	0.549	0.179	0.399	0.253	0.234	0.341	0.392	0.426	0.443	0.438	0.435

注：上表为生态配水量（单位：万立方米），下表为生态配水效益（单位：亿元），由上至下依次为生态配水划分单元，下同。

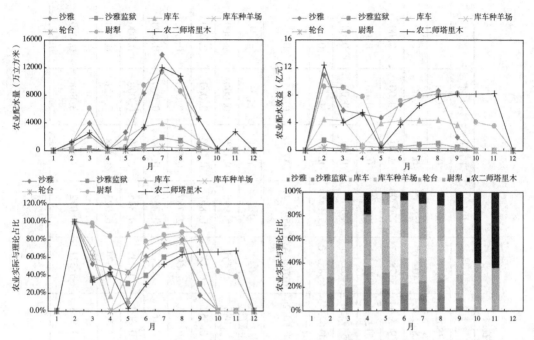

图 9.3 设计频率 25% 农业配水、效益及理论与实际占比

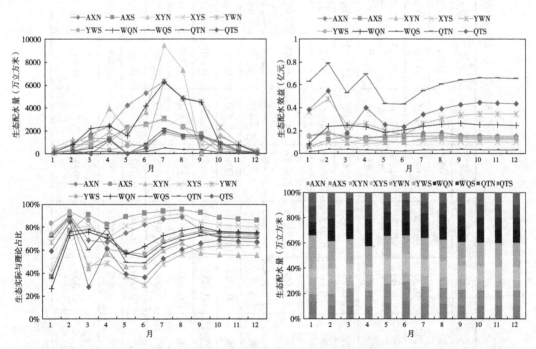

注: 其中 AX、XY、YW、WQ、QT、N、S 依次代表阿拉尔至新其满、新其满至英巴扎、英巴扎至乌斯曼、乌斯曼至恰拉、恰拉至台特玛湖、北岸、南岸; 下同。

图 9.4 设计频率 25% 生态配水、效益及理论与实际占比

表 9.10 50%设计径流量农业配水及效益

河段	灌区	1月	2月	3月	4月	5月	6月	7月	8月	9月	10月	11月	12月
上游	沙雅	0.00	1199.55	3.00	72.82	0.63	0.00	13802.28	10176.52	5500.32	0.00	0.00	0.00
	沙雅监狱	0.00	160.36	8.02	39.35	0.66	0.00	1840.09	1404.69	738.55	0.00	0.00	0.00
	库车	0.00	579.74	1070.98	17.45	151.43	0.00	3965.84	3378.21	1720.90	0.00	0.00	0.00
	库车种羊场	0.00	45.99	16.84	0.00	1.69	0.00	512.75	375.03	205.65	0.00	0.00	0.00
中游	轮台	0.00	49.96	211.62	0.00	213.51	103.43	549.56	403.25	220.81	0.00	0.00	0.00
	尉犁	0.00	1060.66	3847.45	149.54	5.07	837.48	11362.45	8588.70	4531.59	98.48	59.63	0.00
下游	农二师塔里木	0.00	1252.09	1218.89	415.17	10.45	149.08	11950.24	10760.63	4593.47	247.41	1022.55	0.00

河段	灌区	1月	2月	3月	4月	5月	6月	7月	8月	9月	10月	11月	12月
上游	沙雅	0.000	10.887	0.004	1.570	0.001	0.000	4.086	5.461	5.995	0.000	0.000	0.000
	沙雅监狱	0.000	1.445	0.012	0.251	0.001	0.000	0.552	0.737	0.807	0.000	0.000	0.000
	库车	0.000	4.510	2.134	1.464	0.317	0.000	2.084	2.600	2.787	0.000	0.000	0.000
	库车种羊场	0.000	0.412	0.025	0.000	0.003	0.000	0.161	0.211	0.232	0.000	0.000	0.000
中游	轮台	0.000	0.436	0.310	0.000	0.354	0.099	0.309	0.335	0.345	0.000	0.000	0.000
	尉犁	0.000	9.278	5.770	4.827	0.009	0.817	4.755	5.674	6.023	3.418	2.421	0.000
下游	农二师塔里木	0.000	12.362	1.923	3.754	0.019	0.198	4.918	6.571	7.072	7.097	3.868	0.000

表9.11 50%设计径流量生态配水及效益

河段	区间	计算单元	1月	2月	3月	4月	5月	6月	7月	8月	9月	10月	11月	12月
上游	阿拉尔—新其满	北岸	98.66	845.24	4.36	1952.53	0.71	0.00	6339.30	4879.34	4533.56	1306.89	775.87	161.59
		南岸	75.85	408.32	851.12	957.22	141.96	0.00	3062.40	2357.12	2190.08	939.96	301.43	77.97
	新其满—英巴扎	北岸	500.21	1265.66	1.53	1199.66	0.13	0.00	9492.45	7306.31	6788.54	1160.57	1010.59	573.66
		南岸	149.86	403.04	87.90	1127.75	1.59	0.00	3022.80	2326.64	2161.76	532.61	310.74	114.53
	英巴扎—乌斯曼	北岸	316.14	843.48	125.45	2972.76	37.58	4061.58	6326.10	4869.18	4524.12	580.82	363.46	271.75
		南岸	66.50	240.46	751.88	286.12	1130.01	374.47	1803.45	1388.11	1289.74	335.87	222.21	97.40
中游	乌斯曼—恰拉	北岸	335.59	835.56	2344.57	1536.01	39.59	727.52	6266.70	4823.46	4481.64	1935.54	714.49	174.50
		南岸	16.47	66.44	200.91	249.57	149.52	375.13	498.30	383.54	356.36	101.31	45.69	22.28
下游	恰拉—台特玛湖	北岸	114.65	292.82	270.58	0.00	86.92	188.22	2196.15	1690.37	1570.58	984.94	182.68	68.85
		南岸	41.87	266.86	460.39	0.00	7.56	114.69	2001.45	1540.51	1431.34	897.62	8.97	104.49

河段	区间	计算单元	1月	2月	3月	4月	5月	6月	7月	8月	9月	10月	11月	12月
上游	阿拉尔—新其满	北岸	0.041	0.145	0.046	0.074	0.047	0.033	0.078	0.099	0.113	0.112	0.113	0.112
		南岸	0.051	0.120	0.104	0.095	0.063	0.045	0.075	0.089	0.099	0.100	0.099	0.099
	新其满—英巴扎	北岸	0.144	0.189	0.060	0.053	0.033	0.024	0.073	0.097	0.113	0.109	0.109	0.110
		南岸	0.076	0.104	0.038	0.056	0.035	0.025	0.050	0.061	0.069	0.068	0.068	0.068
	英巴扎—乌斯曼	北岸	0.343	0.468	0.163	0.288	0.182	0.249	0.325	0.361	0.385	0.364	0.358	0.357
		南岸	0.086	0.147	0.159	0.108	0.124	0.101	0.122	0.132	0.139	0.134	0.133	0.134
中游	乌斯曼—恰拉	北岸	0.224	0.291	0.275	0.210	0.132	0.107	0.165	0.192	0.210	0.212	0.211	0.210
		南岸	0.019	0.036	0.039	0.039	0.031	0.034	0.037	0.039	0.040	0.038	0.038	0.038
下游	恰拉—台特玛湖	北岸	0.585	0.773	0.405	0.215	0.152	0.134	0.328	0.420	0.482	0.513	0.509	0.508
		南岸	0.172	0.471	0.370	0.197	0.124	0.101	0.242	0.310	0.355	0.377	0.366	0.367

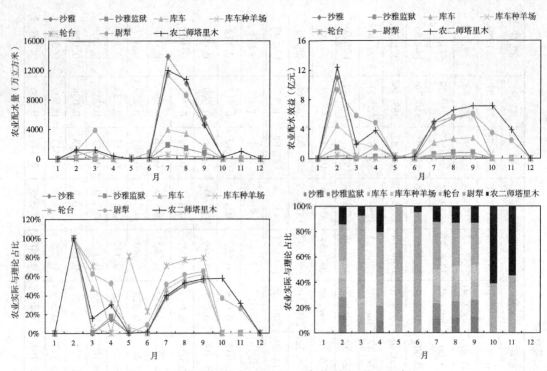

图 9.5 设计频率 50%农业配水、效益及理论与实际占比

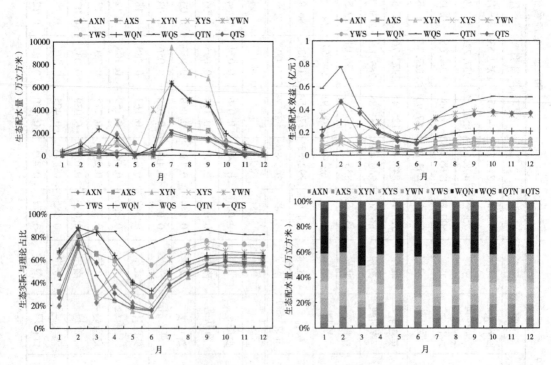

图 9.6 设计频率 50%生态配水、效益及理论与实际占比

表 9.12 75%设计径流量农业配水及效益

河段	灌区	1月	2月	3月	4月	5月	6月	7月	8月	9月	10月	11月	12月
上游	沙雅	0.00	327.10	2.60	72.38	497.34	1894.51	13802.28	10176.52	5500.32	0.00	0.00	0.00
上游	沙雅监狱	0.00	49.26	3.45	55.54	64.31	315.72	1840.09	1404.69	738.55	0.00	0.00	0.00
上游	库车	0.00	470.86	516.23	20.51	1591.80	2800.70	3965.84	3378.21	1720.90	0.00	0.00	0.00
上游	库车种羊场	0.00	24.24	7.31	0.00	71.28	216.00	512.75	375.03	205.65	0.00	0.00	0.00
中游	轮台	0.00	49.96	38.78	0.00	155.31	3.04	549.56	403.25	220.81	0.00	0.00	0.00
中游	尉犁	0.00	1060.66	4317.89	149.46	954.88	8544.92	11362.45	8588.70	4531.59	167.19	194.23	0.00
下游	农二师 塔里木	0.00	1252.09	525.49	0.00	516.61	1865.84	11950.24	10760.63	4593.47	247.41	501.79	0.00

河段	灌区	1月	2月	3月	4月	5月	6月	7月	8月	9月	10月	11月	12月
上游	沙雅	0.000	2.969	0.004	0.495	0.653	1.153	4.498	5.789	6.291	0.000	0.000	0.000
上游	沙雅监狱	0.000	0.444	0.005	0.131	0.111	0.200	0.627	0.797	0.861	0.000	0.000	0.000
上游	库车	0.000	3.663	1.028	1.568	2.320	2.848	3.375	3.616	3.703	0.000	0.000	0.000
上游	库车种羊场	0.000	0.217	0.011	0.000	0.078	0.136	0.231	0.268	0.282	0.000	0.000	0.000
中游	轮台	0.000	0.436	0.057	0.000	0.182	0.003	0.219	0.263	0.280	0.000	0.000	0.000
中游	尉犁	0.000	9.278	6.476	4.825	1.678	6.246	7.269	7.677	7.832	5.803	7.821	0.000
下游	农二师 塔里木	0.000	12.362	0.829	0.000	0.922	1.997	5.283	6.855	7.332	7.355	1.898	0.000

表9.13　75%设计径流量生态配水及效益

河段	区间	计算单元	1月	2月	3月	4月	5月	6月	7月	8月	9月	10月	11月	12月
上游	阿拉尔—新其满	北岸	132.71	218.00	1.60	2047.88	6.06	1291.94	6339.30	4879.34	4533.56	2405.95	680.18	222.82
		南岸	131.29	340.72	499.79	461.30	1745.48	2139.27	3062.40	2357.12	2190.08	317.77	366.64	125.77
	新其满—英巴扎	北岸	242.25	4.44	0.54	1962.71	3.79	18.40	9492.45	7306.31	6788.54	1385.04	942.81	444.81
		南岸	100.10	240.69	4.38	972.73	575.94	1493.01	3022.80	2326.64	2161.76	1113.90	136.85	201.76
中游	英巴扎—乌斯曼	北岸	368.33	843.48	1441.22	1830.45	116.10	1399.62	6326.10	4869.18	4524.12	1886.96	617.09	220.07
		南岸	60.31	240.46	33.10	599.81	599.03	577.98	1803.45	1388.11	1289.74	554.08	239.19	79.03
	乌斯曼—恰拉	北岸	353.10	835.56	1178.10	1801.48	534.94	1066.44	6266.70	4823.46	4481.64	2312.62	513.56	240.23
		南岸	19.72	66.44	197.19	116.30	221.50	394.13	498.30	383.54	356.36	160.25	33.83	13.85
下游	恰拉—台特玛湖	北岸	83.22	292.82	764.96	0.00	0.46	679.69	2196.15	1690.37	1570.58	984.94	268.87	95.00
		南岸	44.43	266.86	802.63	0.00	15.80	1560.25	2001.45	1540.51	1431.34	897.62	198.03	49.29

河段	区间	计算单元	1月	2月	3月	4月	5月	6月	7月	8月	9月	10月	11月	12月
上游	阿拉尔—新其满	北岸	0.055	0.054	0.017	0.062	0.039	0.042	0.084	0.105	0.118	0.122	0.122	0.122
		南岸	0.088	0.117	0.076	0.060	0.083	0.098	0.114	0.122	0.127	0.120	0.120	0.119
	新其满—英巴扎	北岸	0.070	0.026	0.008	0.040	0.025	0.018	0.069	0.093	0.110	0.107	0.107	0.107
		南岸	0.051	0.064	0.021	0.042	0.037	0.047	0.066	0.075	0.081	0.083	0.081	0.081
中游	英巴扎—乌斯曼	北岸	0.400	0.489	0.338	0.303	0.194	0.179	0.273	0.317	0.347	0.348	0.346	0.345
		南岸	0.078	0.144	0.050	0.075	0.077	0.075	0.103	0.116	0.125	0.125	0.125	0.125
	乌斯曼—恰拉	北岸	0.236	0.295	0.185	0.173	0.122	0.106	0.164	0.191	0.210	0.215	0.212	0.212
		南岸	0.023	0.037	0.039	0.029	0.028	0.033	0.036	0.038	0.039	0.038	0.038	0.037
下游	恰拉—台特玛湖	北岸	0.425	0.713	0.682	0.362	0.227	0.256	0.418	0.495	0.547	0.573	0.573	0.573
		南岸	0.183	0.475	0.536	0.285	0.181	0.304	0.393	0.435	0.464	0.478	0.473	0.470

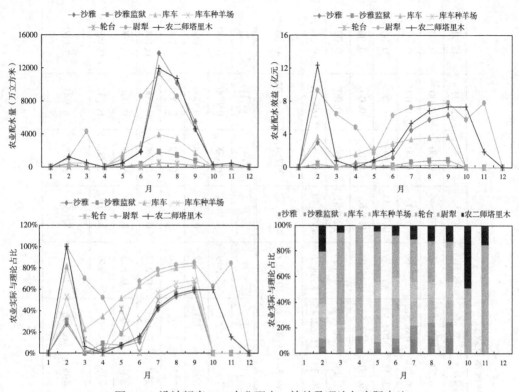

图 9.7 设计频率 75%农业配水、效益及理论与实际占比

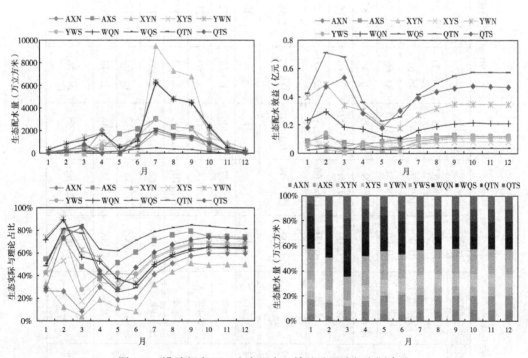

图 9.8 设计频率 75%生态配水、效益及理论与实际占比

表9.14

90%设计径流量农业配水及效益

河段	灌区	1月	2月	3月	4月	5月	6月	7月	8月	9月	10月	11月	12月
上游	沙雅	0.00	1199.55	4.13	156.71	2594.23	8616.71	2231.07	9936.11	2500.46	0.00	0.00	0.00
	沙雅监狱	0.00	160.36	8.63	46.61	236.39	1006.80	408.51	577.60	157.19	0.00	0.00	0.00
	库车	0.00	579.74	1065.25	31.66	1851.78	3491.15	3194.93	3377.69	1499.41	0.00	0.00	0.00
	库车种羊场	0.00	45.99	14.99	0.00	172.87	259.20	229.55	345.04	115.62	0.00	0.00	0.00
中游	轮台	0.00	49.96	145.29	0.00	41.16	251.28	549.56	403.25	220.81	0.00	0.00	0.00
	尉犁	0.00	1060.66	4545.93	63.47	1112.36	9470.23	11362.45	8588.70	4531.59	105.54	165.81	0.00
下游	农二师塔里木	0.00	1252.09	1619.61	415.17	32.55	3959.34	11950.24	10760.63	4593.47	247.41	1835.02	0.00

河段	灌区	1月	2月	3月	4月	5月	6月	7月	8月	9月	10月	11月	12月
上游	沙雅	0.000	10.887	0.006	1.675	2.873	5.190	1.760	5.349	4.949	0.000	0.000	0.000
	沙雅监狱	0.000	1.445	0.013	0.260	0.321	0.598	0.321	0.522	0.308	0.000	0.000	0.000
	库车	0.000	4.510	2.122	2.610	3.149	3.702	3.633	3.856	3.864	0.000	0.000	0.000
	库车种羊场	0.000	0.412	0.022	0.000	0.177	0.210	0.185	0.237	0.232	0.000	0.000	0.000
中游	轮台	0.000	0.436	0.213	0.000	0.075	0.204	0.285	0.315	0.327	0.000	0.000	0.000
	尉犁	0.000	9.278	6.818	2.049	1.955	6.756	7.606	7.946	8.075	3.663	6.733	0.000
下游	农二师塔里木	0.000	12.362	2.555	4.276	0.058	3.495	6.306	7.651	8.059	8.079	6.941	0.000

表9.15 90%设计径流量生态配水及效益

河段	区间	计算单元	1月	2月	3月	4月	5月	6月	7月	8月	9月	10月	11月	12月
上游	阿拉尔—新其满	北岸	186.41	845.24	4.15	2054.07	1328.33	5329.93	1411.23	4878.60	2777.65	1698.45	687.62	189.64
		南岸	150.08	408.32	896.59	1035.69	2061.26	2579.74	2539.88	2356.06	2186.06	764.83	207.12	114.55
	新其满—英巴扎	北岸	435.64	1265.66	2.67	1581.30	20.08	4435.84	21.48	6195.41	545.88	2588.07	780.19	451.44
		南岸	127.17	403.04	115.90	1341.76	1469.74	2542.81	1702.17	2325.90	2099.21	1069.64	345.83	146.15
中游	英巴扎—乌斯曼	北岸	227.37	843.48	1408.66	2157.89	1138.33	1965.41	6326.10	4869.18	4524.12	909.78	883.50	158.07
		南岸	77.02	240.46	436.17	827.45	830.57	1503.70	1803.45	1388.11	1289.74	525.33	66.59	77.68
	乌斯曼—恰拉	北岸	209.10	835.56	747.85	3037.19	541.88	2610.18	6266.70	4823.46	4481.64	1892.09	785.09	99.50
		南岸	13.29	66.44	196.33	107.92	201.41	93.20	498.30	383.54	356.36	80.50	55.16	23.46
下游	恰拉—喀特玛湖	北岸	58.79	292.82	94.90	0.00	343.72	298.83	2196.15	1690.37	1570.58	984.94	206.96	59.36
		南岸	102.64	266.86	538.97	0.00	177.55	410.43	2001.45	1540.51	1431.34	897.62	160.13	48.66

河段	区间	计算单元	1月	2月	3月	4月	5月	6月	7月	8月	9月	10月	11月	12月
上游	阿拉尔—新其满	北岸	0.077	0.158	0.050	0.079	0.071	0.111	0.094	0.112	0.114	0.115	0.115	0.115
		南岸	0.100	0.139	0.114	0.103	0.118	0.131	0.132	0.136	0.140	0.136	0.133	0.133
	新其满—英巴扎	北岸	0.126	0.182	0.058	0.059	0.037	0.061	0.046	0.068	0.062	0.067	0.068	0.069
		南岸	0.065	0.100	0.038	0.063	0.068	0.084	0.080	0.086	0.091	0.091	0.090	0.090
中游	英巴扎—乌斯曼	北岸	0.247	0.432	0.315	0.313	0.244	0.231	0.311	0.350	0.375	0.360	0.361	0.359
		南岸	0.099	0.152	0.114	0.126	0.121	0.138	0.150	0.155	0.159	0.156	0.152	0.152
	乌斯曼—恰拉	北岸	0.140	0.259	0.140	0.201	0.140	0.147	0.194	0.217	0.232	0.231	0.231	0.229
		南岸	0.016	0.035	0.038	0.028	0.027	0.022	0.028	0.031	0.033	0.032	0.032	0.032
下游	恰拉—喀特玛湖	北岸	0.300	0.667	0.267	0.142	0.157	0.153	0.342	0.432	0.492	0.522	0.520	0.518
		南岸	0.422	0.564	0.437	0.232	0.174	0.169	0.293	0.352	0.391	0.411	0.407	0.405

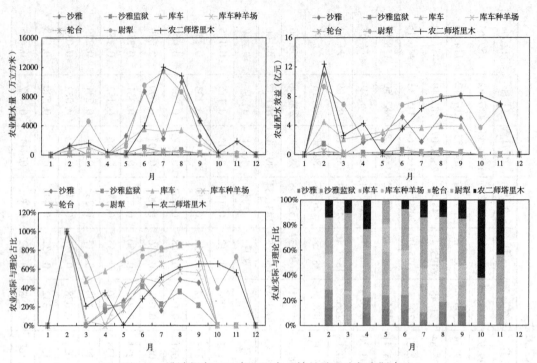

图 9.9 设计频率 90% 农业配水、效益及理论与实际占比

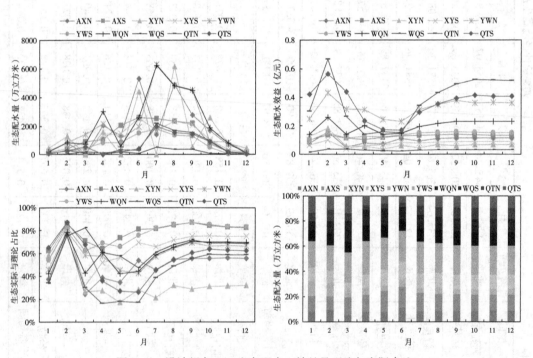

图 9.10 设计频率 90% 生态配水、效益及理论与实际占比

9.5 基于遗传算法的塔干流域水分配结果分析

根据25%、50%、70%、90%四种阿拉尔断面的月设计径流量来进行塔干流域水资源优化配置计算。基于"三条红线"要求，设置了最低污染物浓度目标及最低浓度约束条件，约束条件表现出主要以保生态、重效益两者兼顾为主，但由于2月、3月、5月、6月、7月、8月为农业需水多的月，同时排水也会增多，最终导致其污染物浓度超标，农业配水计算结果几乎为0，考虑农业也是塔干流域主要经济来源之一，因此在遗传算法编程时对2月、3月、5月、6月、7月、8月降约束，采取对农业灌溉用水需求的矿化度、化学需氧量三类标准进行控制，得出最终塔干流域水资源优化配置结果。

利用遗传算法计算得出每月农业配水量，在此基础上做塔干流域各区全年农业、生态配水量分析。

9.5.1 25%频率下塔干流域水资源优化配置结果

上游阿拉尔断面在25%月设计径流的情景下，农业配水方面：沙雅县灌区配水1.39亿立方米，沙雅监狱灌区配水0.169亿立方米，库车县灌区配水1.02亿立方米，库车种羊场灌区配水0.101亿立方米，轮台县灌区配水0.161亿立方米，尉犁县灌区配水2.07亿立方米，农二师塔里木灌区配水0.562亿立方米，它们相较于理想需水量比例分别为25%、22%、58%、49%、73%、44%、10%。可知轮台县灌区比例最高，配水较充足，农二师塔里木灌区比例最低，配水较少。

农业效益方面：沙雅县灌区效益2.2亿元，沙雅监狱灌区效益0.179亿元，库车县灌区效益2.15亿元，库车种羊场灌区效益0.161亿元，轮台县灌区效益0.227亿元，尉犁县灌区效益2.67亿元，农二师塔里木灌区效益0.538亿元，它们相较于理想效益比例分别为20%、12%、48%、39%、52%、29%、4%。可知轮台县灌区比例最高，效益最好，农二师塔里木灌区比例最低，效益最差。

生态配水方面：阿拉尔—新其满北岸生态配水2.22亿立方米，南岸生态配水1.44亿立方米；新其满—英巴扎北岸生态配水3.6亿立方米，南岸生态配水1.01亿立方米；英巴扎—乌斯满北岸生态配水1.91亿立方米，南岸生态配水0.524亿立方米；乌斯满—恰拉北岸生态配水1.55亿立方米，南岸生态配水0.151亿立方米；恰拉—台特玛湖北岸生态配水0.781亿立方米，南岸生态配水0.799亿立方米，它们占理想需水量比例分别为58%、77%、63%、55%、50%、48%、41%、50%、59%、66%。阿拉尔—新其满南岸比例最高，配水较充足，乌斯满—恰拉北岸比例最低，配水较少。

生态效益方面：阿拉尔—新其满北岸生态效益0.101亿元，南岸生态效益0.13亿元；新其满—英巴扎北岸生态效益0.142亿元，南岸生态效益0.07亿元；英巴扎—乌斯满北岸生态效益0.215亿元，南岸生态效益0.118亿元；乌斯满—恰拉北岸生态效益0.11亿元，南岸生态效益0.02亿元；恰拉—台特玛湖北岸生态效益0.476亿元，南岸生态效益0.365亿元，它们占理想效益比例分别为49%、81%、66%、58%、40%、65%、33%、38%、54%、56%，可知阿拉尔—新其满南岸比例最高，效益最好，乌斯满—恰拉北岸比例最低,效益最差。

9.5.2 50%频率下塔干流域水资源优化配置结果

上游阿拉尔断面在 50%月设计径流的情景下,农业配水方面:沙雅县灌区配水 2.69亿立方米,沙雅监狱灌区配水 0.197 亿立方米,库车县灌区配水 1.12 亿立方米,库车种羊场灌区配水 0.08 亿立方米,轮台县灌区配水 0.121 亿立方米,尉犁县灌区配水 1.24 亿立方米,农二师塔里木灌区配水 1.6 亿立方米,它们相较于理想需水量比例分别为 48%、26%、64%、39%、55%、26%、28%。可知库车县灌区比例最高,配水较充足,尉犁县和沙雅监狱灌区比例最低,配水较少。

农业效益方面:沙雅县灌区效益 2.62 亿元,沙雅监狱灌区效益 0.142 亿元,库车县灌区效益 1.86 亿元,库车种羊场灌区效益 0.085 亿元,轮台县灌区效益 0.211 亿元,尉犁县灌区效益 1.28 亿元,农二师塔里木灌区效益 2.12 亿元,它们相较于理想效益比例分别为 24%、10%、41%、21%、48%、14%、17%。可知库车县灌区比例最高,效益最好,沙雅监狱灌区比例最低,效益最差。

生态配水方面:阿拉尔—新其满北岸生态配水 0.808 亿立方米,南岸生态配水 0.648亿立方米;新其满—英巴扎北岸生态配水 1.06 亿立方米,南岸生态配水 0.821 亿立方米;英巴扎—乌斯满北岸生态配水 1.63 亿立方米,南岸生态配水 0.422 亿立方米;乌斯满—恰拉北岸生态配水 1.1 亿立方米,南岸生态配水 0.173 亿立方米;恰拉—台特玛湖北岸生态配水 0.677 亿立方米,南岸生态配水 0.656 亿立方米,它们占理想需水量比例分别为21%、35%、18%、45%、43%、39%、29%、57%、51%、54%。乌斯满—恰拉南岸比例最高,配水较充足,新其满—英巴扎北岸比例最低,配水较少。

生态效益方面:阿拉尔—新其满北岸生态效益 0.05 亿元,南岸生态效益 0.05 亿元;新其满—英巴扎北岸生态效益 0.023 亿元,南岸生态效益 0.04 亿元;英巴扎—乌斯满北岸生态效益 0.141 亿元,南岸生态效益 0.06 亿元;乌斯满—恰拉北岸生态效益 0.09 亿元,南岸生态效益 0.02 亿元;恰拉—台特玛湖北岸生态效益 0.301 亿元,南岸生态效益0.226 亿元,它们占理想效益比例分别为 23%、32%、11%、31%、26%、31%、27%、48%、34%、35%。可知乌斯满—恰拉南岸比例最高,效益最好,新其满—英巴扎岸比例最低,效益最差。

9.5.3 75%频率下塔干流域水资源优化配置结果

上游阿拉尔断面在 75%月设计径流的情景下,农业配水方面:沙雅县灌区配水 1.46亿立方米,沙雅监狱灌区配水 0.302 亿立方米,库车县灌区配水 1.17 亿立方米,库车种羊场灌区配水 0.071 亿立方米,轮台县灌区配水 0.06 亿立方米,尉犁县灌区配水 1.05 亿立方米,农二师塔里木灌区配水 1.47 亿立方米,它们相较于理想需水量比例分别为 26%、40%、66%、35%、26%、22%、26%。可知库车县灌区比例最高,配水较充足,尉犁县灌区比例最低,配水较少。

农业效益方面:沙雅县灌区效益 1.2 亿元,沙雅监狱灌区效益 0.276 亿元,库车县灌区效益 2.1 亿元,库车种羊场灌区效益 0.073 亿元,轮台县灌区效益 0.092 亿元,尉犁县灌区效益 1.02 亿元，农二师塔里木灌区效益 2.56 亿元，其相较于理想效益比例分别为 24%、10%、41%、21%、48%、14%、17%。可知轮台县灌区比例最高，效益最好，沙雅监狱灌区比例最低，效益最差。

生态配水方面：阿拉尔—新其满北岸生态配水 1.7 亿立方米，南岸生态配水 1.02 亿立方米；新其满—英巴扎北岸生态配水 2.16 亿立方米，南岸生态配水 1.25 亿立方米；英巴扎—乌斯满北岸生态配水 0.93 亿立方米，南岸生态配水 0.512 亿立方米。乌斯满—恰拉北岸生态配水 1.83 亿立方米，南岸生态配水 0.138 亿立方米；恰拉—台特玛湖北岸生态配水 0.616 亿立方米，南岸生态配水 0.492 亿立方米，它们占理想需水量比例分别为 44%、55%、37%、68%、24%、47%、48%、46%、46%、41%。新其满—英巴扎南岸比例最高，配水较充足，英巴扎—乌斯满北岸比例最低，配水较少。

生态效益方面：阿拉尔—新其满北岸生态效益 0.05 亿元，南岸生态效益 0.082 亿元；新其满—英巴扎北岸生态效益 0.073 亿元，南岸生态效益 0.066 亿元；英巴扎—乌斯满北岸生态效益 0.072 亿元，南岸生态效益 0.088 亿元；乌斯满—恰拉北岸生态效益 0.12 亿元，南岸生态效益 0.02 亿元；恰拉—台特玛湖北岸生态效益 0.287 亿元，南岸生态效益 0.171 亿元，它们占理想效益比例分别为 23%、51%、34%、54%、13%、48%、36%、33%、32%、26%。可知新其满—英巴扎南岸比例最高，效益最好，英巴扎—乌斯满北岸比例最低，效益最差。

9.5.4　90%频率下塔干流域水资源优化配置结果

上游阿拉尔断面在 90% 月设计径流的情景下，农业配水方面：沙雅县灌区配水 0.17 亿立方米，沙雅监狱灌区配水 0.05 亿立方米，库车县灌区配水 1.28 亿立方米，库车种羊场灌区配水 0.06 亿立方米，轮台县灌区配水 0.11 亿立方米，尉犁县灌区配水 2.31 亿立方米，农二师塔里木灌区配水 2.75 亿立方米，它们相较于理想需水量比例分别为 3%、7%、73%、27%、49%、49%、49%。可知库车县灌区比例最高，配水较充足，沙雅灌区比例最低，配水较少。

农业效益方面：沙雅县灌区效益 0.09 亿元，沙雅监狱灌区效益 0.05 亿元，库车县灌区效益 2.31 亿元，库车种羊场灌区效益 0.06 亿元，轮台县灌区效益 0.15 亿元，尉犁县灌区效益 3.41 亿元，农二师塔里木灌区效益 3.93 亿元，它们相较于理想效益比例分别为 1%、3%、51%、15%、34%、37%、32%。可知库车县灌区比例最高，效益最好，沙雅灌区比例最低，效益最差。

生态配水方面：阿拉尔—新其满北岸生态配水 2.11 亿立方米，南岸生态配水 0.574 亿立方米；新其满—英巴扎北岸生态配水 1.81 亿立方米，南岸生态配水 1.07 亿立方米；英巴扎—乌斯满北岸生态配水 1.54 亿立方米，南岸生态配水 0.556 亿立方米；乌斯满—恰拉北岸生态配水 1.58 亿立方米，南岸生态配水 0.166 亿立方米；恰拉—台特玛湖北岸生态配水 0.644 亿立方米，南岸生态配水 0.645 亿立方米；它们占理想需水量比例分别为 55%、31%、31%、58%、40%、51%、42%、55%、48%、53%。新其满—英巴扎南岸比例最高，配水较充足，英巴扎—乌斯满北岸比例最低，配水较少。

生态效益方面：阿拉尔—新其满北岸生态效益 0.1 亿元，南岸生态效益 0.044 亿元；

新其满—英巴扎北岸生态效益 0.066 亿元，南岸生态效益 0.067 亿元；英巴扎—乌斯满北岸生态效益 0.194 亿元，南岸生态效益 0.073 亿元；乌斯满—恰拉北岸生态效益 0.11 亿元，南岸生态效益 0.02 亿元；恰拉—台特玛湖北岸生态效益 0.313 亿元，南岸生态效益 0.227 亿元，它们占理想效益比例分别为 23%、51%、34%、54%、13%、48%、36%、33%、32%、26%。可知新其满—英巴扎南岸比例最高，效益最好，英巴扎—乌斯满北岸比例最低，效益最差。

综上所述，根据阿拉尔断面不同设计径流情境下的塔干流域水资源分配结果可知，不同来水量，水分配的结果不同，但是其大致结果比较一致，即对于农业配水和生态配水主要集中在上游和中游过渡区，而且配水后的效益距理想效益更加接近。通过上述数据说明不论哪一个配水区域，均是随着配水的增加效益也增加，因此对于具有干旱特征的塔干流域各区域，水资源是决定塔干地区社会及经济发展的关键性因素。

9.6 月尺度水资源优化配置算例

以 2 月份为例，采用干流设计径流量成果。根据设计径流量成果，2 月最大径流量为 90%和 50%频率设计值，最小径流量为 75%频率设计值。故针对 90%和 75%两种频率值进行计算。

污染物类型采用 COD 和氨氮两种，干流来水水质假定为三类水标准。决策变量各计算单元农业供水量寻优空间为 0.4~1 倍需求值，各计算单元生态供水量寻优空间为 0.4~1.2 倍需求值。

9.6.1 来水量采用 90%设计频率值

由于最大化农业供水效益和最大化生态供水效益为相互冲突目标，故模型求解得到非劣解集。非劣解分布如图 9.11 所示。

各计算单元农业供水量变化比例范围如表 9.16 所示。

表 9.16　　　　　　　　　　各计算单元农业供水量变化

分　区	变 化 范 围
沙雅县灌区	0.9~1
沙雅监狱灌区	0.826~0.836
库车县灌区	0.9~0.91
库车种羊场灌区	0.71~0.8
轮台县灌区	0.52~0.56
尉犁县灌区	0.93~0.95
农二师塔里木灌区	0.98~1

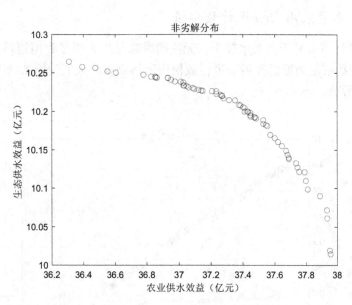

图 9.11 2 月 90%设计频率时非劣解分布

各计算单元生态供水量变化比例范围如表 9.17 所示。

表 9.17   各计算单元生态供水量变化

分　区		变 化 范 围
阿拉尔—新其满	北岸	1.2
	南岸	1.2
新其满—英巴扎	北岸	1.18~1.2
	南岸	1.18~1.2
英巴扎—乌斯满	北岸	1.2
	南岸	1.2
乌斯满—恰拉	北岸	1~1.14
	南岸	0.8~0.83
恰拉—台特玛湖	北岸	1.09~1.2
	南岸	1.09~1.18

从供水量变化范围可见，不同计算单元水量控制程度不同。农业供水方面，沙雅监狱灌区、库车种羊场灌区和轮台县灌区为供水削减最大的地区。生态供水方面，除乌斯满—恰拉南岸外，其他计算单元都超需求供水。

9.6.2 来水量采用 75%设计频率值

由于 75%设计频率时干流来水较少，无法同时满足生态流量和河道污染物浓度要求。故放松生态流量约束值为原标准的一半，放松河道污染物约束值为原来的 1.5 倍。非劣解分布如图 9.12 所示。

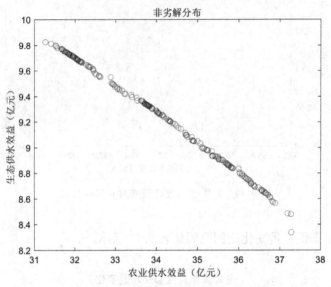

图 9.12　2 月 75%设计频率时非劣解分布

各计算单元农业供水量变化比例范围如表 9.18 所示。

表 9.18　　　　　　　　　　　各计算单元农业供水量变化

分　区	变 化 范 围
沙雅县灌区	0.75~0.97
沙雅监狱灌区	0.45~0.78
库车县灌区	0.51~1
库车种羊场灌区	0.51~0.75
轮台县灌区	0.43~0.65
尉犁县灌区	0.9~0.94
农二师塔里木灌区	0.89~1

各计算单元生态供水量变化比例范围如表 9.19 所示。

表 9.19　　　　　　　　　　各计算单元生态供水量变化

分　　区		变 化 范 围
阿拉尔—新其满	北岸	1.1~1.2
	南岸	1.02~1.2
新其满—英巴扎	北岸	0.7~1.2
	南岸	1.05~1.2
英巴扎—乌斯满	北岸	0.98~1.2
	南岸	0.96~1.15
乌斯满—恰拉	北岸	0.8~0.95
	南岸	0.65~0.83
恰拉—台特玛湖	北岸	0.83~1.09
	南岸	0.78~0.87

农业供水方面，与90%频率计算结果类似，沙雅监狱灌区、库车种羊场灌区和轮台县灌区为供水削减最大的地区。生态供水方面，供水量普遍缩减。

第 10 章　塔里木河流域水资源配置系统与实践

10.1　软件开发技术概述

10.1.1　Java 概述

Java 语言是在 1995 年由美国的 Sun 公司开发的面向对象的高级程序开发语言，正式推出之后，借助浏览器让系统高效性得到体现，也因此 Java 接受程度十分高，并且是企业级开发中首选的编程语言。Java 的特性有以下几点：

1. Java 语言的面向对象性

Java 的编程语言提供的属性包括继承、封装等。为了便于操作，在当前，Java 支持的只有单方面的继承，并没有过多限制接口之间的多继承，Java 语言对动态的绑定技术是支持的，所以 Java 语言相对而言比较纯粹，更多面对的只是对象的程序设计。

2. Java 语言是分布式的

Java 编程语言对 Internet 的后续开发应用是支持的，编程的接口拥有网络应用编程的类库，其中包括 URL。同时这在开发分布工程中应用程序也是使用频率最高的。

3. Java 语言的健壮性

Java 编程语言的异常处理机制保证了程序的完整性，在 Java 语言中并没有指针的概念，Java 自行检查机制使得 Java 编程语言的优势更为凸显。

4. Java 语言的安全性

Java 编程语言在网络的大环境中得到很好的运用，Java 自身的安全机制避免了代码攻击的现象，除编程语言外，还有许多其他的安全机制，对于网络下载，Java 的防范机制会起到作用。

5. Java 语言的可移植性

Java 编程语言的可移植性主要表现在操作系统的移植上，Java 对每个数据的长度进行了限制，就 Java 系统来说，本身的可移植性也是很强的，Java 编译器的实现借助的是 Java 语言。

6. Java 语言的多线程性

在 Java 编程语言中线程的特殊性十分明显,创建的对象一般是子类类型,通过子类方式对线程进行创建:首先就是借助子类形式进行构造的改变,将已经实现 Runnable 接口的对象重新包装成其他线程;其次就是线程类的方法产生的子类的重写 run 方法,选择这样的子类创建的对象就是线程。

10.1.2 Struts 概述

Struts 作为比较流行的前台开发框架,主要应用 MVC 的设计模式,受到了许多开发者的支持。用户通过 IE 前端发起请求,请求使用分发器(StrutsDispatch Action)对用户发送的请求进行分发,系统通过调用前端控制器(Action Servlet)来对系统的请求进行响应,然后系统对相关的信息通过调用 Delegate 类进行处理,当处理完毕后 Action 类会对系统处理的结果返回给前台 JSP 页面,从而用户通过前台 IE 查看相应的系统调用结果。Struts 的框架结构如图 10.1 所示。

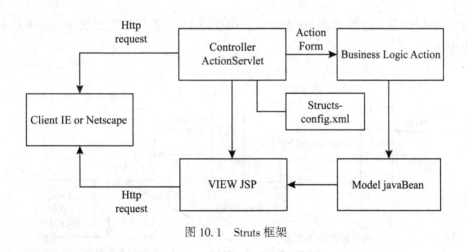

图 10.1　Struts 框架

10.1.3 Spring 概述

Spring 在开发之初,主要用来处理比较复杂的业务逻辑,但随着计算机技术的飞速发展,Spring 不仅能够用在比较大的企业级应用系统中,还能处理一些流程化的设计,从而使 Spring 不仅受到了开发人员的喜爱,并且逐步应用到一些小型的系统框架中,因此 Spring 得到了迅速的发展。

(1)Spring 框架核心代码比较小,从而使占用系统的内存比较小,因此系统在实际运行时速度会相对较快,并且 Spring 框架由于占用内存较小,系统具有很高的稳定性,系统不容易出错。

(2)Spring 框架能够很好地实现控制反转,这个特点能够实现系统的耦合性,从而使系统开发人员根据不同的模块来定义系统的处理流程，同时不需要关心系统的连接对象。

（3）Spring 框架具有很好的面向企业级服务的编程，这种特点使得系统能够处理不同的业务逻辑。因此它是一种内聚性的开发框架，并且这种框架不必关心系统的升级对框架和系统造成的影响。

10.2　系统架构技术概述

10.2.1　J2EE 架构概述

J2EE 是一种利用 Java 平台来简化企业解决方案的开发、部署和管理相关复杂问题的体系结构。J2EE 技术的基础就是核心 Java 平台，J2EE 不仅巩固了标准版中的许多优点，例如"编写一次，随处运行"的特性，方便存取数据库的 JDBC API 技术以及能够在 Internet 应用中保护数据的安全模式等，同时也提供了对 Java Servlets API，JSP（Java Server Pages）以及 XML 技术的全面支持，最终目的就是成为一个能够面向对象的体系架构。

J2EE 系统的分层体系如图 10.2 所示。典型的 J2EE 系统分为表现层、业务层和数据层三个层次。

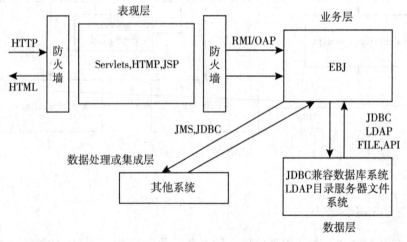

图 10.2　J2EE 分层体系图

1. 表现层

在 J2EE 表现层中，表现层是系统展示的窗口，其中通过 HTML、JSP 等方式进行实现，表现层主要是接受用户发送的数据请求，并且对数据进行校验，判断用户输入的数据是否合法。当判断完成之后，把用户的请求写到服务里，调用相关的业务逻辑。

2. 业务层

业务层主要是处理表现层发送过来的请求,通过 EJB 等方式来实现,业务层判断数据的请求服务,如果需要与数据库交互,可通过 JDBC 等方式与数据库进行链接,从而实现业务逻辑的处理。

3. 数据层

数据层是系统的核心存储层,主要存储相应的业务逻辑数据和常量数据,数据层主要用 JNDI 等技术进行实现。

10.2.2 B/S 结构概述

三层数据的计算机架构主要基于业务和交换相分离的理念,将其系统架构分成三个层次。第一层客户端:主要负责流域水情和系统访问信息的收集;第二层逻辑业务:主要进行相应的逻辑计算、数据处理;第三层服务:主要负责数据信息的存储。因此三层计算模式减少了客户端的处理负担,通过逻辑业务层的运算,实现数据处理。同时服务器层主要进行相应数据的存储。具体的结构如图 10.3 所示。

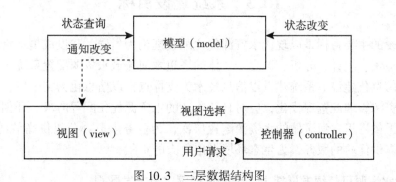

图 10.3　三层数据结构图

B/S 结构的第一层为用户表示层,即 Web 浏览器层,用户表示层的主要作用是对界面进行展示和接收用户发送的用户请求,并且对用户输入的数据进行校验,用户表示层采用接口调用的方式把用户的请求发送给应用逻辑层,通过接口交互,从而实现数据功能的展示。

B/S 结构的第二层为应用逻辑层,应用逻辑层的主要作用是接受用户表示层发送过来的用户请求,并且将用户的请求进行解析,从而通过用数据链接层的方式与数据库进行交互,当收到返回结构后把结构发送给用户表示层。

B/S 结构的第三层为数据链接层,数据链接层为 B/S 结构的核心存储层,系统所有的数据都存储在数据库里,数据链接层的主要作用是接收应用逻辑层发送过来的用户请求,通过与底层数据库进行交互,从而实现用户的请求,最终把结果返回给应用逻辑层。

10.2.3 数据库概述

MySQL 数据库作为开源数据库,受到企业和高校等用户的喜爱,并且 MySQL 数据库作为关系型数据库,操作简单,安装方便,MySQL 数据库提供了两种版本的数据库,一种是安装在 Windows 下的版本,另一种是安装在 Linux 下的版本,用户可以根据其系统选择安装不同的版本,MySQL 由于运行速度快,安装简便,深受广大用户的喜欢。MySQL 数据库不同于 Oracle 等关系型数据库,MySQL 采用簇等方式来管理数据库的存储和结构,开发人员只需要对存储在服务器上的簇进行维护和备份,就可以实现数据的存储和备份,方便用户使用。

MySQL 集群技术允许在同一网络内不同 MySQL 数据库服务器之间共享硬盘存储空间的簇。MySQL 集群技术通过共享存储技术使系统软件能够有效调用不同的数据库存储空间的簇,并且 MySQL 对系统软件不设任何限制。另外,MySQL 集群存储技术不仅可以通过管理节点分析集群内的各个 MySQL 节点间的运行状态,也可以分析各个节点间的磁盘剩余情况,因此对某些大容量的存储企业用户来说,MySQL 集群技术是进行集群搭建的首选集群数据库。

10.3 系统建设目标

系统建设的主要目标是以现代水资源优化配置理论为指导,建设成集水资源信息的管理、发布、检索、统计、分析、调度于一体的塔里木河流域水资源配置系统,并以此促进水资源管理信息化建设。系统建设以信息技术为支撑点,以信息化为突破口,以水资源信息化支撑水资源管理配置现代化,应对日益复杂的水资源优化配置需求,开创水资源配置的新局面,提供塔里木河流域的水资源配置层次,为业务人员办公提供高效的技术手段,为社会公众提供优质的服务,为生态环境做出更大的贡献。

1. 增强水资源可持续发展能力,全面贯彻落实科学发展观

水是基础的自然资源和战略性的经济资源、生态和环境控制因子。中国的人均水资源少,水资源时空分布不均匀。据最近的一项水资源水价调查,贯彻落实科学发展观、可持续发展已成为一个主要的约束,必须坚持走文明发展之路。促进经济和社会发展,严格控制水资源管理制度,保证经济发展与水资源水环境承载能力相协调,实现经济和社会又好又快平稳地发展。

2. 加强水资源优化配置,促进经济平稳较快发展

当前中央将保持经济平稳较快发展作为经济工作的首要任务,全面加强土地、水、材料等资源的综合利用。节约和保护用水,加强水资源的合理优化配置,促进经济增长与结构调整的有机结合,不断扩大内需,把重点放在加强水资源管理,往更长远、更高水平的方向发展。

3. 加强水资源优化配置，协调区域发展战略

水与人类的生存发展、生命健康和生产生活息息相关。水不仅是保障和改善人民生活的重要支撑，更是关乎区域发展战略能否顺利实施的关键因素。当前我国仍是农业大国，水是现代农业重要的物质条件，把握着农业的命脉，合理配置水资源，减少用水冲突，增加经济效益，需要强有力的调度支撑。应加强水资源保护和合理配置，促进水资源管理的可持续循环再利用，有效地解决严重的水资源问题，推动区域又好又快地发展。

10.4 系统建设原则及方案

10.4.1 系统建设原则

在系统建设之前需要先弄清楚相关设计原则以便对建设工作进行指导，本书在建设本系统过程中，为确保系统满足相应的功能需求，主要依据了如下几项建设原则：

1. 先进性

为确保本系统满足一定的先进性要求，而选择了较为先进的系统架构和开发框架。其中系统架构为 B/S 架构，而开发框架为 J2EE 企业级框架，从而确保系统在实现技术方面的先进性。

2. 可靠性

系统可靠性原则主要和数据库的安全性有关，设计该系统时选择了 MySQL 关系型数据库，其具有高效的用户权限管理功能并且可以方便地进行数据备份，这样可确保系统的数据安全。通过用户权限管理用户访问操作，以此来确保操作的安全。

3. 集成性

集成性原则主要是指设计出的系统各组件之间可以较好地集成在一起，为满足这一要求，此系统选择了 B/S 体系结构，开发了 J2EE 架构并使用了 MVC 设计模式，这样可以较好地进行数据处理，同时显著提高了系统的集成性。

4. 易用性

此系统选择了 B/S 体系架构，这种架构的优点之一就是客户端不需要安装应用软件，直接通过网络使用服务器端的软件即可。此外选择了 MVC 设计模式，可使用户通过视图来进行操作且还可以自动处理数据表单和导出数据，通过这样的设计较好地达到了易用性目标。

5. 灵活性

为了方便用户添加和删除业务逻辑而满足系统的灵活性要求，此系统选择了 J2EE 处

理业务逻辑对象，同时，可根据需要选择多种类型的数据库，因而可以更好地满足各种业务需求，体现灵活性要求。

10.4.2　系统建设方案

在总体设计时将系统划分为多个模块并依据"高内聚，低耦合"建设原则来建立系统总体框架，并建立公共数据源来满足数据统一性要求，方便其后的数据接口处理。

系统选用的开发平台为 Eclipse，开发语言为 Java，这样可以较好地满足移植扩展性要求。架构上选择了 B/S 结构，J2EE 架构采用 B/S 结构而方便系统开发，选择 MVC 模式来进行业务逻辑管理。选择的 Spring 框架包含功能较丰富的 IOC 容器，可以使用户方便地对类别对象进行统一管理且耦合度较低。为满足数据库的增删修改要求而选择使用 MySQL 数据库，并且通过 JDBC 来和 MySQL 进行高效的数据交换处理。

在进行具体设计时此系统的用户界面和业务逻辑等都选择了模块化设计方法，且一个模块还分为几个模块并通过封装来满足一定功能要求，方便数据连接。这样的建设方法可使得设计程序结构清晰且方便扩展，为后续开发和维护工作提供方便，适当减少了建设浪费。

10.5　系统总体设计

10.5.1　系统架构设计

在设计系统架构时考虑到实际可能的业务需求，同时结合开发经验，依据使用灵活、安全等原则而选择了标准化分层架构模式。选用的架构标准为 J2EE，开发语言为 Java。系统的扩展和支持功能较强，可以和各种数据库和中间件高效便捷地连接，以满足未来的扩展需求。

整个系统可分为五个层次，主要有展现层、应用层、支撑层等，各层之间可以通过接口来连接，相互之间可以保持一定独立性，通过系统中的数据引擎、消息引擎来保持构件和模块之间的关联。系统架构图如图 10.4 所示。

以下对各层进行简要介绍：

1. 展现层

展现层主要是将相关处理结果以图形的形式展现给用户，与之相关的技术主要有 JQuery、JFree Chart 等。

2. 应用层

应用层主要处理一些业务逻辑，处理结果通过展现层显示出来，与之相关的技术有 Spring、JMS，主要包括一些应用程序等。

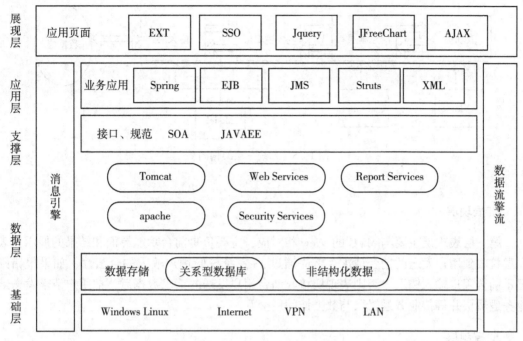

图 10.4 系统技术架构图

3. 支撑层

支撑层主要指系统的硬件基础，如服务器等，本系统选择的中间件为 Tomcat，其可以较好地为应用层提供相关支持。

4. 数据层

数据层则主要指数据库，本系统选用了 MySQL 数据库，其可以很好地处理一些非结构化数据，在存储数据的同时满足高效安全性要求。

5. 基础层

本系统的基础层为 IntelliJ IDEA 平台，这样可以较好地满足系统移植性要求，系统可以方便在 Windows 操作系统中运行。

10.5.2 系统结构设计

本系统依据 MVC 设计模式，把系统分为三层，主要包括表现层（View）、控制层（Controller）和数据层（Model），数据层又包括业务逻辑层和持久层，系统的层次设计不仅可以使系统的各个结构清晰，而且利于系统间的维护，有效降低了系统间的耦合度，从而提高了系统的整体稳定性。系统的 MVC 三层架构如图 10.5 所示。

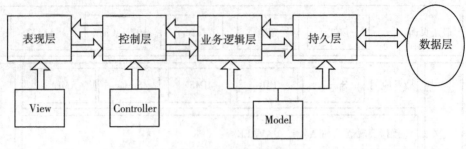

图 10.5　系统三层架构图

1. 表现层

第一层表现层主要与 MVC 的 View 相对应，主要负责前台功能界面和结果的展示，表现层接收到用户发送的前台请求，首先通过 JS 系统校验用户输入的合法性，如果报错则提示前台用户输入错误。否则表现层接收前台用户发送的请求数据后，把用户请求发送给业务逻辑层并等待业务逻辑层与数据访问层交互。

2. 控制层

控制层对应于 MVC 结构中的 Controller，处于中间层位置。在本系统业务逻辑处理过程中，控制层收到表现层发过来的业务用户请求，控制层通过调用数据接口的方法与应用逻辑层进行交互，最终把处理后的结果数据返回给表示层。

3. 业务逻辑层

业务逻辑层对应 MVC 结构中的 Model，业务逻辑层不仅仅是与数据库进行交互，业务逻辑层通过配置不同的数据连接方式来调用不同的数据库，业务逻辑通过封装数据接口，供控制层调用。

4. 持久化层

数据持久层为系统的底层，在 MVC 结构中又可以把数据持久层归并到 Model 中，本系统数据持久化过程中通过类与字段映射的关系来在程序加载过程中进行持久化处理。

10.6　系统界面设计

在设计系统显示界面的时候，必须遵循下面的原则要求：

系统界面的一级模块、二级模块和功能请求界面需要统一风格，系统的核心功能能够通过快捷键的方式进行操作，常用的功能可以添加到快捷功能菜单下，并且可以通过 Tab 键进行切换，系统的请求界面统一展示在屏幕的右下角并且支持背景窗口展示。主界面的设计样式如图 10.6 所示。

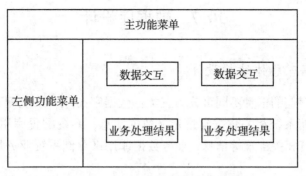

图 10.6 主界面的设计样式

图 10.7、图 10.8 所示为系统开发实例。

图 10.7 系统登录界面展示

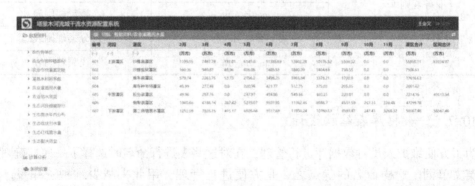

图 10.8 系统操作界面展示

10.7　数据库设计

10.7.1　数据库总体结构设计

信息系统根据存储的信息不同可分为三类：数据字典库、系统配置库和业务规则库。数据字典库用来存储系统相关数据常量定义数据信息；系统配置库用来存储用户登录信息、权限信息、系统相关配置等信息；业务数据库用来存储系统业务规则存储相关信息。见表 10.1。

表 10.1　　　　　　　　　　　　数据库总体结构

数据库	表　名	注　释
数据字典库 （data_dictionary）	state_dic_t	状态字典表
	Sex_dic_t	性别字典表
	Role_dic_t	角色字典表
	Pri_dic_t	权限字典表
系统配置库 （sys_conf）	user_info_t	用户信息表
	pri_info_t	权限信息表
	role_info_t	角色信息表
	param_info_t	参数信息表
	Log_t	日志信息表
业务规则库 （busi_rule）	data_rule_t	数据备份规则表
	media_info_t	视频信息表
	doc_info_t	文档信息表
	media_rule_t	视频规则表
	class_rule_t	分类规则表
	media_tra_t	视频转码表

10.7.2　数据库表结构设计

为了方便维护人员对数据库进行管理，在对这些表进行命名时选择了一些准确对应中文的英文单词。这样命名的优点之一是方便进行管理，用此来减少维护工作量。见表 10.2~表 10.7。

表 10.2 灌溉面积表

字段	类型	备注
Id	Int	自增主键
Reach	Varchar (30)	河段名称
Area	Varchar (30)	灌区名称
Plant_type	Varchar (30)	作物名称
Irrigation_area	Numberic (12, 4)	灌溉面积（万亩）

表 10.3 灌溉效益表

字段	类型	备注
Id	Int	自增主键
Plant_name	Varchar (30)	作物名称
Avg_harvest	Numberic (12, 4)	平均产值（元/亩）
Avg_output	Numberic (12, 4)	平均产量（千克/亩）

表 10.4 灌溉农业产值

字段	类型	备注
Id	Integer	自增主键
Plant_name	Varchar (30)	作物名称
Reach	Varchar (30)	河段
Area	Varchar (30)	灌区名称
Amount	Numberic (12, 4)	总产值（万元）

表 10.5 综合规划-灌溉效益计算表

字段	类型	备注
Id	Integer	自增主键
Plant_name	Varchar (30)	作物名称
Avg_output	Integer	单产（千克/亩）
Price	Integer	影子价格（元/千克）

表 10.6 生态效益计算表

字段	类型	说　明	非空
reach_id	Int	Primary key（主键，自增）	是
reach_area	Int	河段位置 0—上游　1—中游　2—下游	是

续表

字段	类型	说　明	非空
section	Varchar（30）	区域范围	是
direction	Int	岸 0—北岸　1—南岸	是
total_area	Decimal	区域总面积	
svesr	Decimal	区域总价值	
wer	Decimal	—	
we	Decimal	—	
psves	Decimal	单位静态 生态价值	
Wemax	Decimal	最大生态需水量	
res_scarcity	Decimal	资源紧缺度	
en_coef	Decimal	恩格尔系数	
dev_stage_coef	Decimal	发展阶段系数	
pdves	Decimal	单位动态 生态价值	
ecol_wat_allo	Decimal	生态配水量	
dves	Decimal	动态生态价值	
weight	Decimal	权重系数	
ewa_dol	Decimal	生态配水效益	
ewa_money	Decimal	生态配水效益（人民币）	

表 10.7　　　　　　　　　　　　**生态区域价值表**

字段	类型	说　明	非空
local_id	Int	Primary key（主键，自增）	是
sub_reach_id	Int	Foreign key	是
vegetation_type	Int	植被类型 0—疏林　1—有林地　2—底盖度草地　3—盖度草地	是
acreage_local	Float	区域面积	
pre_cor_value	Int	修正前价值	
correction_factor	Float	修正系数	
svesr_local	Float	区域价值（万元）	

第11章 最严格水资源管理要求下的水资源配置思考

11.1 主要研究结果

研究紧密围绕流域最重要的农业和生态用水两方面，遵循流域水资源背景分析、水资源利用特征、水资源分配方法、系统集成实现的脉络，组织开展相关研究活动，各步骤研究方法和成果都是下一步研究的基础，既保证了研究始终围绕主线开展，同时实现了研究的层层深入。

针对项目需求开展设计，针对不同研究切入点，分别引入了遥感分析、贝叶斯网络、区域均衡分析、不确定性分析、多目标优化等模型和方法，保证了项目研究方法的适用性和先进性。

研究发现，塔里木河流域降雨呈现由旱转涝的趋势，获取了流域蒸散发和径流的变化趋势；从地区间水资源均衡利用的角度提出了流域虚拟水流动调控方法；计算了流域生态供水和农业供水的经济效益；运用随机规划和多目标规划方法，建立了流域水资源优化配置模型；基于研究成果开发了干流水资源配置原型系统。

11.2 研究思考和建议

从实践上看，通过严格控制农业用水总量，协调流域上下游用水关系，可以在塔里木河流域实现农业生产和生态保护的协调。从现有研究过程和研究成果来看，下一步需要进一步细化模型组成结构，重点研究各类模型约束条件的具体阈值和可接受水平标准，以及上下游地区用水间的协调机制和规则。

参 考 文 献

[1] Allen R G, Pruitt W O, Wright J L, et al. A recommendation on standardized surface resistance for hourly calculation of reference ETo by the FAO56 Penman-Monteith method [J]. Agricultural Water Management, 2006, 81 (1): 1-22.

[2] Atkinson A B. On the measure of inequality [J]. Journal of Economic Theory, 1970, 2 (3): 244-263.

[3] Bastiaanssen W G M, Menenti M, Feddes R A, et al. The Surface Energy Balance Algorithm for Land (SEBAL): Part 1 formulation [J]. Journal of Hydrology, 1998, 212 (98): 801-811.

[4] Bowen I S. The ratio of heat losses by conduction and evaporation from any water surface [J]. Phys Rev, 1926, 27 (6): 779-787.

[5] Brian B. PSOt-a Particle Swarm Optimization Toolbox for use with Matlab [J]. IEEE Swarm Intelligence Symposium, 2003: 182-186.

[6] Brown S. Schreier H, Lavkulich L M. Incorporating virtual water into water management: a British Columbia example [J]. Water Resources Management, 2009, 23 (13): 2681-2696.

[7] Chen J D, Chen J T, Miao Y, et al. Unbalanced development of inter-provincial high-grade highway in China: Decomposing the Gini coefficient [J]. Transportation Research Part D: Transport and Environment, 2016, 48 (10): 499-510.

[8] Conway D, Garderen E A V, Deryng D, et al. Climate and southern Africa's water-energy-food nexus [J]. Lse Research Online Documents on Economics, 2015, 5 (9): 837-846.

[9] Daene C. McKinney, Ximing Cai. Linking GIS and water resources management models: an object oriented method [J]. Environmental Modeling and Software, 2002, 17 (5): 413-425.

[10] Dalin C, Qiu H G, Hanasaki N, et al. Balancing water resource conservation and food security in China [J]. PNAS, 2015: 4588-4593.

[11] Druckman A, Jackson T. Measuring resource inequalities: the concepts and methodology for an area-based Gini coefficient [J]. Ecological Economics, 2008, 65 (2): 242-252.

[12] Du B Z, Zhen L, De G R, Long X, Cao X C, et al. Changing Food Consumption Patterns and Impact on Water Resources in the Fragile Grassland of Northern China [J]. Sustainability, 2015, 7 (5): 5628-5647.

212

［13］ Duarte R, Pinilla V, Serrano A. The effect of globalisation on water consumption: a case study of the Spanish virtual water trade ［J］. Ecological Economics, 2014, 100 (4): 96-105.

［14］ Faramarzi M, Yang H, Mousavi J, et al. Analysis of intra-country virtual water trade strategy to alleviate water scarcity in Iran ［J］. Hydrology and Earth System Sciences, 2010, 14 (8): 1417-1433.

［15］ Feng K, Hubacek K, Pfister S, et al. Virtual scarce water in China ［J］. Environmental Science & Technology, 2014, 48 (14): 7704-7713.

［16］ Fleming R A, Adlams R M, Kim C S. Regulating groundwater pollution: Effects of geophysical response assumptions on economic efficiency ［J］. Water Resource Research, 1995, 31 (4): 1069-1076.

［17］ Fracasso A. A gravity model of virtual water trade ［J］. Ecological Economics, 2014, 108 (12): 215-228.

［18］ Gansu Province Bureau of Statistics (GPBS). Gansu Statistical Yearbook ［M］. Beijing: China Statistics Press, 2015.

［19］ Gansu Provincial Water Conservancy Department (GPWCD). Water Resources Bulletin of Gansu, 2015 (http://www.gssl.gov.cn/xxgk/gkml/nbgb/szygb/201708/t20170831_99758.html, Accessed Sept. 1, 2017).

［20］ Guhathakurta P, Menon P, Inkane P M, et al. Trends and variability of meteorological drought over the districts of India using standardized precipitation index ［J］. Journal of Earth System Science, 2017, 126 (8): 120.

［21］ Haimes Y Y. Hierarchical Analysis of Water Resources Systems: Modeling and Optimization of Large-scale System ［M］. New York: McGraw Hill. 1977: 1-10.

［22］ Hassan R, Thiam D R. Implications of water policy reforms for virtual water trade between South Africa and its trade partners: economy-wide approach ［J］. Water Policy, 2015, 17 (4): 649-663.

［23］ H. Van de Vyver. Bayesian estimation of rainfall intensity-duration -frequency relationships ［J］. Journal of Hydrology, 2015: 1451-1463.

［24］ Jahangir Morshed, Jagath J Kaluarachchi. Enhancements to Genetic Algorithm for Optimal Ground-Water Management ［J］. Journal of Hydrologic Engineering, 2000, 5 (1): 67-73.

［25］ Jiang Y, Cai W, Du P, et al. Virtual water in interprovincial trade with implications for China's water policy ［J］. Journal of Cleaner Production, 2015, 87 (1): 655-665.

［26］ J. Bromley, N. A. Jackson, et al. The use of Hugin to develop Bayesian networks as an aid to integrated water resource planning ［J］. Environmental Modelling and Software, 2005, 20 (2): 231-242.

［27］ Karandish F, Salari, Samira, Darzi-Naftchali A. Application of virtual water trade to evaluate cropping pattern in arid regions [J]. Water Resources Management, 2015, 29 (11): 4061-4074.

[28] Kennedy J, Eberhart R C. Particle swarm optimization [J]. Proceedings of IEEE International Conference on Neural Networks, Perth, 27 November-1 December 1995: 1942-1948.

[29] Kumar M D, Singh O P. Virtual water in global food and water policymaking: is there a need for rethinking [J]. Water Resources Management, 2005, 19 (6): 759-789.

[30] Li X, Jiang F, Li L, et al. Spatial and temporal variability of precipitation concentration index, concentration degree and concentration period in Xinjiang, China [J]. International Journal of Climatology, 2011, 31 (11): 1679-1693.

[31] Liu J, Cao X C, Li B Q, Yu Z G. Analysis of Blue and Green Water Consumption at the Irrigation District Scale [J]. Sustainability, 2018, 10 (2): 305.

[32] Liu Y, Xue J, Gui D W, Lei J Q, Sun H W, et al. Agricultural Oasis Expansion and Its Impact on Oasis Landscape Patterns in the Southern Margin of Tarim Basin, Northwest China [J]. Sustainability, 2018, 10 (6): 1957.

[33] Liu, Yi, Shujun Chen, Huaiwei Sun, Dongwei Gui, Jie Xue, Jiaqiang Lei, Xiaofan Zeng, Guanghui Lv. Does the long-term precipitation variations and dry-wet conditions exist in the arid areas? A case study from China [J]. Quaternary International, 2019 (1). (article in press).

[34] Loucks, Daniel P, Van Beek Eelco. Water Resource Systems Planning and Management: An Introduction to Methods, Models and Applications [M]. UNESCO, 2015.

[35] Ma D C, Xian C F, Zhang J, Zhang R C, et al. The Evaluation of Water Footprints and Sustainable Water Utilization in Beijing [J]. Sustainability, 2015, 7 (10): 13206-13221.

[36] MAASS A, HUFSCHMIDT M, MDORFMAN R, et al. Design of water resource management [M]. Cambridge: Harvard University Press. 1962: 1-8.

[37] Maheras P, Xoplaki E, Davies T, et al. Warm and cold monthly anomalies across the mediterranean basin and their relationship with circulation 1860-1990 [J]. Theoretical & Applied Climatology, 1999, 64 (3-4): 189-199.

[38] Mckee T B, Doesken N J, Kleist J. The relationship of drought frequency and duration to time scales [J]. Eighth Conference on Applied Climatology, 1993, 1: 17-22.

[39] Monteith J L, Reifsnyder W E. Principles of Environmental Physics [M] // Principles of environmental physics. Elsevier, 2008: 177-178.

[40] Montesinos P, Camacho E, Campos B, et al. Analysis of virtual irrigation water: application to water resources management in a Mediterranean River Basin [J]. Water Resources Management, 2011, 25 (6): 1635-1651.

[41] Mubako S, Lahiri S, Lant C. Input-output analysis of virtual water transfers: Case study

of California and Illinois [J]. Ecological Economics, 2014, 93 (9): 230-238.

[42] Murphy K P. A brief introduction to graphical models and bayesian networks [J]. Borgelt Net, 1998.

[43] National Development and Reform Commission. 2015 National Agricultural Production Cost and Income Information [M]. Beijing: China Statistics Press, 2016.

[44] NJ Dudley. Irrigation Planning: Optimal Interseasonal Water Allocation [J]. Water Resources Research, 1972, 8 (3): 586-594.

[45] Okpara J N, Afiesimama E A, Anuforom A C, et al. The applicability of Standardized Precipitation Index: drought characterization for early warning system and weather index insurance in West Africa [J]. Natural Hazards, 2017, 89 (2): 555-583.

[46] Oliver J E. Monthly precipitation distribution: a comparative index [J]. Professional Geographer, 1980, 32 (3): 300-309.

[47] O'Connell D R H. Nonparametric Bayesian flood frequency estimation [J]. Journal of Hydrology, 2005, 313 (s1-2): 79-96.

[48] Paul A S, William D N. Economics [M]. 19th Edition. McGraw Hill Higher Education, 2009.

[49] Penman H L. Natural Evaporation from Open Water, Bare Soil and Grass [J]. Proceedings of the Royal Society of London, 1948, 193 (1032): 120-145.

[50] Porkka M, Kummu M, Siebert S, et al. The role of virtual water flows in physical water scarcity: the case of Central Asia [J]. International Journal of Water Resources Development, 2012, 28 (3): 453-474.

[51] Purkey D R, Anmette H L, Yates D N, et al. Integrating a Climate Change Assessment Tool into Stakeholder-driven Water Management Decision-making Processes in California [J]. Water Resources Management, 2007.

[52] PWF Louie, WWG Yeh, NS Hsu. Multiobjective Water Resources Management Planning [J]. Journal of Water Resources Planning&Management, 1984, 110 (1): 39-56.

[53] Ren J. An offshore risk analysis method using fuzzy bayesian network [J]. Journal of Offshore Mechanics and Arctic Engineering, 2009, 131 (4): 1101-1112.

[54] Rodrigo Maia, Andreas H. Sehumann. DSS Application to the development of water management strategies in Ribeiras do Algarve river basin management strategies in Ribeiras do Algarve river basin [J]. Water Resources Management, 2007, 21 (5): 897-907.

[55] Seekell D A, D'Odorico P, Pace M L. Virtual water transfers unlikely to redress inequality in global water use [J]. Environmental Research Letters, 2011, 6 (2): 24017-24022.

[56] Sun Huaiwei, Yong Yang, Ruiying Wu, Dongwei Gui, Jie Xue, Yi Liu, Dong Yan. Improving Estimation of Cropland Evapotranspiration by the Bayesian Model Averaging Method with Surface Energy Balance Models [J]. Atmosphere, 2019, 10 (4): 188-

206.

[57] Singh V P, Zhang L. Bivariate Flood Frequency Analysis Using the Copula Method [J]. Journal of Hydrologic Engineering, 2016, 11 (2): 150-164.

[58] Srinivas N, Deb K. Multi-objective Optimization Using Non dominated Sorting in Genetic Algorithms [J]. Evolutionary Computation, 1994, 2 (3): 221-248.

[59] Su X, Li J, Singh V P. Optimal allocation of agricultural water resources based on virtual water subdivision in Shiyang River Basin [J]. Water Resources Management, 2014, 28 (8): 2243-2257.

[60] Su Z. The Surface Energy Balance System (SEBS) for estimation of turbulent heat fluxes [J]. Hydrology & Earth System Sciences, 2002, 6 (1): 85-99.

[61] Sun H W, Gui D W, Yan B W, Liu Y, et al. Assessing the potential of random forest method for estimating solar radiation using air pollution index [J]. Energy Conversion and Management, 2016, 119: 121-129.

[62] Sun T, Zhang H W, Wang Y, et al. The application of environmental Gini coefficient (EGC) in allocating wastewater discharge permit: The case study of watershed total mass control in Tianjin, China [J]. Resources Conservation and Recycling, 2010, 54 (9): 601-608.

[63] Tamea S, Carr J A, Laio F, et al. Drivers of the virtual water trade [J]. Water Resources Research, 2014, 50 (1): 17-28.

[64] Tan X Y, Xin X. Agricultural Market in China [M]. China Agriculture Press, 2001.

[65] Tan X Z, Thian Y G, Shao D G, et al. Effects of persistence and large-scale climate anomalies on trends and change points in extreme precipitation of Canada [J]. Journal of Hydrology, 2015, 550 (2017): 453-465.

[66] The People's Government of Gansu Province, Industrial Water Quotas in Gansu Province [EB/OL]. [2011.6.16]. http://www.gssl.gov.cn/shuilxw/2011/06/16/1308220325652.html.

[67] Theil H. Economics and Information Theory [M]. Amsterdam: North-Holland, 1967.

[68] Thornthwaite C W, Holzman B. The Determination of Evaporation from Land and Water Surfaces [J]. Monthly Weather Review, 1939, 67 (1): 4-11.

[69] Timmermans W J, Kustas W P, Anderson M C, et al. An intercomparison of the Surface Energy Balance Algorithm for Land (SEBAL) and the Two-Source Energy Balance (TSEB) modeling schemes [J]. Remote Sensing of Environment, 2007, 108 (4): 369-384.

[70] Tramblay Y, Badi W, Driouech F, et al. Climate change impacts on extreme precipitation in Morocco [J]. Global & Planetary Change, 2012, 82-83 (1): 104-114.

[71] Victor S, Rodolfo B. Use of Lorenz curves and Gini coefficients to assess yield inequality within paddocks. Field Crops Research, 2014, 90 (2-3): 303-310.

［72］ W G M Bastiaanssen, H Pelgrum, J Wang, et al. A remote sensing surface energy balance algorithm for land (SEBAL): Part 2: Validation ［J］. Journal of Hydrology, 1998, 212 (1-4): 213-229.

［73］ Wang Y B, Wu P T, Zhao X N, et al. Virtual water flows of grain within China and its impact on water resource and grain security in 2010 ［J］. Ecological Engineering, 2014, 69 (69): 255-264.

［74］ Wong H S, Sun N Z. Optimization of conjunctive use of surface water and groundwater with water quality constraints ［A］. Proceedings of the Annual Water Resources Planning and Management Conference, 1997: 408-413.

［75］ Wu Z W, Li J P, He J H, Jiang Z H, et al. Large-scale atmospheric singularities and summer long-cycle droughts-floods abrupt alternation in the middle and lower reaches of the Yangtze River ［J］. Chin Sci Bull, 2006, 51 (16): 2027-2034.

［76］ W-G-Yeh. Reservoir Management and Operation Models, A State of the art Review ［J］. Water Resources Research, 1985 (12): 1797-1818.

［77］ Xue J, Gui D W, Lei J Q, Sun H W, et al. Oasis microclimate effects under different weather events in arid or hyper arid regions: a case analysis in southern Taklimakan desert and implication for maintaining oasis sustainability ［M］. Theoretical and Applied Climatology, 2018, 8: 2567-2571.

［78］ Zhang Lujun, Qian Yongpu. Annual distribution features of precipitation in china and their interannual variations ［J］. Journal of Meteorological Research, 2003, 17 (2): 146-163.

［79］ Zhang Y R, Sun A, Sun H W, Gui D W, et al. Error adjustment of TMPA satellite precipitation estimates and assessment of their hydrological utility in the middle and upper Yangtze River Basin, China ［J］. Atmospheric Research, 2018: 216.

［80］ Zhou L, Hoekstra A Y. The effect of different agricultural management practices on irrigation efficiency, water use efficiency and green and blue water footprint ［J］. Front. Agr. Sci. Eng. 2017, 3: 1-10.

［81］ 曹洁萍, 迟道才, 武立强, 等. Mann-Kendall 检验方法在降水趋势分析中的应用研究 ［J］. 农业科技与装备, 2008 (5): 35-37.

［82］ 畅建霞, 霍磊, 黄强. 基于"三条红线"的渭河流域关中段水资源优化配置 ［C］// 最严格水资源管理制度关键技术与水生态保护交流暨新产品、新技术交流会, 2013.

［83］ 陈隆勋, 周秀骥, 李维亮, 等. 中国近80年来气候变化特征及其形成机制 ［J］. 气象学报, 2004, 62 (5): 634-646.

［84］ 陈志祥. 塔里木河流域水量调度方案编制与适度优化研究 ［D］. 清华大学, 2005.

［85］ 陈思录. 系统工程 ［M］. 重庆: 重庆大学出版社, 1993.

［86］ 代琼, 何新林, 周宝佳, 刘兵, 杨广, 付杨, 蒲胜海. 西北干旱地区水库生态调度

研究 [J]. 人民黄河, 2009, 31 (02): 57-58.

[87] 戴俊生. 塔里木河流域综合治理工程生态经济效益评价 [D]. 新疆农业大学, 2015.

[88] 邓彩琼. 区域水资源优化配置模型及其应用研究 [D]. 武汉大学, 2005.

[89] 邓铭江, 黄强, 张岩, 张连鹏. 额尔齐斯河水库群多尺度耦合的生态调度研究 [J]. 水利学报, 2017, 48 (12): 1387-1398.

[90] 邓铭江. 塔里木河下游生态输水与生态调度研究 [N]. 黄河报, 2018-04-14 (003).

[91] 邓晓雅, 杨志峰, 龙爱华. 基于流域水资源合理配置的塔里木河流域生态调度研究 [J]. 冰川冻土, 2013, 35 (06): 1600-1609.

[92] 董煜, 陈学钢, 胡江玲. 新疆潜在蒸散量时空变化及未来变化趋势 [J]. 中国农村水利水电, 2015 (9): 90-94.

[93] 段亚雯, 朱克云, 马柱国, 等. 中国区域 1961—2010 年降水集中指数 (PCI) 的变化及月分配特征 [J]. 大气科学, 2014, 38 (6): 1124-1136.

[94] 傅抱璞. 论陆面蒸发的计算 [J]. 大气科学, 1981, 5 (1): 25-33.

[95] 高媛, 刘敏, 周博. 近 50 年湖北省降水变化特征分析 [J]. 长江流域资源与环境, 2012 (s1): 167-172.

[96] 葛莹莹. "三条红线"约束下的区域水资源优化配置研究 [D]. 河北工程大学, 2014.

[97] 龚元石. Penman-Monteith 公式与 FAO-PPP-17 Penman 修正式计算参考作物蒸散量的比较 [J]. 中国农业大学学报, 1995 (1): 68-75.

[98] 郭玉川. 基于遥感的区域蒸散发在干旱区水资源利用中的应用 [D]. 新疆农业大学, 2007.

[99] 何逢标. 塔里木河流域水权配置研究 [D]. 河海大学, 2007.

[100] 贺北方, 周丽, 马细霞, 等. 基于遗传算法的区域水资源优化配置模型 [J]. 水电能源科学, 2002 (3): 10-12.

[101] 胡昌琼, 李世刚, 汪高明, 等. 湖北省梅雨期降水集中度和集中期研究 [J]. 暴雨灾害, 2009, 28 (1): 75-78.

[102] 胡毅鸿, 李景保. 1951—2015 年洞庭湖区旱涝演变及典型年份旱涝急转特征分析 [J]. 农业工程学报, 2017 (07): 114-122.

[103] 黄晚华, 杨晓光, 李茂松, 等. 基于标准化降水指数的中国南方季节性干旱近 58a 演变特征 [J]. 农业工程学报, 2010, 26 (7): 50-59.

[104] 姜逢清, 朱诚. 新疆 1950—1997 年洪旱灾害的统计与分析特征分析 [J]. 自然灾害学报, 2002 (4): 96-100.

[105] 姜红. 基于 MODIS 影像的新疆奇台县区域蒸散发量的研究 [D]. 新疆大学, 2007.

[106] 金蓉, 石培基, 王雪平. 黑河流域生态补偿机制及效益评估研究 [J]. 人民黄河, 2005 (07): 4-6.

[107] 康玲, 何小聪, 熊其玲. 基于贝叶斯网络理论的南水北调中线工程水源区与受水

区降水丰枯遭遇风险分析 [J]. 水利学报, 2010, 41 (8)：908-913.

[108] 赖明华. 灌区生态需水及水资源优化配置模型研究 [D]. 河海大学, 2004.

[109] 李晨洋, 于伟铭, 陈正锐, 等. 考虑生态的灌区水资源区间两阶段随机规划模型建立与应用 [J]. 农业工程学报, 2017, 33 (21)：105-114.

[110] 李慈君. 水资源与环境系统管理模型研究现状 [J]. 水文地质工程地质, 1990, (3)：23-27.

[111] 李典庆, 鄢丽丽, 邵东国. 基于贝叶斯网络的土石坝可靠性分析 [J]. 武汉大学学报, 2007, 40 (6)：24-29.

[112] 李发鹏, 徐宗学, 李景玉. 基于 MODIS 数据的黄河三角洲区域蒸散发量时空分布特征 [J]. 农业工程学报, 2009, 25 (2)：113-120.

[113] 李敏强, 寇纪淞, 林丹, 等. 遗传算法的基本原理与应用 [M]. 北京：科学出版社, 2003.

[114] 李群, 彭少明, 黄强, 杨立彬. 南水北调西线工程黑山峡宁夏生态建设区供水生态环境效益评估 [J]. 西北农林科技大学学报 (自然科学版), 2008 (04)：206-212.

[115] 梁士奎, 左其亭. 基于人水和谐和"三条红线"的水资源配置研究 [J]. 水利水电技术, 2013, 44 (7)：1-4.

[116] 林丽. 新疆玛纳斯河流域水资源管理信息系统的开发及其应用研究 [D]. 新疆农业大学, 2016.

[117] 林鹏智, 陈宇. 基于贝叶斯网络的梯级水库群漫坝风险分析 [J]. 工程科学与技术, 2018, 50 (3)：46-53.

[118] 刘宁, 王建华, 赵建世. 现代水资源系统解析与决策方法研究 [M]. 北京：科学出版社, 2010.

[119] 刘晨光, 蒋水心. 模糊优属度多目标优化模型及其在经济区水资源优化分配中的应用 [J]. 水利经济, 1990 (2)：11-17.

[120] 刘可群, 陈正洪, 周金莲, 等. 湖北省近 50 年旱涝灾害变化及其驱动因素分析 [J]. 华中农业大学学报, 2010, 29 (3)：326-332.

[121] 刘启松, 白涛, 王义民, 等. 基于"三条红线"的喀什地区生态工程水资源配置研究 [J]. 水资源研究, 2018 (1)：44-55.

[122] 刘三超, 张万昌, 高懋芳, 等. 分布式水文模型结合遥感研究地表蒸散发 [J]. 地理科学, 2007, 27 (3)：354-358.

[123] 刘玉娟. 闽江水资源信息管理系统的设计与实现 [D]. 电子科技大学, 2013.

[124] 卢震林. 典型干旱区水资源优化配置研究 [D]. 新疆大学, 2008.

[125] 吕添贵, 吴次芳, 陈美球, 陆张维, 韩昊英, 方明. 基于博弈视角的鄱阳湖流域经济协调机制及路径选择 [J]. 自然资源学报, 2014, 29 (09)：1465-1474.

[126] 马驰. 基于 BS 结构的数字媒体资源管理系统的设计与实现 [D]. 大连海事大学, 2016.

[127] 孟金莉. 基于 B/S 开发系统的软件配置管理策略研究与实践 [D]. 西安电子科技

大学, 2005.

[128] 孟梅. 新疆农业产业结构调整与农地资源优化配置研究 [D]. 新疆农业大学, 2014.

[129] 莫兴国, 林忠辉, 刘苏峡. 基于 Penman-Monteith 公式的双源模型的改进 [J]. 水利学报, 2000 (5): 6-11.

[130] 彭九敏. 承德市城市水资源实时监控和管理系统的设计与实现 [D]. 电子科技大学, 2012.

[131] 普宗朝, 张山清, 王胜兰, 等. 近 36 年天山山区潜在蒸散量变化特征及其与南、北疆的比较 [J]. 干旱区研究, 2009, 26 (3): 128-136.

[132] 任国玉, 郭军, 徐铭志, 等. 近 50 年中国地面气候变化基本特征 [J]. 气象学报, 2005, 63 (6): 942-956.

[133] 任兴华. 基于水资源管理 "三条红线" 的水资源配置模式研究 [D]. 太原理工大学, 2015.

[134] 茹履绥. 灌区扩建改建规划的大系统优化模型 [J]. 水利学报, 1987 (1): 45-53.

[135] 芮孝芳. 水文学原理 [M]. 中国水利水电出版社, 2004.

[136] 闪丽洁, 张利平, 陈心池, 等. 长江中下游流域旱涝急转时空演变特征分析 [J]. 长江流域资源与环境, 2015, 24 (12): 2100-2107.

[137] 邵玲玲, 牛文娟, 唐凡. 基于分散优化方法的漳河流域水资源配置 [J]. 资源科学, 2014, 36 (10): 2029-2037.

[138] 史建国, 严昌荣, 何文清, 等. 气象干旱指数计算方法研究概述 [C]. 中国农学会农业气象分会 2006 年学术年会论文集, 2006.

[139] 宋鑫博. 基于 MODIS 数据的湖西区地表蒸散发遥感估算 [D]. 南京师范大学, 2013.

[140] 孙德亮, 吴建峰, 李威, 等. 基于 SPI 指数的近 50 年重庆地区干旱时空分布特征 [J]. 水土保持通报, 2016, 36 (4): 197-203.

[141] 孙栋元, 金彦兆, 李元红, 等. 干旱内陆河流域水资源管理模式研究 [J]. 中国农村水利水电, 2015 (1): 80-84.

[142] 孙善宇, 徐利岗. 宁夏 1951—2008 年降水变化特征及趋势分析 [J]. 人民黄河, 2011, 33 (4): 24-25.

[143] 王刚. 基于 IDEA 数据平台的海珠城市生态气象综合系统建设 [A]. 中国气象学会. 第 33 届中国气象学会年会 S20 气象信息化——业务实践与技术应用 [C]. 中国气象学会, 2016: 6.

[144] 王娇. 南疆农林复合系统生态价值及环境成本研究 [D]. 塔里木大学, 2016.

[145] 王米雪, 延军平. 1960—2013 年中国东南沿海地区年内降水集中度和集中期的时空变化特征 [J]. 水土保持通报, 2016, 36 (2): 277-282.

[146] 王书功, 康尔泗, 金博文, 等. 黑河山区草地蒸散发量估算方法研究 [J]. 冰川冻土, 2003, 25 (5): 558-565.

[147] 王伟荣, 张玲玲. 最严格水资源管理制度背景下的水资源配置分析 [J]. 水电能源

科学，2014（2）.

[148] 王文静，延军平，刘永林. 新疆旱涝气候的南北差异性分析 [J]. 干旱区研究，2016，33（3）：609-618.

[149] 王新菊，库路巴依. 新疆地区气象要素变化对潜在蒸散发量的影响 [J]. 人民黄河，2012，34（10）：77-79.

[150] 王艳，吴军玲，王恒亮，等. 武汉近50年来降雨数据的统计分析 [J]. 湖北工业大学学报，2006，21（6）：98-100.

[151] 王艳刚. 承德市水资源管理信息系统设计研究 [D]. 电子科技大学，2012.

[152] 王瑶. 基于SEBS模型的黑河中游作物需水量研究 [D]. 兰州大学，2012.

[153] 魏凤英. 现代气候统计诊断与预测技术 [M]. 气象出版社，2007.

[154] 魏丽，钟强. 利用AVHRR资料分析黑河地区地表特征 [J]. 高原气象，1989，V8（3）：189-194.

[155] 吴艾笙，钟强. 黑河实验区若干下垫面总辐射、地表反射率与太阳高度角的关系 [J]. 高原气象，1993，V12（2）：147-155.

[156] 吴丹，吴凤平. 基于双层优化模型的流域初始二维水权耦合配置 [J]. 中国人口·资源与环境，2012，22（10）：26-34.

[157] 吴宜进，马发生，金卫斌，等. 湖北省历史时期旱涝灾害的特点与规律分析 [J]. 武汉大学学报（理学版），2003，49（2）：213-216.

[158] 吴泽宁，索丽生. 水资源优化配置研究进展 [J]. 灌溉排水学报，2004，23（2）：1-5.

[159] 吴志伟，何金海，李建平，等. 长江中下游夏季旱涝并存及其异常年海气特征分析 [J]. 大气科学，2006，30（4）.

[160] 吴志伟，李建平，何金海，等. 大尺度大气环流异常与长江中下游夏季长周期旱涝急转 [J]. 科学通报，2006，51（14）：1717-1724.

[161] 辛晓洲，田国良，柳钦火. 地表蒸散定量遥感的研究进展 [J]. 遥感学报，2003，7（3）：233-240.

[162] 徐永军. 浅谈塔里木河流域水资源管理控制红线措施研究 [J]. 河南水利与南水北调，2015（9）：56-57.

[163] 许云锋. 气候变化下塔里木河流域水资源承载能力研究 [D]. 郑州大学，2013.

[164] 杨斌，刘小勇，何政伟，叶云霞. 水资源优化配置管理信息系统的设计与集成 [J]. 人民黄河，2007（10）：56-58.

[165] 杨献献，郭萍，李茉. 面向生态的黑河中游模糊多目标水资源优化配置模型 [J]. 节水灌溉，2016（5）：65-70.

[166] 杨永民，冯兆东，周剑. 基于SEBS模型的黑河流域蒸散发 [J]. 兰州大学学报（自然科学版），2008，44（5）：1-6.

[167] 杨永民. 基于遥感的黑河流域蒸散发研究 [D]. 兰州大学，2010.

[168] 姚国刚. 塔里木河流域落实最严格水资源管理制度的思考 [J]. 黑龙江水利科技，2013，41（5）：205-207.

[169] 易凯. "三条红线" 约束下的钦州市水资源优化配置研究 [D]. 广西大学, 2017.

[170] 袁洪州. 区域水资源优化配置的大系统分解协调模型研究 [D]. 河海大学, 2005.

[171] 曾丽红, 宋开山, 张柏, 等. SEBAL 模型与 MODIS 产品的松嫩平原蒸散量研究 [J]. 干旱区资源与环境, 2011, 25 (1): 140-147.

[172] 翟禄新, 冯起. 基于 SPI 的西北地区气候干湿变化 [J]. 自然资源学报, 2011, 26 (5): 847-857.

[173] 詹道江, 叶守泽. 工程水文学 [M]. 水利水电出版社, 1987.

[174] 张成凤. 考虑不确定性的榆林市榆阳区水资源优化配置及配置系统和谐性研究 [D]. 西北农林科技大学, 2017.

[175] 张殿君. SEBAL 模型区域优化及蒸散量与土地利用/覆被变化关系研究 [D]. 北京林业大学, 2011.

[176] 张林梅, 庄晓翠, 胡磊, 等. 新疆阿勒泰地区汛期降水集中度和集中期的时空变化特征 [J]. 中国农业气象, 2009, 30 (4): 501-508.

[177] 张明华. 灌区水资源配置优化方法及决策系统设计 [J]. 内蒙古水利, 2017 (07): 50-51.

[178] 张仁华, 孙晓敏, 刘纪远, 等. 定量遥感反演作物蒸腾和土壤水分利用率的区域分异 [J]. 中国科学: 地球科学, 2001, 31 (11): 959-968.

[179] 张水锋, 张金池, 闵俊杰, 等. 基于径流分析的淮河流域汛期旱涝急转研究 [J]. 湖泊科学, 2012, 24 (5): 679-686.

[180] 张天宇, 程炳岩, 王记芳, 等. 华北雨季降水集中度和集中期的时空变化特征 [J]. 高原气象, 2007, 26 (4): 843-853.

[181] 张伟. 区域水资源水量水质统筹优化配置及其对策研究 [D]. 中国矿业大学, 2016.

[182] 张昕, 李丹, 李光永. 基于 SD 的汾河灌区水资源合理配置 [C]. 现代节水高效农业与生态灌区建设, 2010.

[183] 张星荣. 探讨最严格水资源管理的水资源优化配置 [J]. 科技尚品, 2017 (2): 27-28.

[184] 张玉新, 冯尚友. 多维决策的多目标动态规划及其应用 [J]. 水利学报, 1986 (7): 3-12.

[185] 张展羽, 司涵, 冯宝平, 胡超, 吕梦醒. 缺水灌区农业水土资源优化配置模型 [J]. 水利学报, 2014, 45 (04): 403-409.

[186] 赵晶, 杨淑华, 王乃昂. 利用 R/S 方法分析兰州城市化气候效应 [J]. 气象, 2001, 27 (2): 7-11.

[187] 赵鸣雁, 程春田, 李刚. 水库群系统优化调度新进展 [J]. 水文, 2005, 12 (25): 18-21.

[188] 赵艳华. 淄博市水资源管理信息系统建设及其应用 [D]. 山东大学, 2015.

[189] 中华人民共和国国家质量监督检验检疫总局, 中国国家标准化管理委员会. 气象干旱等级 (GB/T 20481—2017) [S]. 中国标准出版社, 2006.

［190］钟锋．基于生态健康的干旱区绿洲水资源优化配置［D］．西北农林科技大学，
2017.

［191］钟鸣，范云柱，向龙，等．最严格水资源管理与优化配置研究［J］．水电能源科
学，2018（3）.

［192］钟强．大气与地表的特性对太阳辐射收支影响的研究［J］．高原气象，1984，3
（3）：38-49.

［193］周建方，张迅炜，唐椿炎．基于贝叶斯网络的沙河集水库大坝风险分析［J］．河海
大学学报，2012，40（3）：287-293.

［194］周悦，周月华，叶丽梅，等．湖北省旱涝灾害致灾规律的初步研究［J］．气象，
2016，42（2）：221-229.